储能科学与工程专业系列教材

储能原理与技术

主　编　刘海峰　王潜龙　陈亚楠
副主编　张　璇

科学出版社

北　京

内 容 简 介

本书系统全面地介绍了储能的工作原理和技术进展。本书共 13 章，重点介绍了各类机械储能的原理、关键技术和部件、运用现状，热质储能技术及材料，压缩/液化空气储能的原理、分类、应用领域和发展现状，燃料储能（氢、氨、甲醇储能）的发展前景，燃料电池、锂离子电池及其他电池储能技术的工作原理、基本特点、分类、运用现状及挑战等，同时还简单介绍了热化学储能、电化学储能和电磁储能技术等。

本书可作为高等学校储能科学与工程、新能源科学与技术及其他相关专业的教材，也可供从事新能源技术、动力电池生产与设计的工程技术人员参考。

图书在版编目(CIP)数据

储能原理与技术 / 刘海峰，王潜龙，陈亚楠主编. --北京 ：科学出版社，2024. 8. --（储能科学与工程专业系列教材）. -- ISBN 978-7-03-079389-8

Ⅰ．TK02

中国国家版本馆 CIP 数据核字第 20247MS738 号

责任编辑：余 江 / 责任校对：王 瑞
责任印制：赵 博 / 封面设计：迷底书装

科学出版社 出版

北京东黄城根北街 16 号
邮政编码：100717
http://www.sciencep.com
三河市骏杰印刷有限公司印刷
科学出版社发行 各地新华书店经销

*

2024 年 8 月第 一 版 开本：787×1092 1/16
2025 年 5 月第二次印刷 印张：15 1/4
字数：368 000
定价：69.00 元
（如有印装质量问题，我社负责调换）

序

  推动能源转型，构建清洁低碳、安全高效的能源体系是我国经济社会发展的重大战略举措。在这一背景下，我国的能源结构正在发生深刻变革，可再生能源快速发展，各种能源利用新技术不断涌现。储能技术作为高比例可再生能源电力系统安全稳定运行的重要支撑，正展现出前所未有的重要性。同时，近年来各种储能新技术不断涌现，一些关键性能指标不断突破，储能产业正处于蓬勃发展的时代，应用前景广阔，已经成为我国新质生产力发展极具代表性的产业。

  习近平总书记强调："发展是第一要务，人才是第一资源，创新是第一动力。"千秋基业，人才为先。天津大学国家储能技术产教融合创新平台在教育部、国家发展和改革委员会、国家能源局的支持下，作为 2021 年获批建设的全国首批三所国家储能技术产教融合创新平台之一，承担着储能关键技术攻关和人才培养的使命。天津大学以储能平台建设为契机，集成校内相关领域优势学科，联合储能行业龙头企业，针对储能技术学科交叉特点，积极探索产教融合的新工科人才培养模式，建设了储能科学与工程本科专业，旨在为国家培养能够推动储能技术进步与产业发展的卓越工程师和具有创新精神的科技人才。

  储能科学与工程是化学工程与工艺、应用化学、材料科学与工程、能源与动力工程、电气工程及自动化等的交叉融合型专业，培养目标是使学生掌握相关领域深厚而宽泛的理论基础与专业知识，同时融合多学科知识点，塑造学生的综合思考能力、工程逻辑推理能力，以及解决复杂储能工程问题的实际能力。由于涉及基础知识多，面向的应用领域广，相关领域技术发展又很快，建立高水平的人才培养体系具有很大的挑战性，而高水平教材的编写是实现这一目标的第一步，也是最为重要的基础性工作。

  《储能原理与技术》在内容上实现了储能技术深度与广度的有机结合，相信该书在储能领域高质量复合型人才培养中一定会发挥重要作用。

中国工程院院士，天津大学国家储能技术产教融合创新平台主任

2024 年 8 月于天津

前　　言

　　根据国际能源署的研究，为满足新能源消纳需求，预测美国、欧洲、中国和印度到2050年将需要新增 310GW 并网电力储存能力。麦肯锡的研究认为未来储能技术将具有颠覆性作用，并对经济产生显著影响。世界上许多国际组织和国家把发展储能作为缓解能源供应、应对气候变化的重要措施，并制定发展战略，提出了 2030 年、2050 年明确的发展目标和相应的激励政策。

　　储能技术的发展，是为了保证能量的利用过程能够连续进行，其运用于人类的日常生活和工业生产等各方面，如电力工业、新能源汽车、太阳能热利用等多个领域，并对能源的可持续发展具有重要意义。BP Energy 预计未来将加快提升电气化率，以非化石能源为主的电能将成为一次能源主体，在非电能源领域将会加速推动氢能及碳捕集、利用与封存等新技术应用。到 2060 年 70%的电力将由清洁可再生能源供应，约 8%将由绿氢支撑，而风能、太阳能等可再生能源发电受自然界的风速、风向、昼夜、阴晴天气的影响，具有随机性、间歇性、波动性大的特点，其对电网稳定性的冲击很大，使得电力系统的安全性和经济性面临巨大的挑战。为保证电网安全、稳定、可靠供电，长时储能技术将是实现"双碳"目标的关键核心，必须引起高度重视。在各类储能技术中，燃料储能脱颖而出，其巨大的优势是可以实现大规模、长时间、长距离的储能，且全生命周期资源消耗少。将燃料储能技术与可再生能源发电技术相结合，可提高系统的稳定性，改善电能品质，提高资源的利用率。

　　除此之外，对于交通运输尤其是重载移动装置，如载重卡车、船舶、飞机，高密度能量燃料是其应用可再生能源的重要载体。通过燃料储能技术，将可再生能源转化为氢气、甲醇、氨等碳中和燃料代替燃油，可有效减少 CO_2 排放，同时实现对资源的有效配置，未来将得到更快的发展。

　　经过多年发展与积累，我国新能源科技水平和创新能力持续提升，部分领域达到国际领先水平，但行业整体科技水平还不足以支撑能源结构转型升级的需求，相比发达国家，仍然在部分方向存在差距。特别是在"双碳"目标提出后，更需要理论创新、技术创新、制度创新，要从我国的实际出发，寻求颠覆性的技术突破。因此，加快核心技术创新，推动能源开发、转换、配置、储存、使用等领域的技术创新、装备制造和产业发展等仍有巨大的发展空间。

　　基于储能技术方兴未艾的发展前景，本书重点对抽水蓄能、飞轮储能、热质储能、热化学储能、压缩/液化空气储能、燃料储能、氢能、电化学储能、燃料电池、锂离子电池和其他电池储能、电磁储能等不同形式的储能技术的工作原理和技术进展进行介绍。

　　本书由天津大学刘海峰、王潜龙和陈亚楠任主编，张璇任副主编。其中，第 1 章、第 6～8 章由刘海峰教授(天津大学先进内燃动力全国重点实验室)编写；第 2～5 章由王潜龙副教授(天津大学先进内燃动力全国重点实验室)编写；第 10～13 章由陈亚楠研究员(天津大学先进金属材料研究所)编写；第 9 章由张璇博士编写，并负责统稿及校稿事宜。在本书的编写过程中，宫铭雪、李洪锐、张灵慧、张子路协助进行图片处理，在此，感谢他们对本书编写工作的支持和帮助。

　　由于本书涉及内容广泛，编者水平有限，书中可能存在不妥和疏漏之处，敬请读者批评指正。

编　者

2024 年 3 月

目　录

第1章

绪　论

　　能量的传递与转换是能量利用的主要形式，但是由于能量是状态量，并且获得的能量与需求的能量常常不一致，因此，为了保证能量利用过程的连续性，就需要对某种形式的能量进行储存，也就是储能，又称蓄能。而储能的核心作用是解决能源供给与需求在时间和空间上不匹配的问题。储能对于中国而言，有着悠久的历史概念。《周礼》中记载"凌人掌冰正(政)，岁十有二月，令斩冰，三其凌"，早在西周时期，就已经出现专门负责管理储藏冰块的部门"冰政"，隆冬时节采集天然冰，储藏于冰窖，待夏季炎热之时取出，用以消暑度夏。这便是中国古代最初的储能方式。

　　"卖炭翁，伐薪烧炭南山中"，古时的"卖炭翁"为人熟知。他将南山中的木材烧制成方便储存和运输的碳，运送到能源需求旺盛的街市，解决了能源供给与需求空间不匹配的问题。一千年后的今天，我们再次成为卖"碳"翁。我国幅员辽阔，风光资源丰富，但大部分的资源分布在"胡焕庸线"以西的西北地区，而主要电力消费却集中在东南沿海地区。因此，构建强大的电网，并降低能源远距离运输成本显得尤为重要，在这一过程中，储能技术可以发挥关键的调节和消纳作用。

　　如今随着能源体系的更新升级，以太阳能、风能为主的可再生能源开始被广泛利用。但由于风力和日照自身具有随时间变化的随机性和不稳定性，储能在解决能源供给与需求时间不匹配的问题上就显得尤为重要。

1.1　储　能　背　景

　　人类最早使用的能源就是太阳能，原始时期，人类获得的能源主要来自太阳辐射所带来的光热，如今，很多能源依然直接或间接地依赖于太阳能，如煤炭、石油、天然气等。薪柴是人类掌握的第一代能源，人类学会钻木取火并保存火源时，就初步具备了自由支配自然资源的能力。恩格斯是这样评价火的作用："摩擦生火第一次使人支配了一种自然力，从而最终把人同动物分开。"[1]人类对火的运用，使人类可以在夜间视物，可以通过燃烧产生的热量获得熟制食品，火也同时被运用于煅烧矿石、冶炼金属、制造工具，这极大地提升了当时人类的生存条件，使人类走向了与其他哺乳类动物完全不同的进化之路。早在2000多年前的春秋战国时期，我国就已经将煤炭作为燃料使用，但是由于当时生产力水平低，人类对于煤炭的开采获取能力十分有限，对于深埋地下的煤炭束手无策。直到18世纪60年代，在英国开始了人类历史的工业革命，后来瓦特发明了改良的蒸汽机，从而大幅提升了人类的生产力水平，能源结构发生第一次革命性变化，从生物质能转向了矿物能源。随着蒸汽机的发明，机械力开始大规模代替人力，低热值的木材已经满足不了巨大的能源需求，煤炭以其热值高、分布广泛的优点成为全球第一大能源。这也随之带动了钢铁、铁路、军事等工业的迅速发展，显著促进了世界工业化进程，煤炭时代所推动的世界经济发展超过了以往数千年的时间。

19 世纪以来，随着电磁感应现象的发现，世界由"蒸汽时代"跨入"电气时代"，内燃机的发明解决了长期困扰人类的动力不足的问题，从汽轮机作动力的发电机出现起，煤炭被转换成更加便于输送和利用的二次能源——电能。1854 年，石油开始崭露头角。美国宾夕法尼亚州钻出的第一口油井标志着石油工业的起步，世界进入了"石油时代"。19 世纪末，人们发明了以汽油和柴油为燃料的内燃机，以及福特成功制造出世界第一辆量产汽车，进一步推动了石油的应用。石油以其更高热值、更易运输等特点，于 20 世纪 60 年代取代了煤炭第一能源的地位，成为第三代主体能源。石油作为一种新兴燃料直接带动了汽车、航空、航海、军工业、重型机械、化工等工业的发展，人类社会也被飞速推进到现代文明时代。然而，20 世纪 70 年代爆发的两次石油危机严重影响了全球的经济和政治格局，同时也是人类社会使用能源方式变革的分水岭，它迫使世界各国大力改变传统的能源使用方式，积极寻找新的能源来源，进而引导世界能源消费结构从以石油为主向能源多样化的转变。

目前，能源系统正面临近 50 年来最严峻的挑战与最大的不确定性。最直接的冲击是对人类生命和社会造成惨重损失的俄乌冲突。俄乌冲突造成全球能源供应波动以及相应的能源短缺，对全球能源系统产生深远影响。当前全球能源系统面临诸多挑战，如供应安全，更低碳的能源等。在应对这些紧迫挑战的同时，各国还需按照《巴黎协定》气候目标的要求深度且迅速地实现脱碳。各国纷纷承诺将实现"净零排放"，但高涨的气候雄心尚待转化为实际进展：自签署《巴黎协定》气候目标以来，各国碳排放量逐年增长（2020 年新冠疫情最严重时除外）。

除了这些挑战，随着全球放宽疫情管制，经济活动逐步复苏，能源消费量猛增，对现有能源供应的需求也随之扩大，同时也凸显出能源系统的脆弱性。BP Energy 数据[2]显示，2021 年全球一次能源消费量大幅反弹，增长近 6%。据统计，2021 年一次能源用量比 2019 年高出 1% 以上。能源需求的急速反弹，凸显出 2020 年碳排放量的显著下滑只是昙花一现，2021 年能源使用（包括甲烷）、工业过程和放空燃烧的碳当量排放量增长了 5.7%。值得欣慰的是，以风能和太阳能为主的可再生能源持续强劲增长，2021 年在总发电量中的占比已达 13%。2021 年可再生能源发电量增长近 17%，占过去两年全球发电量增幅的一半以上。在新能源急剧增长的新趋势下，能源转型中最关键的支撑因素便是系统的灵活调节能力。

应对这样的多重挑战与不确定性，党的二十大报告提出："积极稳妥推进碳达峰碳中和。实现碳达峰碳中和是一场广泛而深刻的经济社会系统性变革。立足我国能源资源禀赋，坚持先立后破，有计划分步骤实施碳达峰行动。"当前能源领域碳排放总量大、占比高，这主要是源于化石能源的大量开采和利用，使得二氧化碳等温室气体排放量急剧增加。为实现碳中和，亟待变革能源利用方式和调整能源结构，具体措施包括：①改变化石能源利用方式。提高化石能源转化效率、促进化石能源的清洁高效利用，从而达到节能减排的目的。②优化能源结构。我国的能源结构为"富煤、贫油、少气"，亟须改变能源结构，提高新能源和清洁能源的占比，大力推进低碳能源替代高碳能源、可再生能源替代化石能源，如风能、太阳能、生物质燃料、蓝氢、绿氢。③推广碳捕集、利用与封存（carbon capture, utilization and storage, CCUS) 技术。随着能源结构的改变，化石能源的占比在降低，但是其永远不会消失，到 2050 年，即使大部分化石燃料会被可再生能源和核电取代，但化石能源仍将扮演重要角色，占中国能源消费比例的 10%～15%，CCUS 技术将是未来化石能源低碳化利用的唯一技术选择[3]。此外，CCUS 是钢铁水泥等难减排行业的可行技术方案。国际能源署预计到 2050 年，钢铁行业通过采取工艺改进、效率提升、能源和原料替代等常规减排方案后，仍将剩余 34% 的碳排放量，而水泥行业将剩余 48% 的碳排放量。④充分发展储能技术。在能源的开发、转换、运输和利用过程中，能量的供应和需求之间往往存在着数量上、形态上、分布上和时间上的差异，而通过储能技术储存和释放能量可以弥补这些差异，从而平衡能源供需、提高能源利用效率。

无论是人类日常生活还是工业生产中，储能都扮演着重要角色。例如，对电力工业来说，电力需求的最大特点是昼夜负荷波动显著，导致电力峰谷差异巨大，峰值电量紧张，而峰谷期电量过剩，但电能是过程性能源，无法直接储存，这就造成了能源浪费。另外，太阳能、风能以及海洋能等新能源和可再生能源发电方式受昼夜、地理或者气候等方面的影响导致发电的间歇性与持续用电需求之间存在矛盾。各种工业余热的回收也需要有效的储能系统。对于新能源汽车尤其是电动汽车 (electric vehicle, EV) 来说，其所需电能必须储存在各类电池中才能继续使用。

总之，随着节能减排的重要性日益突出、新能源和可再生能源开发利用技术的不断发展，储能技术的发展对于调整能源结构、促进能源的可持续发展具有重要意义。而实现碳中和最大的挑战在于对储能技术的发展及规模化的应用。

1.2　储能技术简介

储能是指将电能、热能、机械能等不同形式的能源转化成其他形式的能量存储起来，需要时再将其转化成所需要的能量形式释放出去。其主要任务是克服能量供应和能量需求在时间、空间和数量上的差异。储能技术是解决以风、光为主的新能源系统波动性、间歇性问题的有效技术。未来能源系统将是以新能源为主体、多种形式能源共同构成的多元化能源系统。风力发电、光伏发电本身的波动性和间歇性意味着，灵活性将是新型能源系统必不可少的组成部分。而从技术属性来看，储能正好能够满足新型能源系统对灵活性的需求。因此，通过储能技术可以实现可再生能源大规模接入，推动能源低碳转型。

实现可再生能源规模应用和构建以新能源为主体的新型电力系统是实现"双碳"目标的关键核心技术。自 2011 年以来，相关部门就陆续出台储能产业促进政策，支持储能技术的发展。2017 年 9 月，国家发展改革委、财政部、科学技术部、工业和信息化部、国家能源局等五部委联合发布了《关于促进储能技术与产业发展的指导意见》，标志着中国储能元年的到来。2019 年，国家能源局在能源战略规划工作中将储能作为四大颠覆性技术之一，开展立项研究工作。2021 年 7 月，国家发展改革委、国家能源局发布《关于加快推动新型储能发展的指导意见》，明确了市场地位、商业模式和经济价值。2022 年 1 月，国家发展改革委、国家能源局印发的《"十四五"新型储能发展实施方案》[4]，提出到 2025 年，新型储能由商业化初期步入规模化发展阶段，具备大规模商业化应用条件。氢储能、热（冷）储能等长时间尺度储能技术取得突破。到 2030 年，新型储能全面市场化发展。全面支撑能源领域碳达峰目标如期实现。在各种政策的支持下，2022 年，我国新增投运电力储能项目装机规模首次突破 15GW，达到 16.5GW，其中，抽水蓄能(pumped hydro storage)新增规模 9.1GW，同比增长 75%；新型储能新增规模创历史新高，达到 7.3GW/15.9GW·h，功率规模同比增长 200%，能量规模同比增长 280%[5]；如图 1-1 所示，全国新型储能装机中，锂离子电池储能占 94%、压缩空气储能(compressed air energy storage, CAES)占 1.5%、液流电池储能占 1.2%、铅蓄电池储能占 3.1%，此外，压缩空气储能、液流电池储能、飞轮储能等其他技术路线的项目，在规模上有所突破，应用模式逐渐增多，逐渐进入工程化示范阶段。

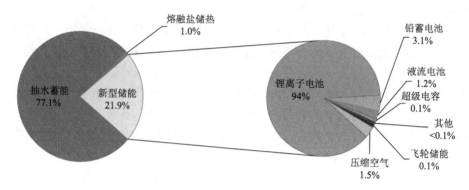

图 1-1　中国电力储能市场累计装机规模(2000～2022 年)[5]

1.3　储能发展历程

储能的历史悠久，从早期的人类懂得利用自然界的显热开始，再到近年来各种储能技术的快速发展，储能技术的发展先后经历了如下四个阶段[6]。

1. 第一阶段：18 世纪及以前

在该阶段，人类利用的储能技术主要是人类社会日常生活所需，根据经验甚至是无意识采用的储能方式，以储热技术为主。人类利用热能的历史可以追溯到很久以前，早期的人类使用石头建造的屋子，具有冬暖夏凉的功能，利用的就是石头的显热作用。此外，人类在冬天从湖泊河流里取出大量的冰，储存在冰屋中，用来长期存放食物或者到夏季用来降温，利用的就是水和冰的相变潜热。坐落在达佩斯的匈牙利议会大厦，至今仍在使用古老的天然冰空调，其所用的天然冰主要在冬季从匈牙利西部的巴拉顿湖取得。

2. 第二阶段：19 世纪初至 19 世纪末

1800 年(也有说 1799 年)，意大利科学家伏特发明了世界上第一个电池，即伏打电堆，开启了电能存储的时代。伏打电堆由串联的电池组成，它是早期的电学实验、电报机的电力来源。1836 年，英国的丹尼尔对"伏特电堆"进行了改良，解决了电池极化问题，制造出第一个不极化、能保持平衡电流的锌铜电池。1860 年，法国的雷克兰士发明了世界广泛使用的碳锌电池的前身。1887 年，英国人赫勒森发明了最早的干电池，干电池的电解液为糊状，不会溢漏且便于携带，获得了广泛应用。1890 年，爱迪生发明了可充电铁镍电池。这些电池技术的发展，极大地推动了社会的进步，并将储能技术的发展由传统的热能存储带进了化学能存储的时代。

3. 第三阶段：19 世纪末至 21 世纪初

1882 年，世界上第一座抽水蓄能电站在瑞士的苏黎世建成，开启了抽水蓄能快速发展的时代，1908 年和 1912 年，意大利分别建成了乌比昂内山和维多尼抽水蓄能电站。20 世纪 60 年代开始，抽水蓄能电站进入了高速发展时期，美国、日本以及西欧在抽水蓄能电站方面快速发展。在我国，抽水蓄能电站的开发研究始于 20 世纪 60 年代后期，1968 年和 1973 年先后建成岗南和密云两座小型混合式抽水蓄能电站，装机容量分别为 1.1 万千瓦和 2.2 万千瓦。20 世纪 90 年代，我国的抽水蓄能电站也进入了快速发展期，先后建立了一大批抽水蓄能电站。在我国，抽水蓄能也是目前最成熟、最经济、使用寿命最长的电力系统储能技术，并已大规模应用于系统调峰、调频及备用领域。例如，位于湖北宜昌的三峡水电站是世界上规模最大的水电站，位于广东的阳江抽水蓄能电站是国内已投运单机容量最大的抽水蓄能电站。

4. 第四阶段：21 世纪以后

进入 21 世纪以后，由于世界各国对新能源和可再生能源的重视，尤其是智能电网、新能源汽车等的快速发展，对电能的依赖性显著增加，这推动了以电力为主要输出形式的储能技术的快速发展。现代储能技术的研究和发展逐渐成为各国关注的重点。

现代化的储能系统从第一个实用的铅蓄电池发展至今已有 160 多年的历史，从铅蓄电池、镍氢电池、超级电容器、飞轮储能、超导储能、液流电池到锂离子电池，还包括抽水蓄能电站、压缩空气储能，以及新兴的燃料储能，其发展历程主要体现在提高能量密度和功率密度上，强化环境友好和资源可循环利用。随着"双碳"目标的提出，研究人员逐渐将目光转向碳中和燃料(如生物质燃料、绿氢、绿氨、绿电合成液体燃料)，通过将暂时无法消纳的富余的可再生能源的能量转化为碳中和燃料来实现能量的储存，而储存的碳中和燃料可以应用到交通、工业、电力等领域。

在常见的碳中和燃料中，对氢的研究尤为活跃。常见的氢气制取包括化石燃料重整制氢、工业副产提纯制氢和电解水制氢三种方式。通过化石能源和副产提纯制取的氢气都来源于化石原料，为俗称的"灰氢"或者"蓝氢"，无法从根本上达到减碳脱碳的目标，不利于降低排放。而通过可再生能源电解水制取绿氢，制取过程可实现零碳排放，一方面促进可再生能源的消纳利用，有力支撑能源结构转型，另一方面将原本无法储存的电能转换为氢能存储起来，有效实现能源的存储和转换。氢储能可视为化学储能的一种延伸，氢储能的基本原理是通过水电解产出氧气与氢气。区别于传统电池的储能特点，氢储能可以通过电解水制氢技术将无法并网/多余的电能就地转化为绿氢，并将氢气储存起来。当需要使用电能时，将所储存的氢气通过燃料电池(fuel cell, FC)发电方式或者其他方式转换为电能或者机械能进行利用。和如今的主流储能方式相比，氢储能也表现出独特优势：抽水蓄能可满足长时储能的需求，但是受地域限制，而氢储能可以完成季节性能量时移(季节性储能：平均连续放电 500～1000h)且不受地域限制；电化学储能电站则受电网及运输的限制，难以发挥跨区域调峰作用，而氢气的运输方式多元(气氢输送、液氢输送、固氢输送)，不受输配电网络的限制，从而实现跨区域调峰。

1.4　储能技术分类及发展现状

根据储能应用场景需求特性和时长要求的不同，储能系统大致可以分为容量型、能量型、功率型和备用型四种类型。具体分析对比详见表 1-1。结合储能市场应用领域需求，可再生能源发电存在中短时(分钟、小时和数小时)，中长时(数天、数月和跨季节)等不同时间尺度上的波动性和间歇性。风电波动性大，消纳配合性差。合理的容量配置和恰当的运行策略，是减小波动性和间歇性对系统造成冲击的关键。配置 10h 以上长时储能系统，可相对有效地应对风电波动性和间歇性问题。光伏发电的主要特点是存在昼夜差异，峰谷特性明显，发电输出与负荷匹配度较好，储能可实现定期充放，利用率相对较高。光伏电站应用储能技术可以实现平滑功率波动、削峰填谷、调频调压的功能，理论上需要配置 4h 以上容量型储能系统，同时兼备平滑波动的功能。

表 1-1　几种储能技术类型对比[7]

储能技术类型	容量型	功率型	能量型	备用型
主要作用	减小峰谷差，提高电力系统效率和设备利用率	平滑电源间歇性功率波动	复合型应用	增加备用容量，提高电网安全稳定性和供电质量
典型时长	≥4h	≤30min	1～3h	15～120min
典型场景	削峰填谷、离网储能	调频储能、平滑功率波动	电网侧储能	数据中心、通信基站
典型技术	抽水蓄能、压缩空气储能、磷酸铁锂电池、液流电池	超导储能、飞轮储能、超级电容器、铅酸锂电池	磷酸铁锂电池	铅蓄电池

储能系统还可以按储能原理分为四大类：机械储能(如抽水蓄能、压缩空气储能、飞轮储能等)、电磁储能(如超导储能、超级电容储能等)、热储能(如显热储能、相变储能、热化学储能)和化学储能。化学储能包括燃料储能(氢储能、氨储能、甲醇储能)和电化学储能(如燃料电池、液流电池、铅蓄电池、锂离子电池等)。不同储能技术特征比较详见表 1-2。选取其中的几个主流技术来进行详细介绍。

表 1-2　不同储能技术特征比较[8,9]

储能技术		体积能量密度/(GJ/m³)	适合储能周期	寿命/年	单位功率成本/(美元/kW)	储能效率/%	优势	劣势	应用范围
机械储能	抽水蓄能	7.2×10⁻⁴～7.2×10⁻³	数小时～数月	40～60	700～900	65～85	储能容量大、出力变率快、运行费用低、发展成熟	受地理条件限制	日负荷调节、频率控制、系统备用
	压缩空气储能	7.2×10⁻³～2.16×10⁻²	数小时～数月	20～40	700	70～89	储能容量大	受地质条件影响，需要气体燃料	分布式储能和发电系统备用
	飞轮储能	0.072～0.3	数秒～数分	0～15	220～1500	>80	高效率、快响应、长寿命	成本高、技术待完善	适合短时小容量储能和尝试大容量储能的场合

续表

储能技术		体积能量密度/(GJ/m³)	适合储能周期	寿命/年	单位功率成本/(美元/kW)	储能效率/%	优势	劣势	应用范围
电化学储能	铅蓄电池	0.18~0.3	数分~数天	5~15	230	70~90	成本低、技术成熟	寿命短、污染环境、需要回收	备用电源、频率控制
	钠硫电池	0.54~1.41	数秒~数小时	10~15	150	70~90	储能密度高、效率高	成本高、安全性差	电力储能
	锂离子电池	1.08~2.7	数分~数天	5~15	220	85~89	储能密度高、循环寿命长	成本高、安全性差	新能源储能，电动汽车
	全钒液流电池	5.4×10^{-2}~9×10^{-2}	数小时~数月	5~10	250	60~85	快响应、高输出、充放电转化效率高	自放电率低、能量密度低	备用电源、削峰、能量管理、再生能源集成
电磁储能	超导储能	2.16×10^{-2}	数分~数小时	20+	>1000	>95	功率高	能量密度低、成本高、需维护	输配电系统稳定性、电能质量调节
	超级电容储能	0.036~0.11	数秒~数小时	20+	100~150	<75或>95	功率密度高、充放电速度快	能量密度低、放电时间短	适合高峰值功率、低容量场合
燃料储能	氢储能	3	长周期	15~50	1500~2400	35~55	清洁无污染、储能密度高	制造成本高、安全性问题、储运困难	生产侧和消费侧跨季节、跨区域的能源优化配置
	氨储能	11.8	长周期	15~25	200~2200	25~40	成本较低、运输储存安全	稳定性低、具有毒性	作为化工原料，生产侧和消费侧跨季节、跨区域的能源优化配置
	甲醇储能	12	长周期	10~35	1800~2500	30~40	成本较低、生产简单，良好的储氢材料	热值低、焚烧能耗高	交通燃料、供热燃料和灶用燃料，消费侧跨季节、跨区域的能源优化配置
热储能		0.18~1.8	数分~数月	5~15	—	—	技术成熟、成本低、寿命长，规模易扩展且储能规模越大，效率越高	能量转化过程损耗大	火电厂余热的回收再利用、太阳能光热发电、熔融盐储能

　　首先介绍机械储能，根据中国能源研究会储能专业委员会/中关村储能产业技术联盟（China Energy Storage Alliance, CNESA）全球储能项目库的不完全统计，截至 2022 年底，全球已投运电力储能项目累计装机规模达 237.2GW[5]，抽水蓄能累计装机规模占比 79.3%。抽水蓄能已成为电力系统最可靠、最经济、寿命周期最长、容量最大的储能装置。抽水蓄能电站由可逆水泵、水轮机和上下两个水库组成。在电力系统负荷低谷时，利用电力系统剩余的电能，从电站下水库抽水至上水库，把电能转换为水的重力势能存储起来。在负荷

高峰时，从上水库引水，驱动水轮机发电，把势能转化为电能，向电力系统供电。抽水蓄能技术已有近百年发展历史，大型抽水蓄能电站容量达百万千瓦。目前抽水蓄能电站主要分布在亚洲、美国及欧洲。相比抽水蓄能，飞轮储能和压缩储能的占比较小，但两者有各自的优势和适用范围。飞轮储能技术在大储能容量飞轮本体、高速电机和调节控制技术等方面取得了进展，并在地铁再生制动能量回收、风电场一次调频、火电厂全容量飞轮储能-火电联合调频等领域集成示范，验证了其在短时高频领域的良好应用前景。压缩空气储能技术具有储能容量大、储能周期长、系统效率高、运行寿命长、投资少等优点，是非常适用于长时储能的大规模物理储能技术之一。针对压缩空气储能技术在系统集成示范方面的应用，国内相关科研机构与企业均取得了显著的成绩。中国科学院工程热物理研究所储能研发团队于 2021 年 9 月在山东肥城建成了国际首套 10MW 盐穴先进压缩空气储能商业示范电站；该电站已顺利通过发电并网验收，并正式并网发电，系统效率达 60.7%。目前，压缩空气储能产业链相关企业仍然以传统大型企业为主，项目主要以个别示范运行为主，尚未实现商业化。

在现代，电化学储能技术已经成为人们日常生活中最常见的化学储能技术了，利用电池中化学元素离子流动时产生的放电现象，使电能与化学能相互转换。我国电化学储能的装机分布，受地方储能政策及能源特点的影响较大，并呈现明显的区域特征。电化学储能技术是现阶段最容易控制、具有较高可靠性的储能技术。根据电池材料的不同，储能效率有较大差别，在实际使用过程中，需要根据相应的需求选择对应的化学电池。锂离子电池和铅蓄电池技术已经进入商业化应用阶段。

锂离子电池现阶段的综合效率可达 85%，充放电效率和可靠性较高。据统计，2021 年中国储能市场中，储能锂离子电池出货量达到 32GW·h，同比增长 146%，在新型储能产品中占据主导地位。随着政策对新型储能支持力度加大、电力市场商业化机制建立、储能商业模式清晰、锂离子电池成本的持续下降，储能锂离子电池市场正式进入加速发展期。在关键电池材料和固态电池设计、正负极材料、快充技术、半固态电池技术等方面取得了重要进展，其安全性、一致性、循环寿命等技术指标均大幅度提高，并广泛应用于电源侧、用户侧和电网侧储能，在电力系统调峰调频、削峰填谷、新能源消纳、增强电网稳定性、应急供电等方面发挥重要作用，但仍需进一步解决安全问题和资源回收问题。

锂离子电池调频性能远超火电机组，响应时间短，能够满足快速精准的调频需求。据统计，2022 年已经投运及在建的锂离子电池储能调频电站超过 1000MW。2018 年以来发布的调频辅助服务储能项目总规模已经超过 180MW。锂离子电池在电力系统中的另一大应用在电网侧。在变电站配套储能系统中，通过电网的智能调度来实现削峰填谷，减少电网的投资及提高电网主动调节能力。2018 年，为解决谏壁发电厂 3 台 330MW 发电机组退役后带来的电力缺口问题，中国国家电网江苏省电力有限公司利用丹阳、扬中、镇江等地 8 处退役变电站场地，紧急建设镇江储能电站工程，充分发挥储能设备建设周期短、配置灵活、响应速度快等优势，有效缓解了供电压力。该电网侧储能项目采用"分散式布置集中式控制"方式，建设了 8 个储能电站项目，全部采用磷酸铁锂电池技术，规模共 101MW/202MW·h。该储能电站于 2018 年 7 月 18 日正式并网投运。

液流电池在安全性、寿命、规模等方面优势明显。我国液流电池技术在新一代高功率密度全钒液流电池关键电堆技术、高能量密度锌基液流电池、铁铬液流电池等方面取得重要进展，全国多个全钒液流电池示范项目陆续建成投产，对液流电池可持续发展具有重要意义。根据活性物质种类不同，液流电池可分为全钒液流电池、锌基液流电池等。作为长时储能优选技术之一的全钒液流电池，得益于其高安全性、长寿命、环境友好等优点，目前发展成熟度最高，商业化进程最快。2021 年 11 月，微软、谷歌等十余家公司在《联合国气候变化框架公约》第 26 次缔约方大会(26th UN Climate Change Conference of the Parties, COP26) 上成立国际长时储能委员会，旨在部署和加快推动可存储和释放 8 h 或更长时间的储能技术快速发展。由此可见，快速发展全钒液流电池长时储能技术的迫切性。与全钒液流电池不同，以金属锌为负极活性组分的锌基液流电池体系具有储能活性物质来源广泛、价格便宜、能量密度高等优势，在分布式储能领域极具应用价值和竞争优势。目前，发展较为成熟的技术主要有锌溴液流电池和锌铁液流电池。

2022 年 2 月，国家发展改革委、国家能源局正式发布《"十四五"新型储能发展实施方案》，将钠离子电池列为"十四五"新型储能核心技术装备攻关的重点方向之一，并提出钠离子电池新型储能技术试点示范要求。因此，发展资源丰富型钠离子电池技术已成为国家重大战略需求。钠离子电池虽然在能量密度、技术成熟度方面存在劣势，但因其优秀的低温性能、丰富的原材料资源、较快的充放电速度等受到了行业高度关注，多家科研单位、设备制造企业等在钠离子电池正极、负极、电解质等关键材料以及钠离子电池和应用系统等方面取得多项研究成果，为钠离子电池产业发展奠定了良好基础。根据现有技术成熟度和制造规模，钠离子电池预计首先从各类中低速电动车领域进入市场。

燃料储能中的氢储能行业是未来万亿级蓝海市场，具有广阔的市场空间。氢能不仅是低碳新能源、新原料，更是实现能源转型的关键载体，在应对气候变化中占据重要战略地位。2020 年 12 月，国务院发布的《新时代的中国能源发展》白皮书指出，加速发展绿氢制取、储运和应用等氢能产业链技术装备，促进氢能燃料电池技术链、氢燃料电池汽车产业链发展。支持能源各环节各场景储能应用，着力推进储能与可再生能源互补发展。支持新能源微电网建设，形成发储用一体化局域清洁供能系统。推动综合能源服务新模式，实现终端能源多能互补、协同高效[10]。2021 年 4 月举行的储能国际峰会上，氢能被认为是集中式可再生能源大规模、长周期储能的最佳途径。氢储能与其他储能方式相比，具有以下4 个方面的明显优势：①在能源利用的充分性方面，氢能大容量、长时间的储能模式对可再生电力的利用更充分；②从规模储能经济性上看，固定式规模化储氢比电池储电的成本低一个数量级；③在电池放电互补性上，氢能是一种大容量、长周期灵活能源；④在储运方式灵活性上，氢储能可采用长管拖车、管道输氢、掺氢、长途输电当地制氢等方式。目前，氢储能行业还处在产业发展初期，且氢储能技术有望成为长时储能技术的重要解决方案，产业链上、中、下游均有大量产业机会。

我国新型储能行业整体处于由研发、示范向商业化初期的过渡阶段，在技术装备研发、示范项目建设、商业模式探索、政策体系构建等方面取得了实质性进展；市场应用规模稳步扩大，对能源转型的支撑作用初步显现。但是，其发展过程中仍面临着从技术、应用到市场的不同层面的问题和挑战[11]。

(1)基础性、原创性、突破性创新不足。目前，储能领域中我国具有"领跑"意义的先进技术还不多，储能转化的相关机理、技术及系统的研究还不足够成熟，对储能的基础性和关键共性技术研究不足，尤其在设计软件、设计标准与理念方面缺少国际话语权。

（2）风电、光伏等新能源并网消纳压力巨大，制约其大规模推广。发电是当前新能源的最主要利用方式，但新能源大规模并网，将对现有电力系统的运行产生重大影响：①对大电网安全稳定运行带来巨大压力。由于新能源涉网性能标准偏低，频率、电压耐受能力有限，新能源大规模并网可能导致系统转动惯量不足。同时，电力系统电子化趋势的发展将引发次同步谐波与次同步振荡，给高渗透率的分布式电源带来运行管理问题。②给系统供给侧稳定性带来隐患。风电、光伏发电的间歇性和反调峰特性明显，电力电量时空平衡困难，加之系统调峰能力不足，给电力系统供给侧的稳定性带来隐患。③易引发电力供给与需求失衡。目前，新能源并网配套的输电网规划建设滞后，电网建设和新能源电力输送需求尚未达到同步，电力无法及时被输送到需求端，进而引发电力供给与需求失衡。

（3）大规模储能技术推广受电力系统市场机制不完善等方面限制。近年来，我国储能技术取得长足的发展，在电力系统发、输、配、用等环节的应用规模也不断扩大。储能技术自主化程度不断提高，部分技术如液流电池技术等处于国际领先地位。尽管如此，仍存在储能市场主体地位不明晰、市场机制不完善导致储能价值收益难以得到合理补偿等问题。我国现阶段还未建立起成熟的竞争性电力市场运行机制，很难合理地核定出各类电力辅助服务的价格，从而造成储能系统价值和收益难以实现对接。

1.5　储能技术的重要性和主要功能

储能科学与技术是一门相对较老的交叉学科，但其迅猛发展则是发生在近十几年。其发展的主要驱动力可以归结为全球致力于解决能源领域的"三难问题"（energy trilemma）——清洁能源供应、能源安全、能源的经济性。解决能源"三难问题"主要有如图 1-2 所示的四种途径，即先进能源网络技术、需求方响应技术、灵活产能技术和储能技术。尽管储能技术只是四种解决方案中的一种，但是考虑到其在能源网络、需求方响应和灵活产能技术中的潜在作用，储能是四种方案中最为重要的一种。

图 1-2　解决能源"三难问题"的四种主要途径

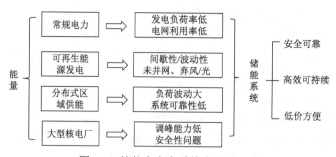

图 1-3　储能在电力系统中的重要性

　　具体到储能技术的主要功能，以电力系统为例（图 1-3），储能技术是解决常规发电负荷率低、电网利用率低、可再生能源发电的间歇性和波动性、分布式区域供能系统的负荷波动大和系统可靠性低、大型核电厂调峰能力低等的关键技术；同时，储能技术也是保证电网稳定性、工业过程降耗提效、关键设备延寿与降低维护成本等的关键手段。

参 考 文 献

[1] 恩格斯. 反杜林论[M]. 北京:人民出版社, 2015.

[2] BP P L C. BP statistical review of world energy 2022[M]. London: BP, 2022.

[3] 蔡博峰, 李琦, 张贤, 等. 中国二氧化碳捕集利用与封存(CCUS)年度报告(2021)——中国CCUS路径研究[R]. 北京: 生态环境部环境规划院, 中国科学院武汉岩土力学研究所, 中国 21 世纪议程管理中心, 2021.

[4] 国家发展改革委, 国家能源局. 国家发展改革委　国家能源局关于印发《"十四五" 新型储能发展实施方案》的通知[EB/OL]. (2022-01-29)[2023-11-06]. http://zfxxgk.nea.gov.cn/2022-01/29/c_1310523208.htm.

[5] 陈海生, 俞振华, 刘为, 等. 储能产业研究白皮书 2023[R]. 中国能源研究会储能专委会、中关村储能产业技术联盟, 2023.

[6] 饶中浩, 汪双凤. 储能技术概论[M]. 徐州：中国矿业大学出版社, 2017.

[7] 曾其权, 马驰, 冯彩梅, 等. 储能产业发展现状和机遇的研究与探讨[J]. 中国能源, 2022, 44(7): 59-65.

[8] 于琳竹, 王放放, 蒋昊轩, 等. 氢储能在新型电力系统的应用前景、挑战及发展[JB/OL]. (2023-02-09)[2024-03-11]. https://www.doc88.com/p-78539636244218.html.

[9] 罗星, 王吉红, 马钊. 储能技术综述及其在智能电网中的应用展望[J]. 智能电网, 2014, 2(1): 7-12.

[10] 国务院. 《新时代的中国能源发展》白皮书[EB/OL]. (2022-12-21)[2024-01-27]. https://www.gov.cn/zhengce/2020-12/21/content_5571916.htm.

[11] 郑琼, 江丽霞, 徐玉杰, 等. 碳达峰、碳中和背景下储能技术研究进展与发展建议[J]. 中国科学院院刊, 2022, 37(4): 529-540.

第2章

抽水蓄能

机械蓄能是一种利用各种物质体的相互作用(质量)、惯性和形变后的恢复能力储存能量,实现能量储存与释放的过程,主要包括抽水蓄能、飞轮蓄能和压缩空气蓄能等。

抽水蓄能指的是在电力负荷低谷期将水从下池水库抽到上池水库,将电能转化成重力势能储存起来,在电网负荷高峰期释放上池水库中的水发电。抽水蓄能主要用于电力系统的调峰填谷、调频、调相、紧急事故备用等。我国抽水蓄能技术目前发展相对成熟,并且其成本要远低于其他蓄能方式。抽水蓄能是目前唯一大规模运用于电力系统的蓄能技术。据国际水电协会(International Hydropower Association, IHA)发布的 2021 全球水电报告,截至 2020 年底,全球抽水蓄能装机规模为 1.59 亿千瓦,占储能总规模的 94%。另有超过 100个抽水蓄能项目在建,2 亿千瓦以上的抽水蓄能项目在开展前期工作。截至 2021 年 9 月,我国已投产抽水蓄能电站总规模为 3249 万千瓦,在建抽水蓄能电站总规模为 5513 万千瓦,已建和在建规模均居世界首位[1]。

飞轮储能是利用物质体的质量惯性储能,在一个飞轮储能系统中,电能用于将一个放在真空外壳内的转子,即一个大质量的由固体材料制成的圆柱体加速(几万转/分钟),从而将电能以动能形式储存起来。

压缩空气储能和弹簧储能是利用形变进行能量存储。压缩空气储能采用空气作为能量的载体,大型的压缩空气储能利用过剩电力将空气压缩并储存在一个地下结构(如地下洞穴),当需要时再将压缩空气与天然气混合,燃烧膨胀以推动燃气轮机发电。

2.1 抽水蓄能基本原理

抽水蓄能技术包括下水库、电动抽水泵/水轮发电机组和上水库三个主要部分,当电力生产过剩时,剩电会供于电动抽水泵,把水由下水库输送至地势较高的上水库,对电网而言,这时它是用户。待电力需求增加时,把水闸放开,水便从高处的上水库依地势流往原来电抽水泵的位置,借水势能推动水道间的水轮重新发电,对电网而言,这时它又是发电厂。

其优点明显,技术成熟、效率高、容量大、储能周期不受限制[2]。主要缺点是需要适合的地理条件建造水库和水坝,建设周期长、初期投资巨大。其基本能量计算如下。

抽水过程中,电动抽水泵的能耗为

$$E_p = \frac{\rho g h V}{\varepsilon_p} \tag{2-1}$$

式中，E_p 为电动抽水泵的能耗；ρ 为水的密度；g 为重力加速度；h 为抽水高度，即水头；V 为所抽水的体积；ε_p 为电动抽水泵的效率。

$$最大水头=正常蓄水位-下水库死水位 \qquad (2\text{-}2)$$

$$最小水头=正常蓄水位-下水库正常蓄水位 \qquad (2\text{-}3)$$

发电过程中水轮发电机组产生的电能为

$$E_g = \rho g h V \varepsilon_g \qquad (2\text{-}4)$$

式中，E_g 为水轮发电机组产生的电能；ε_g 为水轮发电机组的效率。

抽水蓄能系统的效率为电动抽水泵的效率和水轮发电机的效率的乘积[2]。

抽水蓄能电站根据能量转换原理而工作，如图 2-1 所示。首先利用午夜系统负荷低谷时的多余容量和电量，通过电动机水泵将低处下水库的水抽到高处上水库中，将这部分水量以势能形式储存起来；然后待早晚电力系统负荷转为高峰时再将这部分储存的水量通过水轮发电机发电，以补充不足的尖峰容量和电量，满足系统调峰需求。在整个运作过程中，虽然部分能量在转化过程中会损失，但与增建煤电发电设备(满足高峰用电而在低谷时压荷、停机)相比，使用抽水蓄能电站的经济效益更佳，综合效率达到 75%。抽水蓄能电站可分为四机分置式(装有水泵、电动机、水轮机和发电机)、三机串联式(即电动发电机与水轮机、水泵连接在一个直轴上)和二机可逆式(一台水泵水轮机和一台电动发电机连接)。

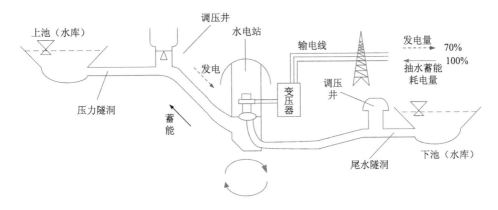

图 2-1　抽水蓄能工作原理示意图

2.2　抽水蓄能系统简介

抽水蓄能技术又称抽蓄发电，是迄今为止世界上应用最为广泛的大规模、大容量的储能技术。它将"过剩的"电能以水的位能(即重力势能)的形式储存起来，在用电的尖峰时间再用来发电，因而也是一种特殊的水力发电技术。

抽水蓄能过程中的能量损失还包括管道渗漏损失、管头水头损失、变压器损失、摩擦损失、流动黏性损失、湍流损失等。除去储能过程中所有这些损失，抽水蓄能系统的综合效率一般可以达到 65%～80%[3]。功率和容量是衡量抽水蓄能系统的具体应用中最为重要的两个技术指标。抽水蓄能电站的造价随水头增大而降低。一般称水头 200m 以上的抽水电站为高水头电站，水头 70～200m 的抽水电站为中水头电站，水头 70m 以下的抽水电站为低水头电站。

抽水蓄能电站一般由高度不同的两个储水库(上水库和下水库)、电动抽水设备、水轮发电设备、输变电设备及辅助设备组成。抽水蓄能系统最重要的组成部分为电动抽水泵/水轮发电机组。抽水蓄能系统最主要的部分是上、下两个水库。上水库的进出水口，发电时为出水口，抽水时为进水口；下水库的进出水口，发电时为进水口，抽水时为出水口。上、下水库的开发方式主要取决于站址的自然条件。

抽水蓄能电站和常规水电站在规划设计和工程布置上需要考虑的因素有：电力系统的需求是建设的首要条件，既要看电力系统是否有调峰的需要，又要看电力系统是否有多余的电量可供抽水并要求距离负荷中心近；库容大小决定抽水蓄能电站的调节性能，是确定电站规模的一个重要条件，在同样的规模下，水头越高，所需库容越小、流量越小，因而水工建筑物机组厂房的工程量都相应减少，造价降低，所以现代兴建的抽水蓄能电站大都尽量采用高水头的；上、下水库之间输水道长度越短，则输水系统工程量和水头损失越小，通常用输水道长度和水头的比值来衡量，一般经济限度为输水道长度和水头之比小于 10；上水库防渗特别重要，水库渗漏不仅损失发电量，而且浪费了抽水电量，影响经济效益；输水系统(上、下水库进出口及管道等)要考虑双向流水；水泵和可逆式机组要求吸出高度大，机组安装高程一般低于水库水位 40～50m 或更高，建地下厂房较好。

抽水蓄能电站根据利用水量的情况可分为两大类：一类是纯抽水蓄能电站，上水库没有天然径流来源，抽水和发电的水量基本相当，仅用于调峰、调频，必须与电力系统中承担基本负荷的火电厂、核电站等电厂协调运行，如中国已建的十三陵抽水蓄能电站的下水库是利用已建的十三陵水库。

另一类是混合式抽水蓄能电站，如图 2-2 所示，上水库有天然径流来源时既可利用天然径流发电，又可利用由下水库抽蓄的水量发电，上水库一般建在江河上，另建的下水库用于抽水蓄能发电，可以调节发电和抽水的比例以增加峰荷的发电量。混合式抽水蓄能电站的特点是常规和抽水蓄能机组互相补偿，运行灵活，以改变由于综合利用各部门用水季节性强而导致不能常年发电的现状，有利于提高电站的使用率，但厂房布置上较为复杂[4]。

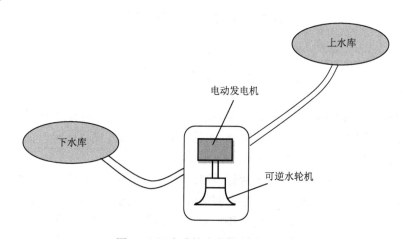

图 2-2 混合式抽水蓄能电站示意图

2.3 抽水蓄能技术的功能和应用

2.3.1 抽水蓄能技术的运行效率

抽水蓄能技术是以水为媒介进行能量的储存和转换的,通过将水抽往较高的位置将电能转换为水的势能并储存起来,在需要电能时将水从高的位置放下来推动机组发出电能,将水的势能转换为电能。在这种能量重力势能和动能直接转换的过程中,包括流动助力、湍流助力、发电机、水泵和水轮机的损耗等。一般抽水蓄能循环效率为 70%~80%,预期使用年限为 40~60 年,实际情况取决于各抽水蓄能电站设计和使用情况。抽水蓄能系统的主要损耗因素:

(1) 水库蒸发。水库水的蒸发损失取决于水库大小和地理位置。位于热带且具有较大地表储水的水库,比温带气候浅水库更容易受蒸发损失影响。

(2) 泄漏损失。主要在一个或两个地质储层中使用衬管以防止水库水泄漏。泄漏源一般是水道的混凝土衬里部分产生裂缝。

(3) 传输损失。主要指电力的传输损耗,一般由输电线长度、电压以及导线尺寸和类型决定。

2.3.2 抽水蓄能技术的功能

抽水蓄能电站有发电和抽水两种主要运行方式,在两种运行方式之间又有多种从一种工况转到另一种工况的运行转换方式。正常的运行方式具有以下功能。

1) 发电功能,实现电力系统有效节能减排

抽水蓄能电站本身不能向电力系统供应电能(混合式抽水蓄能电站除外),它只是将系统中其他电站的低谷电能和多余电能,通过抽水将水流的机械能变为势能,存蓄于上水库中,待到电网需要时放水发电。蓄能机组发电的年利用小时数比常规水电站低得多,一般为 800~1000h。蓄能电站的作用是实现电能在时间上的转换。

表 2-1 中列举了电网中各种电站的运行特性,相比而言,抽水蓄能电站既是发电厂又是电力用户,其填谷作用是其他任何类型的电厂都不具备的。另外,抽水蓄能机组的启动最迅速,运行最为灵活,对负荷的急剧变化可以作出快速反应,因而更加适合承担电网的各种动态任务。

表 2-1 电网中各种电站的运行特性比较

项目		抽水蓄能电站	单循环燃气轮机	联合循环燃气轮机	常规水电	燃煤火电	
						降负荷	启停
所承担负荷位置		峰荷	峰荷	峰荷、基荷	峰荷、基荷	峰荷、基荷	峰荷
最大调峰能力/%		200	100	85	100	50	100
开启特点	每日启动	√	√	√	√	×	√
静止~满载		95s	3min	60min	2min		
填谷		√	×	×	×	×	×
调频		√	√	√	√	√	×

续表

项目	抽水蓄能电站	单循环燃气轮机	联合循环燃气轮机	常规水电	燃煤火电	
					降负荷	启停
调相	√	√	√	√	×	×
旋转备用	√	√	√	√	√	×
快速增荷	√	√	√	√	×	×
黑启动	√	√	×	×	×	×

抽水蓄能电站削峰填谷，减少了火电机组参与调峰启停的次数，提高了火电机组负荷率并在高效运行，降低机组燃料消耗，实现了电力系统有效节能减排。

2) 调峰、调频和调相功能，提高电力系统稳定运行水平并保证供电质量

抽水蓄能电站是利用夜间低谷时其他电源(包括火电站、核电站和水电站)的多余电能，抽水至上水库储存起来，待峰荷时发电。因此，抽水蓄能电站是把日负荷曲线的低谷填平了，即实现"填谷"。应该指出的是，具有日调节以上功能的常规水电站也具有调峰功能，但不具备"填谷"功能，即通常在夜间负荷低谷时不发电，而将水量储存于水库中，待尖峰负荷时集中发电，也就是通常的尖峰运行。

调频功能又称旋转备用或负荷自动跟随功能。常规水电站和蓄能电站都有调频功能，但在负荷跟踪速度(爬坡速度)和调频容量变化幅度上，蓄能电站更为有利。现代大型蓄能机组可以在一两分钟之内从静止达到满载，增加出力的速度可达每秒10000kW，并能频繁转换工况。

调相运行的目的是稳定电网电压。抽水蓄能机组在设计上有更强的调相功能，无论在发电工况还是抽水工况，都可以实现调相和进相运行，并且可以在水轮机和水泵两种旋转方向进行，故其灵活性更大。另外，蓄能电站通常比常规水电站更靠近负荷中心，故其对稳定系统电压的作用要比常规水电机组更好。

这些调节功能能适应负荷急剧变化，灵活调节频率和稳定电压的电源，有效保证和提高电网运行频率、电压稳定性，更好地满足广大电力用户对供电质量和可靠性的要求。

3) 黑启动功能

黑启动是指出现系统事故后，要求机组在无电源的情况下迅速启动。常规水电站一般不具备这种功能。现代抽水蓄能电站在设计时都要求有此功能。抽水蓄能机组有停机(S)、旋转备用(SR)、发电(G)、发电调相(GC)、抽水(P)、抽水调相(PC)等6个稳态，线路充电(LC)、背靠背拖动(L)和黑启动(BS)等3个暂态，其正常运行和工况转换可能有多种操作方式。可见蓄能机组的运行方式是相当复杂的，同时也说明蓄能机组的功能是很完善的。

2.3.3 抽水蓄能技术的适用条件

由于能源在地区分布上的差别以及电网构成上的不同，其对抽水蓄能的需求也不同。一般地讲，抽水蓄能电站适用于以下情况：

(1) 以火电甚至是核电为主、没有水电或水电很少的电网。这样的电网中由于其电源本身的负荷调节能力很差，因而迫切需要一定容量的抽水蓄能电站承担调峰填谷、调频、调

相和紧急事故备用。

(2) 有水电，但水电的调蓄性能较差的电网。很多电网虽然都有一定比例的水电，但具有年调节及以上能力的水电站比例较小。这些电网虽然在枯水期可利用水电进行调峰，但汛期水电失去调节能力，若要利用水电调峰，则只能被迫采取弃水调峰方式。

(3) 风电比例较高或风能资源比较丰富的电网。风电比重较大的电网，如果配备了抽水蓄能电站，则可把随机的、质量不高的电量转换为稳定的、高质量的峰荷，这样即可增加系统吸收的风电电量，使随机的不稳定的风电电能变成可随时调用的可靠电能。

2.4 运 用 现 状

从 20 世纪 50 年代开始，随着电力系统的发展，抽水蓄能电站以调峰和调频等为主要任务，60 年代后抽水蓄能电站的发展进入黄金时期，美国抽水蓄能电站装机容量跃居世界第一，并保持了 20 多年。美国抽水蓄能电站装机比例虽然只有 2.2%，但其总装机容量仍处于世界领先水平。中国的抽水蓄能电站建设起步较晚，从 1968 年建成的第一座岗南抽水蓄能电站起，我国的抽水蓄能已经经过了半个世纪的建设和发展历程，截至 2021 年 3 月，我国在运抽水蓄能装机 3179 万千瓦、在建装机 5243 万千瓦，是全球抽蓄电站规模最大的国家，已建成投产的 30 余座电站稳定运行，在保障电力安全、推动新能源健康发展中发挥了至关重要的作用[4]。

我国第一批建设高峰主要分布在经济较为发达的东部地区和以火电为主的中部地区。随着我国能源政策的调整，以风能资源为代表的诸如蒙东、蒙西、河北省等新能源电源基地的规划建设，迫切需要在发电端配套调峰能力强、储能优势突出、经济性好，且能提高输电线路经济性的抽水蓄能电站。

我国抽水蓄能电站建设虽然起步较晚，但基于大型水电建设所积累的技术和工程经验，加上引进和消化吸收国外先进技术，使得抽水蓄能电站建设具有较高的起点。通过一批大型抽水蓄能电站的建设实践，积累了设计、施工和运行管理的丰富经验，抽水蓄能机组设备的设计制造安装技术达到了国际先进水平，已建成的总装机规模和单个电站的装机规模均居世界前列[5]。

2.4.1 上、下水库关键技术问题

1) 防渗技术

抽水蓄能电站上、下水库防渗要求高，水量的损失即是电能的损失，上水库库盆防渗形式的选择是各工程设计中的重要技术问题。目前，我国已建和在建的抽水蓄能电站中，上、下水库库盆防渗形式主要有垂直防渗和表面防渗两种形式。垂直防渗适用于地质条件相对优良、水库仅存在局部渗漏问题的水库，工程造价低，以灌浆帷幕为主，与常规水电站类似。表面防渗适用于库盆地质条件较差，库岸地下水位低于水库正常蓄水位，断层、构造带发育，全库盆存在较严重渗漏问题的水库。

2) 严寒地区冰冻防控技术

抽水蓄能电站运行过程中水位涨落频繁，在水面不能完全冰封的情况下，水体中产生的大量冰屑具有很强的黏附性，对接触的建筑物会产生较大的作用力，同时容易堵塞水道、

电站进口拦污栅等。

3) 拦排沙技术

蓄能电站下水库通常是利用原河道拦河成库，大陆北方河流通常含沙量较高，泥沙问题较为突出。

由于抽水蓄能电站的工作特点，对下水库的入库泥沙含量有严格限制，水源泥沙太多，会淤积在库内，使有效库容减少，高泥沙含量的水流会对水轮机造成严重的磨损。对于多泥沙电站，可通过电站合理运行降低入库沙量，例如，汛期降低水库运行水位，减少库容，达到提高排沙比、减少水库淤积的目的；科学避沙，包括输沙高峰时短时间停机避沙。同时，在工程措施上，目前拦沙及排沙工程设计措施主要包括新建拦沙坝和排沙洞，或拦沙潜坝及排沙孔的方式，岸边库也是比较常见的避沙措施[5]。

2.4.2　引水管道关键技术问题

1) 高水头大 HD 值(管道的内直径 D(m)与其承受的水头 H(m)的乘积)钢岔管技术研究

目前国内抽水蓄能电站有装机容量越来越大、设计水头越来越高的趋势，因此高水头、大 HD 值高压钢岔管的设计、制造也逐渐成为普遍性的问题，其体型和结构受力的复杂性，使其成为水道系统设计中的一个关键性研究问题。对于水头超过 500m 的高水头、大 HD 值的钢管以往均采用进口钢材、国外整体采购，工程投资大，工期较长。随着我国水电开发和大型抽水蓄能电站的建设，研究高水头大 HD 值钢岔管设计、选材、制造的国产化成为比较突出的问题。

2) 钢筋混凝土衬砌高压管道技术研究

随着抽水蓄能电站向着高水头、大容量方向发展，引水系统高压管道承受的内水压力越来越高，对此高压管道和高压岔管需采用钢筋混凝土衬砌技术，这种技术的经济可行性成为水道系统设计中的一个关键性技术问题。

目前，我国抽水蓄能电站设计方面，建立了高水头隧洞衬砌设计理论体系和方法，明确了围岩为高压隧洞承载和防渗的主体，提出了混凝土衬砌的作用主要是保护围岩、平顺水流，为高压灌浆提供条件的设计理念。对高水头抽水蓄能电站采用了世界上压力最高的 9MPa 高压灌浆技术，改善了围岩性态，建成了目前水头最高的大型钢筋混凝土衬砌输水管道和岔管。采用钢筋混凝土衬砌的压力管道围岩Ⅰ、Ⅱ类一般要求占 80%以上，同时满足挪威准则、最小地应力准则、围岩渗透准则等，衬砌按透水衬砌设计，配筋按限裂要求计算确定。高压输水隧洞中弄清岩体的渗透特性、渗透稳定性、衬砌结构形式、结构特性及防渗措施，对工程安全稳定运行至关重要。

3) 钢板衬砌高压管道技术研究

随着抽水蓄能电站向着高水头、大容量方向发展，引水系统高压管道承受的内水压力越来越高，如果不能满足钢筋混凝土衬砌的条件就需要采用钢板衬砌。钢板衬砌压力管道的研究内容包括钢衬结构设计、围岩分担内水压力研究、排水设计、灌浆设计、防腐设计、施工方法等。

目前，抽水蓄能电站设计方面，形成了一整套的钢板衬砌设计理论体系和方法。采用钢板衬砌的压力管道围岩一般以Ⅲ、Ⅳ类为主的地质条件下。钢板衬砌压力管道具有完全不透水、可以承担部分内水压力、过流糙率小、耐久性强、可经受较大水流等特点。根据工程地质条件，深入研究地下埋藏式压力钢管的围岩分担率，在保证结构内外压安全的前提下，优化管壁厚度，减小压力钢管制造安装难度[5]。

2.4.3 地下厂房关键技术问题

1) 地下厂房洞室群布置

国内抽水蓄能电站通常采用地下厂房，地下洞室群空间纵横交错，规模庞大，主要包括三大洞室：地下主厂房、主变洞、尾水闸门洞；四大附属系统：交通系统、通风系统、排水系统、出线系统。

2) 地下厂房洞室群围岩稳定

抽水蓄能电站地下厂房洞室较多，交错布置，围岩稳定成为关键技术问题之一。随着抽水蓄能电站建设和岩体力学研究水平的发展，在设计和施工过程中，积累了丰富的经验和各种有效的手段，使地下厂房洞室支护设计更加合理、安全、经济。

2.4.4 蓄能机组设计及自主制造能力

抽水蓄能机组研发制造技术是抽水蓄能电站建设的关键环节之一，自 21 世纪初开始实施抽水蓄能机组国产化、自主化以来，机组单机容量从 25 万千瓦到 40 万千瓦，水头/扬程从 200m 到 500m，再到 700m 水头，一步一个台阶逐步提高，稳步发展。国内单机容量最大 (400MW) 700m 级水头的阳江抽水蓄能机组，针对水泵水轮机、电动发电机的设计制造以及"一管三机"复杂输水系统过渡过程性能保证等难题，展开了研究和技术攻关，形成了多项具有自主知识产权的创新技术，研制出我国首台套 40 万千瓦 700m 级水泵水轮机和电动发电机。攻克了长短转轮叶片与导叶匹配技术、双鸽尾结构磁极技术、磁轭通风沟锻件整体铣槽工艺、磁轭鸽尾槽预装后整体铣槽工艺等新型制造和安装技术，机组稳定性指标优越，达到国际领先水平。2021 年，吉林敦化抽水蓄能电站投入运行，该项目是国产首台 700m 以上水头抽水蓄能机组，标志着我国自主研制的国内首批 700m 级超高水头、高转速、大容量抽水蓄能项目取得重大里程碑成果。2021 年，长龙山抽水蓄能电站正式发电，该电站是世界第二、中国第一高水头抽蓄电站，共安装 6 台 350MW 可逆式水轮发电机组，额定水头 710m，最高水头达到 756m (日本葛野川抽水蓄能电站是当前世界最高额定水头的抽水蓄能电站，电站总装机容量 160 万千瓦，装有 4 台 40 万千瓦的水泵水轮发电机组，额定水头为 714m)。

2.5　发展方向和经济性

近几年化石能源成本的上升和可再生能源的大量接入，电网对大规模的调峰容量需求增加的同时，对大规模低谷电的消纳能力需求也在增加，对抽水蓄能电站需求增加客观上促进了抽水蓄能电站的快速发展。

目前，我国抽水蓄能技术在设计、施工、运行管理等方面均具有世界先进水平，高水头、高转速、大容量的蓄能机组成套设备处于技术攻坚阶段，变速机组技术研究处于起步阶段。从技术、设备和材料等方面来看，已经不存在制约我国抽水蓄能电站快速发展的因素。但从引领国际抽水蓄能技术水平的角度出发，仍需在提升机组制造水平、创新抽水蓄能建设形式等方面深入研究。

2.5.1　抽水蓄能科学规划、合理布局

抽水蓄能建设必须遵循适度规模、合理布局的基本原则进行科学规划,重点考虑安全性、经济性、清洁高效性及社会环境敏感性等因素科学发展。《"十四五"现代能源体系规划》中提到,加快推进抽水蓄能电站建设,实施全国新一轮抽水蓄能中长期发展规划,推动已纳入规划、条件成熟的大型抽水蓄能电站开工建设。优化电源侧多能互补调度运行方式,充分挖掘电源调峰潜力。力争到 2025 年,煤电机组灵活性改造规模累计超过 2 亿千瓦,抽水蓄能装机容量达到 6200 万千瓦以上、在建装机容量达到 6000 万千瓦左右。此外,为了满足我国"十四五"抽水蓄能建设需要,我国已有 10 省(区)启动新一轮的抽水蓄能规划工作。未来 5～10 年,我国将在"统筹规划、合理布局"的原则下,加快抽水蓄能电站建设,研究试点海水抽水蓄能,攻关变速机组等先进设备制造技术。

从建设区域发展趋势来看,未来抽水蓄能电站合理布局主要考虑的是电网,包括负荷中心、新能源基地等送端、受端以及特高压输电线路交接处的安全、经济运行需求。

2.5.2　提升机组设备制造水平

常规抽水蓄能机组,水泵工况的输入功率与电机运行转速直接相关,为了借助电磁场实现稳定的机电能量转换,电机同步转速与电网的供电频率耦合在一起,故对于恒速恒频的常规抽水蓄能机组,其水泵工况的输入功率只能保持在近似额定功率。对于电网的小负荷调节,其运行时间受到很大限制。可变速抽水蓄能实现调速可选用全功率方式和交流励磁方式,运行于变速恒频模式,具有运行灵活、稳定可靠、反应迅速的特点。自 20 世纪 60 年代开始,国外水电行业就开始了变速抽水蓄能机组的研究及试验工作,日本早在 1990 年就投产了首台可变速机组(矢木泽抽水蓄能电站)。截至 2020 年底,全世界有超过 18 个电站、约 40 台可变速抽水蓄能机组投运,集中于欧洲、日本等国家和地区。而我国与国际上先进的国家相比,大容量连续调速的变速机组在中国电网中的应用和管理以及设备技术自主研发和制造方面还有待进一步提高。2014 年 11 月,国家发展改革委在《关于促进抽水蓄能电站健康有序发展有关问题的意见》中明确指出重点开展变速机组的技术攻关。2022 年 8 月 24 日,工业和信息化部、财政部、商务部、国务院国有资产监督管理委员会、国家市场监督管理总局五部门联合印发《加快电力装备绿色低碳创新发展行动计划》,提出要加快推进可变速抽水蓄能机组关键技术的研究,并将其作为水电装备的重点研发方向。2022 年,四川春厂坝抽蓄并网发电,标志着我国首座自主研发的全功率变速抽水蓄能电站投运,突破了变速抽水蓄能国外垄断和技术封锁,实现了关键技术国产化,填补了国内技术空白。2023 年,中国首台 300MW 和 400MW 国产化变速抽水蓄能机组采购制造合同在广东广州集中签订,标志着国产大型变速抽水蓄能机组研制正式进入工程应用的新阶段。

2.5.3　海水抽水蓄能电站研究

冲绳海水(Okinawa Yanbaru Seawater)抽水蓄能电站,位于日本冲绳岛北部,是世界上唯一一座海水抽水蓄能电站。我国尚无此方面的实践。

我国拥有绵长的海岸线,具备优越的建设海水抽水蓄能电站的资源条件,同时我国沿

海地区经济相对发达，在我国可再生能源大力发展、核电产业大规模发展、特高压及智能电网建设发展、国家节能减排、发展低碳经济的背景下，对电力系统安全、稳定、经济运行提出了更高的要求。海水抽水蓄能电站作为储能设施，是淡水抽水蓄能电站的有益补充，可有效缓解电网的调峰、填谷等问题。因此，海水抽水蓄能电站具有很大的发展前景。然而，由于海水的特殊性、海洋环境的复杂性，海水抽水蓄能发电技术研究在我国是比较薄弱的，理论研究和相关设备研发尚处于起步阶段，工程实践还未完全展开。《水电发展"十三五"规划》指出，要研究试点海水抽水蓄能。加强关键技术研究，推动建设海水抽水蓄能电站示范项目，填补我国该项工程空白，掌握规划、设计、施工、运行、材料、环保、装备制造等整套技术，提升海岛多能互补、综合集成能源利用模式。2018 年 4 月，国家能源局发布了海水抽水蓄能电站资源普查成果，批复同意将福建宁德浮鹰岛(拟装机容量为 4.2 万千瓦)站点作为海水抽水蓄能电站试验示范项目站点，以填补我国该项工程空白。

2.5.4 新的蓄能建设形式研究

抽水蓄能仍是应用最为广泛、寿命周期最长、容量最大的一种储能技术，但抽水蓄能电站的建设选址较为苛刻，需要具备合适的地形地质条件、水源条件，站址还应避开环境敏感因素。我国经过前几轮大规模抽水蓄能选点以及推荐站点的开工建设，条件优良的蓄能站点资源越来越少，蓄能选点开始变得困难，经济指标也在不断变差。抽水蓄能站址资源的选择也到了转变思路的时刻。

在地下抽水蓄能电站的领域内，国外在利用废矿洞建设抽水蓄能电站方面已开展了相关研究，并实现了实际工程应用。废弃矿洞是伴随着采矿活动结束而产生的人为遗迹。根据不同矿洞的不同特点因地制宜地加以改造利用，是目前许多矿业大国所一贯推崇的革新式资源再利用途径。废弃矿洞可以有许多不同的用途，如储存液体燃料、武器、农副产品，堆存有害的或放射性废料，改造成博物馆、研究中心、档案馆，进行旅游开发、坑塘养殖、矿洞土地复垦再利用等，这样因资源再利用产生了新的经济效益，而使矿洞这一原本废弃的资源重获价值。长期以来，由于缺乏相应的规划指引和推动，我国矿产资源开采后遗留下的大规模的工业废弃地多处于闲置的、被遗弃的消极状态。随着社会经济的发展，废弃矿洞的再利用，无论从环境保护的角度，还是资源综合利用的要求来讲，都是十分必要和有益的。利用废弃矿洞建设抽水蓄能电站，不仅能使废弃矿洞得到重新利用，而且可以节约土地资源，利用已有的矿洞空间还能减少工程土建方面的投资，更有可能让抽水蓄能靠近负荷中心、新能源集中区域以获得更大的经济效益。目前，我国已经开始开展利用废弃矿洞建设抽水蓄能电站的前期技术研究。

2.5.5 建设及经营机制研究

根据国家能源局相关文件精神，我国已放开抽水蓄能电站建设权，允许非电网企业经营、管理抽水蓄能电站。

从管理运营模式来说，我国现行制度仍存在诸多弊端，如难以体现"谁受益，谁分担"的市场经济原则，蓄能电站的动态效益难以得到合理补偿等，从某种程度上讲，管理体制和运行机制制约了我国蓄能电站的发展。鉴于此，2014 年国务院、国家发展改革委分别发文明确在电力市场形成前的抽水蓄能电站电价核定原则，抽水蓄能电站由省级政府核准，并逐步建立引入社会资本的多元市场化投资体制机制，逐步健全管理体制机制等。

因此，电力市场化形成前，抽水蓄能电站价格机制采用两部制电价方式，电价按照合理成本加准许收益的原则核定，费用纳入当地省级电网（或区域电网）运行费用统一核算，并作为销售电价调整因素统筹考虑。

此外，从践行低碳环保、承担更大的社会责任方面考虑，有必要加大新的建设形式研究，包括利用矿坑、海水等建设抽水蓄能电站。图 2-3 展示了抽水蓄能技术路线图。

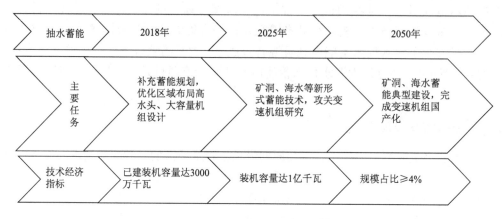

图 2-3　抽水蓄能技术路线图[5]

2025 年前，在做好抽水蓄能滚动规划、优化区域布局的基础上，重点开展矿洞、海水等新形式蓄能技术攻关；并根据电力市场改革进程深入开展电价机制等方面的研究，尤其重视抽水蓄能辅助服务效益定量化的研究；以我国首台变速机组投产运行为契机，开展变速机组设计及制造前期研究，实现建设规模 1 亿千瓦目标。

2050 年前，建设矿洞、海水蓄能试点工程，变速机组自主制造完成关键技术攻关，实现变速机组制造国产化，抽水蓄能电站在电源结构中占比不低于 4%。

本 章 小 结

随着我国电力市场改革不断深化，抽水蓄能电站作为一个普通的市场成员参与竞争，通过市场上供求双方的博弈形成抽水蓄能电站的价格。抽水蓄能电站具有启停迅速、运行灵活、储能效率高等特性，必然通过辅助服务电价等途径得到回报。抽水蓄能电站通过市场这个"看不见的手"的配置作用，能够更好地引导其健康可持续发展。

随着前期建设条件优良的站址优先完建，后续复杂地质条件及多元运行方式的站址已提上建设日程，我国抽水蓄能电站向高水头及低水头两个方向延伸，要考虑工程规模加大、工程区域内地质构造复杂、地震烈度高、更高转速及更低转速等因素，工程技术难度大，更多技术问题有待进一步研究和突破。此外，水库筑坝及防渗技术、复杂地质条件下大型地下洞室群的围岩稳定、高水头及高转速机组特性、低水头机组的制造调试、大型地下洞群通风系统设计、电网对机组稳定性及快速响应要求的提高与其他新能源的联合运行等，都具有较大挑战性，需要深入开展调查研究、科学试验和技术攻关，妥善解决复杂环境条件下抽水蓄能资源开发面临的一系列工程技术问题。

习　题

1. 请从能量转化的角度阐述抽水蓄能技术的工作原理及其本质。

2. 请综合分析抽水蓄能技术的特点。

3. 抽水蓄能系统由哪几部分组成？

4. 抽水蓄能电站和常规水电站有什么区别？

5. 广州抽水蓄能电站对优化大亚湾核电站的功能发挥了重要作用，请具体分析其所具有的功能，以及这些功能对维持电力系统运行起到的作用。

6. 已知某抽水蓄能电站上水库正常蓄水位 $Z_{UN} = 800m$，上水库死水位 $Z_{UD} = 780m$，下水库正常蓄水位 $Z_{LN} = 300m$，下水库死水位 $Z_{LD} = 260m$。求此抽水蓄能电站的最大水头 H_{max} 和最小水头 H_{min}。

7. 虽然抽水蓄能技术发展比较成熟，但是其仍然存在一些问题，请从 2.4 节中选择其中一个问题进行分析，说明国内外的发展现状和解决措施。

8. 随着我国能源结构的调整，对抽水蓄能电站也提出了新的要求，请具体阐述这些要求，并说明所提要求的合理性。

9. 从经济角度来分析抽水蓄能电站未来的发展方向。

参 考 文 献

[1] 国家能源局. 抽水蓄能中长期发展规划 (2021-2035 年) [EB/OL]. (2021-09-17) [2023-11-06]. http://zfxxgk. nea.gov.cn/2021/09/17/c_1310193456.htm.

[2] BARNES F S, LEVINE J G. Large energy storage systems handbook[M]. Boca Raton: CRC Press, 2011.

[3] 丁玉龙, 来小康, 陈海生. 储能技术及应用[M]. 北京: 化学工业出版社, 2018.

[4] 苏南. "十四五" 抽蓄建设按下 "加速键" [N]. 中国能源报. 2021-3-22(11).

[5] 陈海生, 吴玉庭. 储能技术发展及路线图[M]. 北京: 化学工业出版社, 2020.

第3章

飞轮储能

3.1 飞轮储能原理

飞轮储能是利用电动机带动飞轮高速旋转，将电能转换为机械能存储起来，需要时由高速旋转的飞轮带动发电机发电，实现机械能转换为电能。飞轮系统运行于真空度较高的环境中，适用于电网调频和电能质量保障。飞轮储能在全球和国内储能市场领域，还属于小众技术。飞轮储能具有多种优点：①功率特性好，响应速度快；②高效率、免维护；③使用寿命长，一般在 20 年以上；④适用温度宽泛，工作温度一般为–10～40℃；⑤绿色环保、无污染，无化学物质，无电池后期回收压力。飞轮储能的缺点是成本偏高，并且能量密度低。

飞轮储能系统的能量转换环节可以实现从电能到机械能，再由机械能到电能的转换，系统工作过程可划分为 3 种工作模式：

(1)飞轮充电模式，即由电能向机械能的转换过程。这一转换过程通过其关键装置——电力电子转换器对系统的充电电流进行模式调整。目的是将电网的交流电转换成直流电，以驱动复合电机。

(2)飞轮能量保持模式，即储存电能(以动能形式)。飞轮以高速旋转的形式来储存动能。为了保持飞轮恒定的转速，需要电力电子装置以低压模式输出，以抵消电机损耗。

(3)飞轮放电模式，即由机械能向电能的转换过程。这一过程中，电力电子转换器将输出的电能转换成交流电送到电网，其相位和频率与电网的相位及频率相同。高速发电机使得高速旋转的飞轮的动能转换成电能，但是由于复合电机作为发电机运行，电机的输出电压与频率随转速变化而不断变化，飞轮减速，输出的电压会降低，因此需要配置升压电路来提升电压，以保证平稳的输出电压。

飞轮储能系统中最重要的环节即为飞轮转子，整个系统得以实现能量的转换就是依靠飞轮的旋转。飞轮旋转时的动能 E 表示为

$$E = \frac{1}{2}mr^2\omega^2 = \frac{1}{2}J\omega^2 \tag{3-1}$$

式中，m 为圆环的质量；r 为其回转半径；J 为飞轮的转动惯量；ω 为飞轮的转动角速度。由式(3-1)可见，为提高飞轮的储能量可以通过增加飞轮转子转动惯量和提高飞轮转速来实现。通过提高转速来增加动能，如果转速超过一定值，受到制造飞轮所用材料强度的限制，飞轮将会因离心力而遭到破坏，储能密度计算公式为

$$e = \frac{E}{m} = \frac{2.27\sigma K_S}{\rho} \tag{3-2}$$

式中，e 为飞轮的储能密度；K_S 为飞轮形状系数；ρ 为材料的密度；σ 为材料的许用应力。由式(3-2)可以计算出不同材料制造的飞轮的储能密度。在设计飞轮的时候，要选用一些低密度、高强度复合材料，如超强碳纤维等或玻璃纤维-环氧树脂复合材料，材料的选择直接影响飞轮储能系统的稳定性。

3.2 飞轮储能设备

典型的飞轮储能系统主要包括 5 个部分：储存能量用的转子系统、支撑转子的轴承系统、转换能量和功率的电动/发电机系统、真空容器保护系统以及电力电子变换器系统。飞轮储能系统结构示意图如图 3-1 所示。

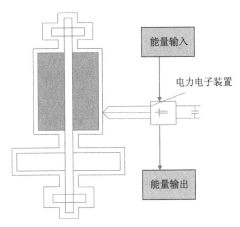

图 3-1　飞轮储能系统结构示意图

3.2.1　轴承系统

飞轮储能的轴承支承系统的目的是克服摩擦阻力、降低能量的损耗，轴承支承系统的性能直接影响飞轮储能系统的可靠性、效率和寿命。目前的主流支承方式有如下四类，具体比较如表 3-1所示。

表 3-1　四类主流轴承比较

分类		主流支承方式分类与特点
机械轴承		最普遍且价格低廉的机械轴承主要有带动轴承和滚动轴承，通常用于飞轮储能系统中作为辅助轴承，起保护作用；不常用且价格较高的机械轴承主要有挤压油膜阻尼轴承和陶瓷轴承，通常用于有特定功能的飞轮系统中，起绝缘及减少摩擦作用
被动磁轴承	永磁轴承	价格极其昂贵，利用超导体靠近外部磁场时其内部由感应电流产生与外部磁场大小相同、方向相反的镜像磁场，继而在超导体和永磁体之间产生电磁斥力，使超导体或永久磁体稳定在悬浮状态。由于超导体具有的临界温度一般都很低，因此必要的制冷设备是其正常工作的必要保障，因此，系统的能量消耗会明显增加，系统的成本也会明显增加，还大大增加了系统由于附加设备造成失效的可能性
	超导磁轴承	
主动磁轴承		其悬浮力依靠主动磁轴承的电磁线圈中的电流所产生。相比于被动磁轴承，其具有阻尼和刚度可调等优点；相比于超导磁轴承，其成本比较低
组合式磁轴承		由多种方式组合而成，包括组合式永磁-机械轴承、组合式永磁-超导磁轴承、组合式永磁-电磁轴承、组合式电磁-机械轴承等

3.2.2　真空容器保护系统

真空容器保护系统中真空罩的作用是为飞轮转子提供一种低压的环境，降低高速旋转下的风阻损耗。飞轮转子的转速必须非常高(可达 200000r/min)才会有高的储能密度,在空气环境中高速运转的飞轮转子会造成极高风阻损耗,因此,飞轮转子必须在真空中工作。目前真空度一般可达到 10^{-5}Pa 的量级,另外,飞轮在高离心力作用下存在发生爆裂的可能性,因此真空罩兼起安全保护的作用。为方便观察飞轮的实际运行情况,一般采用透明的高强度玻璃钢真空罩。飞轮的转速较高,为防止飞轮结构破坏引起二次灾害,需要将飞轮安置在密闭的容器内,密封容器的高密封性能为真空的获得提供了基础,之所以要获得真空,是因为高速飞轮与空气的摩擦损耗是相当可观的,研究表明,10Pa 的真空环境对低速飞轮(300m/s 以下)的机械损耗贡献已经较大,而高速飞轮(400m/s 以上)的真空条件应达到 0.1Pa。为保证高速飞轮(400m/s 以上)的安全,应设计高可靠的防护装置或将飞轮电机系统安装于地坑内。

3.2.3 电动/发电机系统

电动/发电机是能量转化的核心部件,飞轮储能装置中有一个内置电机,它既是电动机也充当发电机。当充电时,它作为电动机给飞轮加速;当放电时,它又作为发电机给外设供电,此时飞轮的转速不断下降;而当飞轮空闲运转时,整个装置则以最小损耗运行,由于电机转速高,运转速度范围大,且工作在真空之中,散热条件差,所以电机的工作性能要求非常高。从系统结构和降低功耗的思想出发,现在常用的电机有永磁无刷电机、三相无刷直流电机、磁阻电机和感应电机。

3.2.4 电力电子变换器系统

飞轮储能系统在储存与释放能量的过程中,转速在不断变化,电动/发电机的转速也随之改变。因此,为实现电能稳定储存与释放,必须在飞轮储能系统与电网之间配备一个电力电子变换器系统。储能时通过转换装置将电网电能变成电动机需要的电源形式;输出电能时经转换装置调频、整流、恒压之后,供给负载,以满足不同工况下的需要。目前较多采用 IGBT 功率模块和微处理器技术来控制电动/发电机以实现能量的快速高效储存与释放,采用变压变频器件完成输入与输出信号的转变。电子电力转换装置具有调频整流和恒压等功能的系统,运行在放电模式时,电子电力转换装置作为交流转换器把发电机输出的电能转换成常用的电源和频率,运行于充电模式时电子电力转换装置变成电动机的控制器。

3.3 关键部件和技术

3.3.1 飞轮

飞轮是储能元件,需要高速旋转,主要利用材料的比强度性能,经过多年的发展,已有较成熟的设计优化方法。金属材料飞轮的结构设计内容为形状优化。复合材料飞轮则因为材料的可设计性、材料性能与工艺的相关性以及破坏机理的复杂性而显得不很成熟,一直是研究的热点问题。

20 世纪 90 年代,复合材料飞轮设计的基本理论方法趋于成熟。Arnold 给出了圆盘飞轮在过盈、边界压力、离心载荷下的弹性应力解析解,并讨论了厚度、厚径比、材料性能参数对应力的影响,提出了一种飞轮在恒定和循环载荷破坏极限速度的计算方法。Arvin用模拟退火算法优化求解二维平面应力各向异性弹性方程问题,设计出的 5～8 层过盈装配的圆环飞轮,其能量密度为 40～50W·h·kg^{-1},轮缘线速度为 800～900m/s。

除了采用多环套装、混杂材料、梯度材料、纤维预紧的纤维缠绕设计提高飞轮的储能密度,二维或三维强化是复合材料飞轮设计中另一条路径。以最大应变准则为失效判据,三维复合材料圆盘的理论爆破速度达到 1800m/s,储能密度达到 150W·h·kg^{-1}。采用圆环形二维机织结构叠层复合材料实现飞轮径向强化是一种新尝试,理论预计储能密度可达到 3W·h·kg^{-1}。尽管复合材料飞轮的理论储能密度高达 200～400W·h·kg^{-1},但考虑到制造工艺、轴系结构设计、旋转试验等复杂制约因素,在试验或工程中,安全稳定运行的复合材料飞轮的储能密度通常不高于 100W·h·kg^{-1}。文献调研表明,单个复合材料飞轮总设计储能能量为 0.3～130kW·h。国内理论设计研究水平与国外相近,但试验研究方面,差距较大。

3.3.2 轴承

飞轮轴承使用的轴承包括滚动轴承、流体动压轴承、永磁轴承、电磁轴承和高温超导磁悬浮轴承。为取长补短,采用 2～3 种轴承实现混合支撑。轴承损耗在飞轮储能系统损耗中,有较大贡献(几十瓦到几千瓦),因此轴承的研究设计目标主要为提高可靠性、降低损耗和延长使用寿命。

滚动轴承技术成熟、损耗大、成本低、高速承载力低(通常低于 10000r/min),一般与永磁轴承配合使用。电磁轴承技术较成熟、损耗小、系统复杂、成本高,转速范围为 10000～60000r/min。高温超导磁悬浮损耗最小、系统复杂、成本高,转速范围为 1000～20000r/min,是大容量飞轮储能轴系的首选,自 20 世纪 90 年代出现以来,一直处于实验室研发验证阶段,日本、韩国、美国和德国投入研究力量较大,目前尚未有高温超导磁悬浮飞轮储能系统工程应用的案例报道。

考虑到高转速轴系的稳定性问题、电磁系统损耗以及控制功率损耗与旋转频率相关,试验研究用高速轴系转速为 10000～60000r/min,而工程应用中的飞轮储能轴系旋转最高转速限定在 15000～30000r/min 比较合理。

超导磁悬浮是最晚出现的轴承技术,近年来一直受到重视。Koshizuka 等[1]系统回顾了新能源产业的技术综合开发机构(The New Energy and Industrial Thechnology Development Organization, NEDO)飞轮计划(2000～2004 年)超导磁悬浮技术进展,设计了一套 10kW·h级飞轮储能试验系统(flywheel energy storage test system, FESS),研究了在飞轮高速旋转条件下,采用主动磁悬浮轴承控制转轴振动的可行性,并提出 100kW·h 级 FESS 的超导磁悬浮技术需求。波音公司曾研发 1 套 5kW·h/3kW 小型超导磁悬浮飞轮储能试验装置。

清华大学在 1997～2005 年的小型飞轮储能实验系统研制中,采用永磁上支承流体油膜下轴承混合支撑方式,实现损耗功率(含风损)低于 60W 的悬浮,稳定转速达到 42000r/min。2006～2008 年,完成电磁悬浮飞轮(10kg)储能实验系统,稳定运行转速达到 28500r/min。采用永磁、滚动轴承混合支撑方式,实现 100kg 转子 16500r/min 的稳定运行。2012～2016 年,在 500～1000kW 飞轮储能系统研制中,研制出了 50000N 级重型永磁轴承,混合轴承损耗功率为 6～9kW,占额定发电功率的 1%左右。

总体来看，机械轴承、永磁轴承和电磁轴承可以基本满足功率型飞轮储能系统的工业应用的需求，而大能量飞轮储能系统高速支撑技术还需要高温超导磁悬浮技术的突破[2]。

3.3.3 电机

飞轮储能电机为双向变速运行模式，这与电动车辆或轻轨电动机的特性要求类似，根据功率和转速要求选用或定制。其电磁学设计理论是成熟的，优化设计的重点是高速转子结构以及通过电磁学设计优化减少损耗。高速电机的真空运行条件给电机的热控制提出了极高的要求。

永磁同步电机转子与定子基波磁动势同步旋转，因此转子涡流损耗较少。高速永磁同步电机谐波频率较高，且由于定子开槽、定子磁势的空间和时间谐波的存在，会在转子中产生涡流损耗。尽管与定子铁心损耗以及绕组铜耗相比，转子涡流损耗较小，但是转子散热条件差，转子涡流损耗可能会引起转子较高的温升，且永磁材料性能与温度有关，尤其是对于居里点较低、电导率较高、温度系数较大的钕铁硼材料，过高的温度会使钕铁硼永磁电机性能下降，甚至引起磁钢的退磁而损坏电机。表 3-2 展示了不同飞轮储能电机类型的特性对比。

表 3-2　各种飞轮储能电机的特性对比[3]

参数	异步机	磁阻机	永磁机
功率	中大	中小	中小
比功率	0.7	0.7	12
转子损耗	铜、铁	铁	无
旋转损耗	可去磁消除	可去磁消除	不可消除
效率/%	93	93	93
控制	矢量	同步、矢量、开关、DSP(数字信号处理器)	正弦、矢量、梯形、DSP
尺寸 W/L	2	3	2
转矩脉动	中	高	中
速度	中	高	低
失磁	无	无	有
费用	低	低	高

国内外学者提出了多种计算转子涡流损耗的方法，研究方法主要有两种：一种为不计磁路饱和及齿槽效应，如解析法；另一种为计及磁路饱和及齿槽效应的瞬态有限元法，但往往只计算总的磁钢涡流损耗。

在电机的温升计算和散热技术方面，对于定子上的铁心损耗和绕组中的铜损，采用合适的冷却措施(如油冷或水冷)就可以把定子的温度大大降低。但是对于转子上的涡流损耗，由于转子的冷却和散热条件差，容易使转子产生很高的温升。目前针对高速电机转子散热的研究很少，大多数研究都集中在降低转子涡流损耗和风阻损耗，控制热源来改善转子散热条件方面。例如，通过选择导热性能更好的材料、增加材料的散热面积和在电机轴上设置直径为 10mm 的通孔来改善转子散热条件。

对于在真空环境下工作的飞轮储能用高速电机,由于没有传导介质和空气的对流,转子只能靠辐射散热,散热条件更差。

3.3.4 电力电子技术

变频调速技术如今日益成熟,通过改变电源的频率,即可改变电机的运行速度,通过改变电流,即可控制电机的转矩。因此,飞轮储能系统电机控制方法一般过程为:先用整流器将三相交流电源整流成直流电源,通过逆变器将直流电源逆变为电压和频率可控的交流电源提供给电动机,最后通过提高频率来达到电动机转速提升的目的。因此基于功率电子模块的飞轮储能电机控制系统的功能分为:①调节电机转速,调节电机的转矩;②实现 AC-DC-AC 变频和逆变,在电机-电源之间实现电能双向流动。

在飞轮储能系统中,电力变换电路的控制包括飞轮电机的充放电控制器和应用于电网的功率转换系统(power conversion system, PCS)。充放电控制器是指由逆变器驱动电机使其加速或者减速,PCS 是将飞轮转子减速放电生成的制动能量转换成满足负载功率和电压等级要求的能量。

永磁同步电机可以采用矢量控制或者直接转矩控制。矢量控制是基于磁场定向的控制策略,通过控制电机的电枢电流实现电磁力矩控制,速度外环和电流内环的存在,使电机电枢电流动态跟随系统给定,以满足实际对象对电机电磁力矩的要求。直接转矩控制是从控制转矩和磁链入手,无须精确掌握电机的各项参数,根据给定的电磁转矩指令和实际转矩观测值比较得出转矩误差,确定转矩的调节方向,然后根据定子磁链的大小与相位角确定合适的定子电压空间矢量,从而确定两电平逆变器的开关状态,使电磁转矩快速跟踪外部给定的转矩指令值。

飞轮储能系统的 PCS 是将电机减速生成的变频变压的反电势变换成适应于用户使用的电能形式,目前的实现方式主要有两种:一种是在永磁电机的矢量控制的基础上,将直流母线电压和给定电压的差值经过电压控制器生成电机的制动转矩指令值,构成电压外环、速度内环的双环控制结构;另一种是在飞轮减速时把逆变器的可控开关管全部关断,仅利用其续流二极管构成不控整流桥,得到幅值持续降低的直流电压,再经过 DC/DC 升降压控制把直流母线电压稳定在恒定值。

另外,飞轮储能系统装置属于高速旋转机械范畴,有必要配备监控诊断仪表对系统的正常运行进行监控。监控的数据主要包括转速、机组振动、轴承温度、电流、电压绕组温度、主功率回路温度和密封壳体内压力等[4]。

3.4 飞轮储能运用概况

3.4.1 生产企业

世界范围内,以美国为首的国外市场起步早,已经步入商业化应用阶段。自 20 世纪 90 年代起,多国飞轮储能快速发展,如美国、日本、法国、英国、德国、韩国、印度等。其中,美国投资最多、规模最大、进展最快。目前产品已应用于电力系统、备用电源、交通工具、航天航空、军工等领域。国外参与飞轮储能的主要企业包括Beacon Power、VYCON、Temporal Power、Active Power、Amber Kinetics、Quantum Energy。其中，Beacon power 成立于 20 世纪 90 年代，业务重点逐渐从 UPS（uninterruptible power supply，不间断电源）转移到电网调频领域。Active Power 和 VYCON 的业务都主要在 UPS 领域，其产品用于数据中心、医院、工业（起重机、铁路机车系统等），用作电力备用。目前，国外主流技术采用第三代飞轮储能技术，其采用碳纤维和磁悬浮技术。

国内飞轮储能行业处于起步阶段，从 2010 年前后，出现了飞轮储能系统商业推广示范应用的技术开发公司，如北京奇峰聚能科技有限公司、苏州菲莱特能源科技有限公司、深圳飞能能源有限公司、上海中以投资发展有限公司、北京泓慧国际能源技术发展有限公司、唐山盾石磁能科技有限责任公司等，且大部分公司未上市。国内飞轮研究起步较晚，早期从事飞轮储能技术研发的单位有北京飞轮储能（柔性）研究所、核工业理化工程研究院、中国科学院电工研究所、清华大学、华北电力大学、北京航空航天大学等，也有部分公司开始运营从事飞轮储能系统的实际应用开发。

3.4.2 技术指标

飞轮储能技术指标包括储能容量、功率、循环效率、待机损耗、功率密度、能量密度等。

1. 功率及功率密度

功率表征飞轮储能电源系统单位时间内的做功能力。工业用的单个飞轮储能电源功率范围为 100～1000kW，多个飞轮并列运行可以输出几兆瓦的功率。实验室研究的飞轮储能系统的功率多数在几百瓦到几十千瓦。

2. 能量及能量密度

能量表征飞轮系统在特定转速下的动能大小，单位采用 W·h。工业应用的单个飞轮储能量多数为 1000～5000W·h。工业应用中的飞轮转子的储能密度为 5～20W·h·kg^{-1}。实验研究飞轮储能转子密度可以达到 50～100W·h·kg^{-1}。飞轮储能系统因系统结构复杂，重量较大，系统的储能密度为飞轮转子储能密度的 1/5～1/2。因为飞轮储能系统功率大，所以充放电时间比较短。多数飞轮储能系统额定放电时间为 10～30s，Beacon 公司的飞轮可 100kW 放电 900s。

3. 储能系统效率

为了测量整个飞轮电机的充放电效率，建立如图 3-2 所示的实验系统，在设备电源输入端安装数显三相电度表，直接测量输入电能；输出负载串联电流表，并联电压表，再通过实时记录的放电时间计算出放电量。

当充电循环飞轮电机转速由 12000r/min 升速到 36000r/min，发电循环转速由 36000r/min 降速到 12000r/min 时，充放电之间无待机空载状态。飞轮电机放电深度：

$$\lambda = \frac{n_t^2 - n_b^2}{n_t^2} \times 100\% = 88.9\% \tag{3-3}$$

式中，n_t 为飞轮电机最高工作转速；n_b 为最低工作转速。

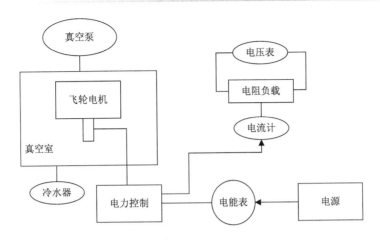

图 3-2   飞轮储能系统实验系统

1) 充电效率

充电效率定义为充电结束后，飞轮(转动惯量为 J)转速(单位为 r/min)由 n_b 升到 n_t，飞轮所具有的动能 E_d 与电机控制系统输入电能 E_i 之比，即

$$\eta_c = \frac{E_d}{E_i} \tag{3-4}$$

$$E_d = \frac{1}{1800}\pi^2 J(n_t^2 - n_b^2) \tag{3-5}$$

2) 放电效率

飞轮降速时，发电机带负载运行，电机回路有电流通过，铁损、铜损同时存在，带动负载时要经过电力变换器而存在的转换能量损耗，合称发电损耗。但是目前这些损耗还不能通过试验方法直接测量，于是考虑采用间接测量的方法。

通过记录负载的电压 U 和电流 I，得到负载功率 P，开始放电时，便记录时间。实验过程中记录负载的电压 U 和电流 I 的同时，需要记录相应的时间 $t_0, t_1, t_2, t_3, t_4, \cdots$，将相邻时间作差便得到各个功率对应的近似放电时间 $\Delta t_1 = t_1 - t_0, \Delta t_2 = t_2 - t_1, \cdots$，再将功率对时间积分，便得到负载有用功 W_1：

$$W_1 = \sum_{i=1}^{n} P_i \Delta t_i, \quad i = 1, 2, \cdots, n \tag{3-6}$$

放电效率定义为放电结束后，飞轮转速由 n_t 降到 n_b，系统放出的电能(负载有用功)与飞轮所具有的动能之比，即

$$\eta_d = \frac{W_1}{E_d} \tag{3-7}$$

3) 充放电效率

飞轮电机充放电效率定义为放出能量(负载有用功)与系统输入能量之比，即

$$\eta_E = \frac{W_1}{E_i} \tag{3-8}$$

4）系统充放电效率分析

正常情况下，飞轮储能系统的运行状态由以下几个阶段组成[5]。

（1）启动阶段：飞轮电机启动并加速至最低工作转速的阶段，在启动阶段，转速较低，反电势相应较小，为了提升飞轮电机和飞轮转子的转速，同时防止飞轮电机电流超过限值，通常控制转矩不变。只有系统第一次启动才会经历此阶段，正常运行的充放电循环中不包括该阶段。

（2）储能阶段：飞轮电机驱动飞轮转子将其由最低工作转速 $\omega_{\min}$ 加速至最高工作转速 $\omega_{\max}$ 的阶段，能量从电能转换为机械能，存储在飞轮转子中。在该阶段，转速较高，反电势相应较大，为了保持较高的充放电功率，同时保证电机端电压不超过额定值，通常控制有功功率不变；功率大小可以按照飞轮储能系统的供电电源功率来设置。

（3）待机阶段：外界以小功率维持飞轮转子高转速运行的阶段，此时，飞轮转子中存储了大量能量，外界只需要以极低能量克服系统较低的摩擦损耗和电气损耗等，保持飞轮转子的运行速度，等待系统的释放能量指令即可。

（4）释能阶段：飞轮电机驱动飞轮转子降速释放能量的阶段，一般飞轮转子转速介于 $\omega_{\min}$ 和 $\omega_{\max}$ 之间。此时系统处于正常运行过程中，一般也采用恒功率放电。

飞轮储能系统一般还有维持真空的泵系统和冷却轴承、电机的水系统，其消耗功率分别为 P_{va}、P_{co}，充电循环，飞轮升速用时 t_c，高速待机时间为 t_i，放电循环，飞轮降速用时 t_d，系统循环周期：

$$T = t_c + t_d + t_i = \frac{E_i}{P_{\mathrm{m}}} + \frac{W_1}{P_{\mathrm{g}}} + t_i = \frac{E_d}{\eta_c P_{\mathrm{m}}} + \frac{\eta_d E_d}{P_{\mathrm{g}}} + t_i \tag{3-9}$$

式中，P_{m} 为电机电动功率；P_{g} 为电机发电功率。

系统充放电循环效率：

$$\eta_s = \frac{W_1}{E_i + T(P_{\mathrm{va}} + P_{\mathrm{co}})} = \frac{\eta_d E_d}{\frac{E_d}{\eta_c} + T(P_{\mathrm{va}} + P_{\mathrm{co}})} = \frac{\eta_d}{\frac{1}{\eta_c} + \frac{(t_c + t_d)(P_{\mathrm{va}} + P_{\mathrm{co}})}{E_d} + \frac{t_i(P_{\mathrm{va}} + P_{\mathrm{co}})}{E_d}} \tag{3-10}$$

式中，P_{va} 为真空维持功率。

由式（3-9）得 $t_c + t_d = \frac{E_d}{\eta_c P_{\mathrm{m}}} + \frac{\eta_d E_d}{P_{\mathrm{g}}}$，将其代入式（3-10）得

$$\eta_s = \frac{\eta_d}{\frac{1}{\eta_c} + \frac{(P_{\mathrm{g}} + \eta_c \eta_d P_{\mathrm{m}})(P_{\mathrm{va}} + P_{\mathrm{co}})}{P_{\mathrm{g}} P_{\mathrm{m}} \eta_c} + \frac{t_i(P_{\mathrm{va}} + P_{\mathrm{co}})}{E_d}} \tag{3-11}$$

式中，P_{co} 为冷却水制冷及输运功率，计算公式如下：

$$P_{\mathrm{co}} = \alpha(P_{\mathrm{w}} + P_{\mathrm{b}} + \beta P_{\mathrm{m}}) \tag{3-12}$$

式中，α 为热交换系数；P_{w} 为风损功率；P_{b} 为轴承损耗功率；β 为电机发热系数。

为了表示方便，不妨设式（3-11）的分母为 k，k 的表达式如下：

$$k = \frac{1}{\eta_c} + \frac{(P_{\mathrm{g}} + \eta_c \eta_d P_{\mathrm{m}})(P_{\mathrm{va}} + P_{\mathrm{co}})}{P_{\mathrm{g}} P_{\mathrm{m}} \eta_c} + \frac{t_i(P_{\mathrm{va}} + P_{\mathrm{co}})}{E_d} \tag{3-13}$$

此时，系统充放电循环效率可以表示为

$$\eta_s = \frac{\eta_d}{k} \tag{3-14}$$

当飞轮充电、放电效率 η_c、η_d 确定后，上式中只有 t_i、P_{va} 和 P_m 是变量，提高 P_m，提高真空密封性能以减小 P_{va} 和缩短待机时间 t_i 将会提高系统的储能效率。因此，飞轮电机功率一般选取较大的。

商业应用飞轮 UPS 因长时间待机，即 t_i 很长，系统能量效率趋于 0，因此它是一个耗能部件，以耗能为代价确保供电可靠性。

电机功率增大后，总能量受转速限制，循环周期变短可以缩短轴承、风损做功时间从而提高充放电效率。因此飞轮储能系统效率高的应用条件是大功率、快速充放电，无高速待机状态。飞轮储能应用于航天领域时，由于真空、微重力环境，真空维持功率、风损功率为 0，而轴承损耗也会降低，因此储能效率得以提高。

3.4.3 经济性评估

以功率 200kW、储能 1000～2000W·h 的飞轮储能系统为例，对其经济性做一个初步的评估。材料费估价见表 3-3。

表 3-3 材料费估价

材料	单价/元	数量/个	总价/万元
钢飞轮	20～30	200～400	0.4～1.2
碳纤维飞轮	300～500	50～100	1.5～5.0
轴承	2500	4	1
电磁轴承	10000	5	5
电机绕组	80～100	100～200	0.8～2.0
硅钢片	20～30	200～400	0.4～1.2
永磁材料	1500～2000	5～20	0.75～4.0
钢飞轮合计	—	—	3.4～14.4
碳纤维飞轮合计	—	—	4.3～18.2

1）飞轮电机轴系

制造费用估价为 4 万～18 万元，材料与制造费用合计 8 万～36 万元。

2）电力控制器

500～800 元/kW×200kW=10 万～16 万元。控制电路费用为 4.0 万～6.0 万元。小计 14.0 万～22.0 万元，制造费用为 4.0 万～6.0 万元，器件电路合计 18.0 万～28.0 万元。

3）辅助系统

真空系统 1.0 万元，检测系统 3.0 万元，机组结构 4.0 万元，合计 8.0 万元。

上述 3 项制造成本为 34.0 万～72.0 万元，加上研发成本分摊 6 万元，则合计为 40 万～78 万元。于是飞轮储能功率成本为 2000～4000 元/kW，能量成本为 20 万～40 万元/(kW·h)，其储能成本太高，只能通过其循环次数 10 万次以上来弥补。

上述分析表明，如果长期使用飞轮储能，能量效率特性不具有优势，其空载损耗偏高，相对于电池或超级电容器的自放电率而言，这是一个明显的劣势。因此飞轮储能的竞争优势在于寿命长、快速频繁充放电。对于高品质的不间断供电领域，其作为大功率跨越电源保证供电安全性，需要付出耗能的代价，在长使用周期内，费用低于传统的铅蓄电池。

本 章 小 结

飞轮储能技术是一种独具特色的较为成熟的储能技术，在不间断电源供电、独立能源系统调峰以及电网调频中均有应用。飞轮储能电机功率等级涵盖 100～1000kW，飞轮阵列可以实现数十兆瓦功率输出，其工作时间为 10～1000s，充放电效率为 85%～95%，充放电循环寿命超过 10 万次以上。因此一般认为飞轮储能是分秒级大功率容量的高效储能技术。采用新材料和结构的转子研究目标是提高其储能密度，采用新型超导磁悬浮技术的目标是降低飞轮电机轴系损耗。欧美在飞轮储能技术方面处于领先水平，亚洲各国研究热点不断。针对广阔的储能需求，飞轮储能应有其发展的一方空间。

对于能量密度不敏感的工业应用环境，低成本金属飞轮储能系统在降低待机 1h 能量损耗在 2%以内，则有更好的应用前景。混合磁悬浮金属飞轮储能技术因技术成熟、效率高、成本低，存在特定的应用发展前景。

习　　题

1. 简述飞轮储能的工作原理。
2. 简述飞轮储能系统构成并说明各组成部件的作用。
3. 飞轮作为飞轮储能的关键部件，对其具有较高的要求，请查阅资料说明对关键部件飞轮的研究现状。
4. 请查阅资料，思考未来飞轮储能的技术路线。
5. 飞轮储能技术的应用形式有哪些？
6. 请结合具体系统分析飞轮储能如何在新能源发电中进行应用。
7. 如何提高飞轮储能系统的储能量？
8. 若一个直径为 10m 的飞轮，其质量为 100t，转速为 6000r/min，试求理论上飞轮储能可存储的能量。

参 考 文 献

[1] KOSHIZUKA N, ISHIKAWA F, NASU H, et al. Progress of superconducting bearing technologies for flywheel energy storage systems [J]. Physica C: Superconductivity, 2003, 386:444-450.
[2] 韩永杰, 任正义, 吴滨, 等. 飞轮储能系统在 1.5MW 风机上的应用研究[J]. 储能技术科学与技术, 2016, 5(4): 503-508.
[3] 汪勇, 戴兴建, 李振智. 60MJ 飞轮储能系统转子芯轴结构设计[J]. 储能科学与技术, 2016, 5(4): 503-508.
[4] 唐西胜, 刘文军, 周龙, 等. 飞轮阵列储能系统的研究[J]. 储能科学与技术, 2013, 2(3): 208-219.
[5] 戴兴建, 姜新建, 张凯. 飞轮储能系统技术与工程应用[M]. 北京: 化学工业出版社, 2021.

第4章

热 质 储 能

热质储能主要是指通过物质材料物理和化学变化过程来储存热量。储能通过一定介质存储能量，在需要时将所存能量释放，以提高能量系统的效率、安全性和经济性。储能技术是目前可再生能源大规模利用的最主要瓶颈之一，也是提高常规电力系统以及分布式能源系统和智能电网效率、安全性和经济性的关键技术，因此成为当前电力和能源领域的研发和投资热点[1]。热质储热按照储热方式不同，可以分为显热储能、相变储能、热化学储能和吸附储能等。

4.1 显 热 储 能

4.1.1 显热储能原理

显热储能主要是通过蓄热材料温度的上升或下降来储存或释放热能，在蓄热和放热过程中，蓄热材料本身不发生相变或化学变化。显热储能材料利用物质本身温度的变化来进行热量的储存和释放，显热储能材料的储热量可表示为

$$Q = m\int_{T_1}^{T_2} C_{ps}\mathrm{d}T \tag{4-1}$$

式中，Q 为储热量(J)；m 为材料的质量(g)；C_{ps} 为材料的比热容(J/(g·K))；T_1 和 T_2 为操作温度(K)。

4.1.2 显热储能材料

显热储能材料按照物态的不同可以分为固态显热储能材料和液态显热储能材料。混凝土以及浇注陶瓷材料来源广泛，适宜用作固态显热储能材料。中高温固态显热储能材料的缺点包括储能密度低、放热过程很难实现恒温和设备体积庞大等。液态显热储能材料同时也可作为换热流体实现热量的储存与运输，这类材料包括水、导热油、液态钠、熔融盐等物质，其中水的比热大、成本低，但主要应用在低温储能领域。

在固态显热储能材料中，高温混凝土和浇铸陶瓷材料因具有成本低和来源广的特点而被较多研究和采用。在实际应用中，固态显热储能材料通常以填充颗粒床层的形式与流体进行换热。高温混凝土中多使用矿渣水泥，成本低、强度高、易于加工成型，已应用在太阳能热发电等领域，但其热导率不高，仍需要强化传热措施来增强传热性能，例如，添加高导热性的组分和优化储能系统的结构设计。浇注陶瓷多采用硅铝酸盐铸造成型，在比热容、热稳定性及导热性能等方面都优于高温混凝土，其应用成本也相对较高。

1982 年，在美国加利福尼亚州建成的首个大规模太阳能热试验电站 Solar One 中使用的储热材料就是导热油，但是导热油价格较高、易燃、蒸气压大。熔盐体系价格适中、温域范围广，能够满足中高温储热领域的高温高压操作条件，且无毒、不易燃，尤其是多元混合熔盐，蒸气压较低，是中高温液态显热储能材料的研究热点。熔融盐的显热蓄热技术原理较简单、技术较成熟、蓄热方式较灵活、成本较低，并已具备大规模商业应用的能力。目前，在太阳能热发电领域熔融盐的显热蓄热技术已经得到了应用，并取得了非常显著的效果。熔融盐就是无机盐在高温下熔化形成的液态盐，常见的熔融盐包括硝酸盐、氯化盐、氟化盐、碳酸盐和混合熔融盐等。熔融盐是一种不含水的高温液体，其主要特征是熔化时解离为离子，正负离子靠库仑力相互作用，所以可用作高温下的传热蓄热介质。熔融盐作为高温传热蓄热介质主要包括以下优点：

(1)液体温度范围宽。如二元混合硝酸盐，其液体温度范围为 240~565℃，北京工业大学马重芳课题组配制出了低熔点混合熔融盐，其液体温度范围扩大到了 90~600℃，三元混合碳酸盐的液体温度范围是 450~850℃。

(2)低的饱和蒸气压。熔融盐具有较低的饱和蒸气压，特别是混合熔融盐，饱和蒸气压更低，接近常压，保证了高温下熔融盐设备的安全性。

(3)密度大。液态熔融盐的密度一般是水的 2 倍。

(4)较低的黏度。熔融盐的黏度随温度变化显著，在高温区熔融盐的黏度甚至低于室温下水的黏度，流动性非常好。

(5)具有化学稳定性。熔融盐在使用温区内表现出的化学性质非常稳定。

(6)价格低。例如，高温导热油的价格是(3~5)万元/吨，常用混合熔融盐的价格一般低于 1 万元/吨。

2008 年世界上第一座大规模采用熔融盐蓄热的太阳能热电站 Andasol Ⅰ电站建成并投入商业化运行，此电站装机容量为 50MW，采用的是 60%（质量分数）的硝酸钠和 40%（质量分数）的硝酸钾混合熔融盐，一共 28500t，能够满足该电站 7.5h 的蓄热。截止到 2013 年 4 月，在西班牙已经建成 17 座采用导热油传热加双罐熔融盐显热蓄热的 50MW 槽式太阳能热电站，总装机容量达到了 850MW[2]。

目前应用最多的熔盐显热储能材料有 Solar salt 和 HitecXL，其中，Solar salt 是二元混合盐，组分是 60%$NaNO_3$ 和 40%KNO_3。而 HitecXL 是三元混合盐，组分是 48%$Ca(NO_3)_2$、7%$NaNO_3$ 和 45%KNO_3。尽管熔盐作为液态显热储能材料能够实现对流换热，大大提高了储热换热效率，但是熔盐的凝固点通常较高，作为换热流体应用时，操作温度不易控制，易结晶析出。此外，熔盐液相腐蚀性较强，对管道循环输送设备材料要求较高。

4.2 相 变 储 能

4.2.1 相变储能原理

相变储能是通过物质熔化、蒸发或在一定恒温条件下产生其他某种状态变化来储存能量的，这样的材料称为相变材料，这一过程中所储存的能量称为相变潜热，单位质量的储热密度用式(4-2)表示：

$$Q_s = \int_{T_0}^{T_{sf}} C_{ls} dT + \Delta H_{lf} + \int_{T_{sf}}^{T_s} C_{ll} dT \qquad (4-2)$$

式中，C_{ls} 为相变储能材料固相时的比热容；C_{ll} 为相变储热材料液相时的比热容；T_{sf} 为相变温度；ΔH_{lf} 为相变潜热。与显热相比，潜热储能储热密度高，储热、释热过程近似等温，易与其他系统配合。中高温相变材料具有相变温度高、储热容量大、储热密度高等特点，它的使用能提高能源利用效率，有效保护环境，目前已在太阳能热利用、电力的"移峰填谷"、余热或废热的回收利用以及工业与民用建筑和空调的节能等领域得到了广泛的应用。

4.2.2　相变储能材料

中高温相变储能材料分为固-液相变材料、固-固相变材料和复合相变材料。

固-液相变材料是指在温度高于相变点时物相由固相变为液相，吸收热量，温度低于相变点时，物相又由液相变为固相，放出热量的一类相变材料。目前，固-液相变材料主要包括结晶无机物类和有机类两种。

无机盐高温相变材料主要为高温熔融盐、部分碱、混合盐。高温熔融盐主要有氟化物、氯化物、硝酸盐、硫酸盐等。它们具有较高的相变温度，从几百摄氏度至几千摄氏度，因而相变潜热较大。例如，LiH 相对分子质量小而熔化热大(2840J/g)。碱的比热容高，熔化热大，稳定性好，在高温下蒸气压力很低，且价格便宜，也是一种较好的中高温储能物质。例如，NaOH 在 287℃和 318℃均有相变，潜热达 330J/g，在美国和日本已试用于采暖和制冷工程领域。混合盐熔化热大，熔化时体积变化小，传热较好，其最大优点是熔融温度可调，可以根据需要把不同的盐配制成相变温度从几百摄氏度至上千摄氏度的储能材料。表 4-1 列出了部分无机盐高温相变储能材料的热物性值[3]。

表 4-1　无机盐中高温相变储能材料的热物性值

物质	熔化温度/℃	熔化热/(kJ/kg)	热导率/[W/(m·K)]	密度/(kg/m²)
MgF$_2$	1263	938	—	1945
KF	857	452	—	2370
MgCl$_2$	714	452	—	2140
NaNO$_3$	307	172	0.50	2260
Li$_2$SO$_4$	577	257	—	2220
Na$_2$CO$_3$	854	275.7	2.00	2533
KOH	380	149.7	0.50	2044
LiOH	471	876	—	1430

固-固相变蓄热材料是利用材料的状态改变来蓄热、放热的材料，与固-液相变材料相比较。固-固相变蓄热材料的潜热小，但它的体积变化小、过冷程度轻、无腐蚀、热效率高、寿命长，其最大的优点是相变后不生成液相，不会发生泄漏，对容器要求不高。具有较大技术经济潜力的高温固-固相变蓄热材料目前有无机盐类、高密度聚乙烯[4]。无机盐类材料主要是利用固体状态下不同种晶型的变化进行吸热和放热，通常它们的相变温度较高，适合于高温范围内的储能和控温，目前实际中应用的主要有层状钙铁矿、Li$_2$SO$_4$、NH$_4$SCN、

KHF_2 等物质。其中，KHF_2 的熔化温度为 196℃，熔化热为 142kJ/kg；NH_4SCN 从室温加热到 150℃发生相变时，没有液相生成，相转变焓较高，相转变温度范围宽，过冷程度轻，稳定性好，不腐蚀，是一种很有发展前途的储能材料。高密度聚乙烯的特点是使用寿命长、性能稳定、基本无过冷和分层现象、有较好的力学性能、便于加工成型。此类固-固相变材料具有较好的实际应用价值，熔点通常都在 125℃以上，但高密度聚乙烯在加热到 100℃以上时会发生软化，一般通过辐射交联或化学交联之后，其软化点可以提高到 150℃以上。

近年来，高温复合相变储能材料应运而生，其既能有效克服单一的无机物或有机物相变储能材料存在的缺点，又可以改善相变材料的应用效果以及拓展其应用范围。因此，研制高温复合相变储能材料已成为储能材料领域的热点研究课题之一。研究表明[5,6]，在高温储热系统中，特别是储热系统工作温区较大的高温储热系统，其组合相变材料储热系统可以显著提高系统效率，减少蓄热时间，提高潜热蓄热量，而且能够维持相变过程相变速率的均匀性。金属基/无机盐相变复合材料中，金属基主要包括铝基(泡沫铝)和镍基等，相变储能材料主要包括各类熔融盐和碱。无机盐/陶瓷基复合储能材料的概念是 20 世纪 80 年代末提出的，它由多微陶基体和分布在基体微孔网络中的相变材料(无机盐)复合而成，由于毛细管的张力作用，无机盐熔化后保留在基体内不流出来；使用过程中既可以利用陶瓷基材料的显热又可以利用无机盐的相变潜热，而且其使用温度随复合的无机盐种类不同而变化，范围为 450~1100℃[7]。表 4-2 列出了这几种复合材料的热物性值。多孔石墨基/无机盐相变复合材料是利用天然矿物本身具有孔洞结构的特点，经过特殊的工艺处理与相变材料复合，如膨胀石墨层间可以浸渍或挤压熔融盐等相变材料。

表 4-2   无机盐、陶瓷基复合储能材料的热物性值

储能材料	ω(相变材料)/%	密度 ρ/(g/cm³)	熔化温度/℃	比潜热/(J/g)
Na_2SO_4/SiO_2	50	1.80~2.10	879	80.0
Na_2CO_3-$BaCO_3/MgO$	24+26	2.88	686	73.6
$NaNO_3$-$NaNO_2/MgO$	40	1.75	308	59.1

研究热点之一是各种混合盐，其最大优点是根据不同的盐类配比使物质的熔融温度可调，Solar Two 太阳能热发电站采用熔盐 Solar salt（60%的硝酸钠和40%的硝酸钾组成）作为传热和蓄热介质，此熔盐在 220℃时开始熔化，在 600℃以下热性能稳定，电站运行工况良好。2003 年，意大利建成了太阳能槽式集热器熔融盐循环测试系统，该系统熔盐罐装有熔盐 9500kg，最大的传热功率为 500kW，集热器中熔融盐出口温度可达 550℃。西班牙于 2008 年建成的 50MW Andasol Ⅰ 电站中采用 31000t 熔盐作为蓄热工质，正在建设的多个西班牙和美国槽式太阳能热发电站均采用熔盐作为蓄热工质。

相变储能材料是利用材料的相变潜热来实现能量的储存和利用的。根据相变形式的不同，相变过程可分为固-固相变、固-液相变、固-气相变和液-气相变。固气相变、液气相变虽有很大的相变潜热，但由于相变过程中大量气体的存在，材料体积变化较大，难以实际应用；固-固相变虽然具有体积变化小等优点，但其相变潜热较小；而固-液相变的储热密度高、吸/放热过程近似等温且易运行控制和管理，是目前蓄热领域研究和应用较多的相变类型。理想的、有实用价值的相变储能材料应该具备如下特性：具有满足工作条件的适

宜的相变温度；高比热容和相变，实现高储热密度和紧凑的储热系统；熔化温度一致，无相分离和过冷现象；良好的循环稳定性，良好的导热性，能够满足储热系统的储/释热速率要求，维持系统的最小温度变化，相变过程中体积变化较小，易于选择简单容器或者换热设备；低腐蚀性，与容器或者换热设备兼容性好；无毒或者低毒性，不易燃、不易爆；成本较低，适宜大规模生产应用。

1. 熔融盐与共晶盐

高温熔融盐一般指硝酸盐、氯化物、碳酸盐以及它们的共晶体，具有应用温度区间广（150～1200℃）、热稳定性高、储热密度高、对流传热系数高、黏度低、饱和蒸气压低和价格低等特点，因此成为目前中高温传热和储热材料的首选。

实际应用中，很少利用单一盐，大多会将二元、三元无机盐混合共晶形成混合熔融盐。混合熔融盐的主要优势表现在：适当改变其组分的配比即可得到所希望的熔点，适用的温度范围更广，可以在较低的熔化温度下获得较高的能量密度；可以将储热性能好的高价格物质与低价格物质结合在一起使用，以节省成本，同时热容量可以近似保持不变。目前研究的熔融盐可以分为以下几类：

（1）氟化物。氟化物主要为某些碱及碱土金属氟化物或某些其他金属的难溶氟化物等，是非含水盐。它们具有很高的熔点及很大的熔融潜热，属高温型储热材料。氟化物作为储热剂时多为几种氟化物复合形成低共熔物，以调整其相变温度及储热量，如当 $NaF:CaF_2:MgF_2=65:23:12$ 时，相变温度为 745℃。氟盐和金属容器材料的相容性较好，但氟化物高温相变材料有两个严重的缺点：一是由液相转变为固相时有较大的体积收缩，如 LiF 高达 23%；二是热导率低。这两个缺点导致在空间站热动力发电系统中的阴影区内出现"热松脱"和"热斑"现象。

（2）氯化物。氯化物种类繁多、价格一般都很便宜，可以按要求制备成不同熔点的混合盐，而且相变潜热比较大、液态黏度小、具备良好的热稳定性，非常适合作为高温传热蓄热材料。缺点是工作温度上限较难确定，腐蚀性强。氯化钠（NaCl）的熔点为 801℃，固态密度为 1.9g/cm²，液态密度为 1.55g/cm²，熔化热为 406kJ/kg。氯化钠的储热能力很强，但腐蚀性也强；氯化钾（KCl）的熔点为 770℃，固态密度为 1.99g/cm²，熔化热为 460kJ/kg，氯化钾的储热能力很强，但腐蚀性亦强，同时具有高温易于挥发的特点；氯化钙（CaCl₂）的熔点为 782℃，液态密度为 2g/cm²，熔化热为 255kJ/kg，比热容为 1.09kJ/(kg·℃)，但氯化钙有极强的腐蚀性，在含氧的潮湿情况下几乎可以腐蚀所有金属材料。

（3）硝酸盐。硝酸盐熔点为 300℃左右，其价格低廉，腐蚀性弱，500℃下不考虑分解，但其热导率低，易发生局部过热。其中，二元熔融盐 KNO₃-NaNO₃（Solar salt，质量分数分别为 40% 和 60%）及三元熔融盐 KNO₃-NaNO₂-NaNO₃（简称 HTS，质量分数分别为 53%、40% 和 7%，下同）作为传热、储热一体的介质在国外的太阳能热发电站广泛使用。

（4）碳酸盐。国内外关于碳酸盐熔融盐的研究主要集中在燃料电池方面的应用，其实碳酸盐熔融盐用作高温传热蓄热材料也是很有前景的。碳酸钾是无色单斜晶体，熔点为 891℃；碳酸钠在常温下是白色粉末，熔点为 854℃。两者价格低廉、热稳定性比较好，是传热蓄热材料的首选。56.6%（摩尔分数）Na₂CO₃-43.4%（摩尔分数）K₂CO₃ 混合熔融盐最低共熔温度为 710℃，比热容为 0.92kJ/(kg·℃)，熔化热为 364kJ/kg，在低于 830℃时性质稳定。在碳酸钾-碳酸钠二元熔融盐中添加高熔点的 KF、KCl、K₂SO₄、Na₂SO₄、NaF、NaCl、

$BaCO_3$、Li_2CO_3、Li_2SO_4等，可以形成熔点更低的共熔物。

2. 金属与合金

高温熔盐虽然具有工作温度较高、蒸气压低和热容量大的优点，但仍需要克服热导率低和固液分层等问题。而金属及其合金的热导率是熔融盐的几十倍到几百倍，而且具有储热密度大、热循环稳定性好、蒸气压力低等诸多优点，发展潜力巨大，是一种较好的蓄热物质，但在选择金属及其合金材料作为相变储能材料时，必须遵循毒性低和价廉易得的原则。

金属及其合金储热能力强的同时热导率大，这无疑是其优势所在，但高温条件下液态腐蚀性强，导致其与容器材料相容性差，这正是限制金属及其合金在高温相变储能领域实际应用的最主要的原因。虽然国内外已有大量金属及其合金与容器材料相容性方面的研究，但是多数都显得比较零散，缺乏系统性和规律性。因此应更进一步地研究材料的相容性问题，进而寻求到合理的封装方式，最终实现金属及其合金在高温相变储能领域的广泛应用。

3. 复合相变储能材料

复合相变储能材料通常是将熔点高于相变材料熔点的有机物或者无机物材料作为基体与相变材料复合而形成一种具有特定结构的材料的总称。复合相变储能材料有望解决相变材料在应用中所面临的某些问题，特别是腐蚀性、相分离和低导热性能等问题，为相变材料提供更好的微封装方法，从而打破相变储能技术应用的主要瓶颈。基体在复合结构中熔点较高，可以作为显热储能材料加以利用，不仅为相变材料提供结构支撑，还能够有效提高其导热性能。复合相变储能材料拓展了相变材料的应用范围，成为储热材料领域的热点研究课题。

1）微胶囊储热材料

微胶囊储热材料比表面积大，很好地解决了材料相变时渗出、腐蚀等问题，常用制备方法主要包括原位聚合(in situ polymerization)、界面聚合(interface polymerization)、悬浮聚合(suspension polymerization)、喷雾干燥(spray drying)、相分离(phase separation)以及溶胶-凝胶(solgel)和电镀(electroplating)等工艺，但是高分子聚合物等有机材料存在强度较差、传热速率较低、易燃等问题。以二氧化硅等无机物为壁材的微胶囊尽管有望避免有机壁材的弊端，但有关研究多局限于有机相变材料，限制了其在中高温储热领域的应用。电镀方法制备金属微胶囊相变材料能够满足中高温储热应用领域的要求，但其制备工艺复杂，能够满足微胶囊电镀的金属材料的可选择范围小。此外，高温相变时金属间的合金化问题严重，如何实现较高的包覆率和较好的包覆效果都需要进一步研究。

2）定型结构储热材料

(1)陶瓷基复合相变材料。陶瓷基复合相变材料是20世纪80年代出现的，它由多微孔陶瓷基体和分布在基体微孔网络中的相变材料复合而成。由于毛细管的张力作用，相变材料熔化后保留在陶瓷基体内不流出来，使用过程中可同时利用陶瓷基材料的显热和相变材料的相变潜热，相变温度可用相变材料的种类进行调节，当相变材料为无机盐时，范围为450～1100℃。

目前已经制备的无机盐/陶瓷基体复合相变储能材料主要有 $Na_2CO_3\text{-}BaCO_3/MgO$、$Na_2SO_4/SiO_2$ 和 $NaNO_3\text{-}NaNO_2/MgO$。

(2)石墨基复合相变材料。石墨基相变复合材料是利用天然矿物本身具有多孔结构的特点经过相应的工艺处理后，与相变材料复合在一起，如膨胀石墨层间可浸渍或挤压熔融盐等相变材料。石墨本身耐腐蚀、导热性好，是良好的高温相变材料的基体之一。Steiner 等研究了石墨/碳酸熔盐储热材料。结果发现，当添加石墨的质量分数为 5%～30% 时，石墨/碳酸熔盐储热材料的热导率由 3W/(m·K) 升至 25W/(m·K)。

(3) 无机盐/金属基复合相变材料。金属基主要包括价格便宜、导热性能优良的铝基(泡沫铝)、铜基(泡沫铜)和镍基相变材料等。相变储能材料主要包括各类蓄热量大、化学稳定性好和廉价易得的熔融盐和碱。这类复合相变储能材料中，熔融盐较均匀地分布在多孔质网状结构金属基体中，其中熔融盐在复合蓄热材料中的占比可达 80% 以上。将相变蓄热材料复合到多孔质泡沫金属基体中，主要利用熔融盐的高相变潜热和多孔金属基体的高导热性等优点，同时也利用金属基体的显热进行热能存储。另外，金属骨架把相变蓄热材料分成无数个微小的蓄热单元，在吸热/放热过程中不存在传热恶化的现象，弥补了潜热储能材料在相变时液固两相界面处传热效果差和显热储能材料蓄热量小以及很难保持在一定温度下进行吸热和放热等缺点。当温度超过熔融盐熔点时，熔融盐熔化而吸收潜热，与陶瓷基底复合相变材料一样，熔融盐因泡沫金属孔道内的毛细管张力作用而不会流出。

4.2.3 相变材料复合技术

1. 相变材料封装与成型

相变储能应用时，先将相变材料封装于一定形状和体积的容器中，构成一个储热单元，再根据实际需要由多个储热单元组成不同性能和用途的储热系统。相变材料封装时需要考虑相变材料与封装材料的相容性，封装材料具有较好的导热性能，不泄漏且加工方便。相变材料的封装方法有很多种：将相变材料直接装入由金属、塑料或薄膜制成的管、球、板或整个换热器的大封装，以具有多孔或层间结构的矿物为载体的吸附封装技术，高分子熔融或共混法以及微胶囊封装技术等。

1) 大封装

大封装即将相变材料直接放置于换热器或其他金属、塑料材质的容器中。在容器选择时需考虑相变-容器材料的相容性(腐蚀、渗透、化学反应)，容器的力学性能(强度、柔韧性)和热物理性能(热稳定性、热导率)。常用的容器材料为金属和塑料。有机相变材料对金属材料的腐蚀性很小，通常采用金属容器封装多数有机相变材料是可行的。但水合盐通常对金属材料的氧化具有加速作用，选用金属容器封装水合盐时，需将容器密闭，降低水合盐(水合盐自身具有氧化性除外)自身对金属的腐蚀程度。大封装的优点是储热密度高(与微封装以及其他复合材料相比)，但相变材料可能会腐蚀容器材料，包封的相变材料中也可能出现空穴，影响材料的热导率。

2) 微胶囊封装

微胶囊封装是将相变材料封装在一个几微米的狭小空间内，解决相变材料的泄漏、相分离等问题，改善相变材料的应用性能。微胶囊可通过原位聚合、界面聚合、喷雾干燥或复凝聚等方法制备，微胶囊封装技术已在建材、纺织物等上得到了应用，但目前制备工艺比较复杂、不易控制、产量较低、成本过高，微胶囊的壁材多为高分子材料，热导率差、强度低。

原位聚合是把反应性单体(或其可溶性预聚体)与催化剂全部加入分散相(或连续相)

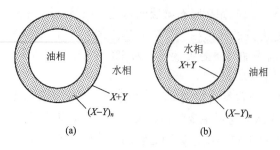

图 4-1　原位聚合法合成微胶囊[8]

中，芯材物质为分散相。由于单体(或预聚体)在单一相中是可溶的，而其聚合物在整个体系中是不可溶的，所以聚合反应在分散相芯材上发生。反应开始后，单体预聚，然后预聚体聚合，当预聚体聚合尺寸逐步增大后，沉积在芯材物质的表面。具体聚合过程如图 4-1 所示，其中 X、Y 为反应剂，$(X\text{-}Y)_n$ 为聚合产品。图 4-1(a) 是壳材为水溶性单体的聚合过程，单体从体系的连续相中向连续相-分散相界面处移动，在界面处发生聚合反应并形成微胶囊；图 4-1(b) 是壳材为油溶性单体的聚合过程，单体在油溶性溶剂中溶解，在水中乳化后，通过加热引发自由基聚合，产生的聚合物在溶剂水界面上沉淀并形成胶囊壁[8]。

界面聚合法首先要将两种含有双(多)官能团的单体分别溶解在两种不相混溶的液体中，通常采用水-有机溶剂乳化体系。在聚合反应时，两种单体分别从分散相(相变材料乳化液滴)和连续相向其界面移动并迅速在界面上聚合,生成的聚合物膜将相变材料包覆形成微胶囊。Cho 等[9]以甲苯-2,4-二异氰酸酯和二乙烯三胺为单体，以十八烷(相变温度为 29~30℃)为相变材料，以 NP-10 非离子型表面活性剂作为乳化剂，通过界面聚合法制得微胶囊相变材料，粒径从 0.lpm 到 1μm，如图 4-2 所示。绝大部分微胶囊的表面非常光滑，并且形状规则，粒径很小的颗粒通过扫描电子显微镜(scanning electron microscope, SEM)难以观察到。赖茂柏等[10]采用界面聚合法以甲基丙烯酸甲酯包覆石蜡制备相变微胶囊，得到的微胶囊颗粒较小且均匀，包覆层强度也较好，不易发生泄漏。

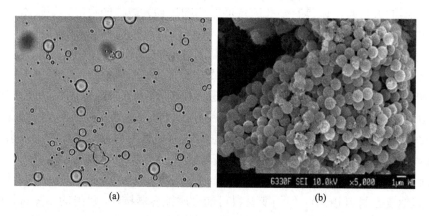

图 4-2　界面聚合法制得的微胶囊相变材料光学微观结构和扫描电镜图像[9]

3) 吸附法封装

多孔基质具有大孔径的结构，例如，膨胀珍珠岩(expanded perlite, EP)、膨胀石墨(expanded graphite, EG)、石膏和膨胀黏土等。通过微孔的毛细作用力，利用吸附和浸渍的方法将相变材料吸附到这些孔内，形成一种外形上具有不流动性的多孔基定形相变储能材料。这种方法制备过程所需时间较长，均匀性和稳定性不高，多次固-液相变循环后仍可能出现渗漏。针对渗漏问题，可通过真空吸附及表面改性等技术手段进行改善。

4) 共熔法封装

将相变材料与熔点较高的另一种或多种高密度材料在高温下(温度高于材料的熔点)共混熔融,然后降温至高密度材料熔点之下,高密度材料先凝固形成空间网状结构,作为支撑材料,液态的相变材料则均匀分散到这些网状结构中,形成定形复合相变材料。这种材料的使用寿命长、性能稳定、无过冷和层析现象、材料的力学性能较好、便于加工成各种形状,是相变材料的研究热点之一。

2. 复合材料热导率的计算方法

1) 傅里叶定律计算

傅里叶定律计算法认为复合材料由一定数量的胞体单元组成,分析其整体性能时,可以先对胞体单元进行热力学分析。

稳态热传导分析中,温度和热流密度满足以下方程:

$$\frac{\partial}{\partial x_i}\left(k_{ij}\frac{\partial T}{\partial x_j}\right)=0 \tag{4-3}$$

$$q_i = k_{ij}\frac{\partial T}{\partial x_j} \tag{4-4}$$

式中,k_{ij} 为热传导系数张量;T 为温度标量;q_i 为热流密度向量;i,j=1,2,3。对一个长、宽、高分别为 L、D 和 H 的长方形胞体单元,在其长度方向两边(胞体 $x_1=0$ 和 $x_1=L$ 两面)加载不同的温度,同时在其他四个面上加载周期性边界条件,如下:

$$\begin{aligned}T\big|_{x_1=0} &= T_0+\Delta T\\ T\big|_{x_1=L} &= T_0\end{aligned} \tag{4-5}$$

$$\begin{aligned}T\big|_{x_2=0} &= T\big|_{x_2=D}\\ T\big|_{x_3=0} &= T\big|_{x_3=H}\end{aligned} \tag{4-6}$$

根据以上边界条件求解温度场分布,即可得到温度和热流密度分布。复合材料胞体等效传热系数张量:

$$k_{e,ij} = q_i^{\mathrm{avg}}\frac{L}{\Delta T} \tag{4-7}$$

式中,q_i^{avg} 为通过胞体 x_i 方向的平均热流向量。根据同样的道理,在宽度和高度方向加载不同温度,可得到这两个方向的等效传热系数。

2) 最小热阻和等效热阻法

热量在物体内传递时,热流会沿热阻力最小的通道传递,或通道在流过定向热流量时呈最小热阻力状态,相应通道的总热阻即为最小热阻,也称等效热阻。热阻力是热量流经热阻后产生的温降。任取物体内具有 n 个并联通道的两个点,不论每个通道的具体热阻大小如何,两点之间每个通道的热流 q 与热阻的乘积均是相等的,此时通过 n 个通道的热流总和最大。n 个通道的热阻总和(总热阻),即等效热阻力为最小值。

根据傅里叶定律,对于均质材料,其热阻 R 可写成:

$$R = d/(Ak) \tag{4-8}$$

式中,d 为热流通道的距离;A 为热流通道的横截面积;k 为均匀介质的热导率(如单相变

材料）。对于非均质材料，引入等效热阻(R_e)和等效热导率(k_e)的概念，将其代入式(4-8)可得

$$R_e = d / (Ak_e) \qquad (4\text{-}9)$$

复合材料属于非均质材料，式(4-8)可用于计算其等效热阻。对于不同的材料，只要其等效热阻(R_e)相同，它们的等效热导率(k_e)就相同。因此，复合材料在指定热流向的热导率可通过先求出该热流通道的等效热阻获得。

在采用最小热阻和等效热阻法计算复合材料的等效热阻时，常采用热阻网络图。把热流量看作流量，而热导率、材料厚度和面积的组合则可以看作对应于流量的阻力，材料内部可以看成一个阻力网络，温差则是驱动热量流动的位势函数。傅里叶方程可表示为热流量Q＝温差(ΔT)/热阻(R)。这种关系与电路理论的欧姆定律完全相似。应用电模拟原理能解决包括串联热阻和并联热阻的复杂导热问题。

3.复合材料储热

1)材料储热密度计算

材料的储热密度是指单位质量的材料所能够储存的热量,这个热量既包含材料的显热,也包含材料的潜热。储能密度是衡量材料储热能力的重要指标。对于显热和潜热储热材料,其单位质量储能密度按式(4-10)和式(4-11)计算。而对于复合材料,由于相变材料和载体材料(或添加材料)是纯物理的熔融浸渗复合过程,两者在复合过程中及使用过程中都不会发生化学反应,故复合材料单位质量的储能密度的表达式为

$$Q_s = (1-\eta)\int_{T_0}^{T_s} C_{ss}\mathrm{d}T + \eta\left(\int_{T_0}^{T_{sf}} C_{ls}\mathrm{d}T + \Delta H_{lf} + \int_{T_{sf}}^{T_s} C_{ll}\mathrm{d}T\right) \qquad (4\text{-}10)$$

式中，η为相变材料的质量分数。

$$Q_s = \int_{T_0}^{T_s} C_s'\mathrm{d}T + \eta\Delta H_{lf} + \int_{T_{sf}}^{T_s} C_l'\mathrm{d}T \qquad (4\text{-}11)$$

式中，C_s'和C_l'分别为相变材料处于固相、液相时复合材料的比热容。

2)纳米颗粒储热强化

在相变材料中加入微纳米颗粒后，所得复合材料的比热容会发生改变。若添加材料的比热容大于相变材料的比热容，则所得到的复合材料的比热容增加；反之，添加材料的比热容小于相变材料，复合材料的比热容减小。对于大尺寸添加物，复合材料的比热容按添加材料的质量分数加权计算。

$$\begin{aligned} C_s' &= \eta C_{ss} + (1-\eta)C_{ls} \\ C_l' &= \eta C_{ss} + (1-\eta)C_{ll} \end{aligned} \qquad (4\text{-}12)$$

当颗粒尺寸处于纳米量级时，则存在尺寸效应和表面效应。加入少量纳米颗粒后，所得复合材料的比热容就会发生较大的变化。

4.2.4 显热和相变储能系统的主要应用

目前，相变储能技术已广泛应用于电力调峰、蓄冷空调、建筑节能、航空航天、太阳能热利用、余热回收和电子元件/器件散热等领域。

1. 电力调峰

用电量的峰谷差的问题至关重要，电网也陆续出台了一系列峰谷电价措施，通过实行用电高峰期时电价高于低谷期的电价，来抑制高峰期用电，鼓励低谷期用电。峰谷电价的实行，使得白天电网高峰期的用电成本升高，如果能够将低谷期的电力储存起来，在电网高峰期使用，可在很大程度上降低用电成本，同时也会降低电力负荷的峰谷差。

电力的调峰主要通过发电、供电和电力用户三个环节来进行调整，发电和送电环节主要是通过设置调峰机组、建立电力储能站或大型抽水蓄能站来进行储能，这些都需要大量的投资。电力用户环节则可在工业和居民采暖、用热设备中采用相变储能技术，将夜晚低谷期间的低价电能通过热能的方式储存起来，在白天高峰期间高电价时利用，不仅可以降低用电成本，而且对电力的调峰起到积极的作用。图 4-3 展示了在整个电力系统中，各部分可能设置的各种储能形式。

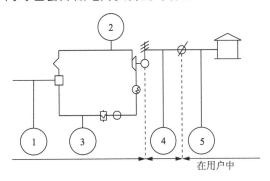

图 4-3　发电、供电、电力用户系统的储能环节
1—燃料储能；2—蒸汽储能；3—给水储能；4—电、机械、水力等储能；5—电、热能存储

2. 蓄冷空调

自 20 世纪 70 年代初全球能源危机出现后，为了降低空调系统的能源消耗，美国等国家将蓄冷技术引入建筑空调，积极研究蓄冷空调技术。相变储能技术在空调蓄冷领域的发展对降低建筑总能耗以及电力移峰填谷都起到了积极的作用，已经广泛地应用于建筑物的空调当中。蓄冷空调技术主要是通过电驱动的制冷机将夜间用电低谷期的电量转化成冷量，并将这部分冷量通过蓄冷介质进行储存，然后在白天用电高峰期再将储存的冷量进行释放，以满足建筑物温度调节的需求，这种技术就称为蓄冷空调技术。蓄冷空调的蓄冷主要分为两种方式：显热蓄冷和潜热蓄冷。显热蓄冷是利用物质的比热通过温度变化来进行蓄冷，而潜热蓄冷是通过介质物态的变化来进行蓄冷，也称为相变蓄冷。相变蓄冷与显热蓄冷相比具有蓄冷密度大、蓄冷温度近似恒定和占用空间小等优点，因此越来越受到关注，也广泛应用于蓄冷空调技术当中。常用于相变蓄冷空调的相变材料主要有冰有机物和气体水合物。

1)冰蓄冷空调

冰蓄冷是利用冰融化过程的潜热来进行冷量的储存，冰的蓄冷密度比较大，储存同样的冷量所需冰的体积仅为水蓄冷的几十分之一。由于冰蓄冷具有以上优点，再加上冰的价格低廉，因此冰蓄冷已经在蓄冷空调等方面取得了广泛的研究和应用。图 4-4 为典型的家用冰蓄冷空调系统。该系统可实现蓄冷运行、取冷供冷运行和常规空调运行三种工况，且该系统将直接蒸发制冰蓄冷、制冷剂内融冰取冷和大温差过冷有机地结合起来，大幅提升了制冷量和制冷系数(coefficient of performance, COP)，该系统在 10h 的运行过程中与未加蓄冷装置的空调相比制冷平均增加了 34%，性能系数 COP 平均提高了 0.7，以北京 $160m^2$ 的住宅在夏季的空调使用情况为例，当冰蓄冷空调的蓄冰体积为 $0.25m^3$ 时，较传统空调可节约运行费用 13%，用电高峰耗电量减少 17%，当冰蓄冷空调的蓄冰体积为 $0.42m^3$ 时，较传统空调可节约运行费用 21%，用电高峰耗电量减少 36%，体现出冰蓄冷空调良好的经济性。王美等[11]提出了一种直接蒸发的冰盘管式的蓄冰方式，以分量蓄冰与冷机并联为制冷模式的小型冰蓄冷空调系统，并对该系统进行了特性分析与实验研究，结果表明蓄冰过程可分为显热快速蓄冷、潜热快速蓄冷以及滑热慢速蓄冷，同样融冰过程也分为潜热快速取冷、潜显热混合取冷等。

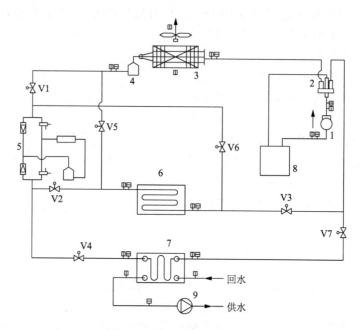

图 4-4　家用冰蓄冷空调系统

1—压缩机；2—四通阀；3—冷凝器；4—蓄冷用储液器；5—双阀机构；6—蓄冰槽；
7—蒸发器；8—气液分离器；9—水泵；V1~V7—球阀

2）有机物相变材料蓄冷

用于蓄冷的有机相变材料主要有烷烃类、脂肪酸类和醇类等。有机相变材料里无相分离和过冷的问题，且性能稳定、无腐蚀性、来源广泛、价格便宜。BO 等[12]研究了正十四烷、十六烷和这两种材料混合的相变性、热稳定性和体变化特性，表明上述几种材料非常适用于冷量的储存。他们还针对工业级石蜡作为相变蓄冷材料应用在蓄冷系统上的经济性做了评价，认为相变蓄冷系统由于冷却设备和辅助设备较传统的蓄冷系统要小，因此初期的投资成本要低。

3）气体水合物蓄冷

气体水合物是一种气体或挥发性的液体与水在一定的温度和压力下结合形成的笼形晶体化合物，在形成晶体化合物的过程中会释放出固化潜热。气体水合物的相变温度为5~12℃，溶解热为302.4~464kJ/kg，适用于常规的空调冷水机组。气体水合物生成过程式如下：

$$M(g) + nH_2O(l) \Longrightarrow M \cdot nH_2O(s) + \Delta H \tag{4-13}$$

式中，ΔH 为气体水合物形成过程中所产生的反应热，即蓄冷量。

气体水合物蓄冷的研究最早开始于 1982 年，美国橡树岭国家实验室对工质为 R11 和

R12 的气体水合物的蓄冷特性进行了研究。随后日本等国家也展开了大量的气体水合物等方面的研究,一般研究较多的材料主要有 R11、R12、R21、R22、R123、R141b、HFC134a 和 HCFC141 等气体水合物,这些材料大部分都表现出了很好的蓄冷特性。20 世纪 90 年代,我国研究人员也开始了对气体水合物的研究,华南理工大学的王世平等研究了 R11、R12、R11b、R142b 和 R134a 等制冷工质的特性以及醇类的添加物对水合物形成过程和传热性能的影响。中国科学院广州能源研究所和华南理工大学联合建立了多套蓄冷实验测试系统,并在高效蓄冷介质的构造方法、气体水合物的平衡热力学和晶体生长的动力学模型等方面取得了重要进展。

3. 建筑节能

随着人类的生活水平进一步提高,人们对室内环境的舒适程度的要求也越来越高,从而造成建筑能源消耗的日益增加,尤其是发展中国家的建筑能源消耗量已经超过发达国家总消耗量的 20%。在我国,随着建筑业和城镇化的飞快发展,根据建设部的预测,到 2030 年左右,我国的建筑能耗将占到总能耗的 30%～40%。建筑节能已经成为我国以及其他许多国家在能源安全和可持续发展战略方面重要的一部分,因此相变储能技术在建筑节能方面的研究也成为热点。

相变储能技术在建筑节能中的应用主要是通过相变材料与传统的建筑材料相结合储存空调制冷产生的剩余冷量、采暖产生的剩余热量或自然能源(如太阳能)等的能量。当在能源需求增大,建筑室内温度过高或过低时,相变材料将储存的冷量或热量释放出来,从而降低建筑的能耗,也缓解了能源在时间和强度上不匹配的问题,可起到显著的节能效果,同时也提高了建筑室内的舒适度。目前相变材料在建筑节能中的主要应用形式是将相变材料嵌入建筑的围护结构中,如石膏板、墙面、地板、砖、混凝土或保温材料等。

Entrop 等[13]制作了内部尺寸为 1130 mm×725 mm×690 mm(长×宽×高)的建筑箱体,研究了箱体中设置有相变材料的混凝土和未设置相变材料的混凝土在环境温度和太阳辐射下昼夜温度的变化情况,结果表明,当混凝土加入相变材料后,室内地板的最高温度降低了(16±2)%,最低温度升高了(7±3)%,明显降低了室内温度的波动,有助于降低室内空调制冷和制热的能耗。

4. 航空航天

航空航天电子设备的工作环境十分严酷,在使用过程中除了会受到较大的振动和冲击力之外,其工作的温度环境也十分恶劣,直接影响了航空电子设备使用的安全性和可靠性。为了实现对航空电子设备的温度调节与控制,很多研究者利用相变材料的储热特性,将其应用于航空电子设备的控温当中。郭亮等[14]为了解决航空相机中焦面组件由于发热功耗大、工作时间长而导致温度过高,造成相机工作不稳定及寿命下降的问题,通过封装相变材料的相变控温系统来对相机焦面组件进行温度控制,根据焦面组件的控温要求,相变材料选定为相变温度为 28℃的正十八烷作为控温系统的填充材料,研究表明测试过程中焦面组件的工作温度范围为 18～32.3℃,说明相变控温系统可将航空相机中焦面组件的温度控制在最佳工作温度范围,起到了很好的温度调节作用。王佩广等[15]提出了直接式相变冷却方案来解决高超声速飞行器散热的问题,并指出该方案对发热功率大、飞行时间短的高超声速飞行验证机更为适用。袁智等[16]设计了一种用于弹载电子设备温度控制的相变控温装置,该装置选用熔点在 69～71℃的相变材料。

　　近年来，随着红外探测器的探测、识别和跟踪能力的提高，进一步增强导弹的隐身能力对于加强国家安全至关重要。相变储能材料在相变温度发生相变时伴随吸热和放热效应而其本身温度可保持不变，这种特性可以更好地实现导弹的热红外伪装，采用涂覆、集成和掺杂等的应用方式，将相变储能材料与导弹表面材料结合制成新型热红外伪装材料，相变材料吸收或释放热量可以减小导弹与环境间的温度差，降低其热红外辐射强度，从而实现红外隐身伪装，可以有效控制导弹表面的温度要求且不影响其机动性能。

　　5. 太阳能热电站

　　现今对太阳能的热利用也越来越多，尤其是太阳能的热发电增长非常迅速。太阳能热发电技术是通过集热装置将太阳辐射能转化成工质的热能，再将热能转换成电能的可再生能源发电技术。但是太阳能受天气和昼夜的变化影响较大，太阳能的供应不稳定、不连续，导致太阳能热发电系统不稳定。如果用相变热系统将太阳能储存起来，在需要时再将储存的热能用来发电,可有效弥补太阳能辐射强度变化对太阳能热发电系统运行不稳定的缺陷。

　　用于太阳能相变储能系统的相变材料是影响整个系统性能和成本的关键因素。由于太阳能热发电所需要的工质的温度一般较高，因此可用于高温相变储能技术的相变材料一般有高温熔盐、金属或合金等。高温熔盐主要有硝酸盐、碳酸盐、氢氧化物、氟化物、氯化物及其多种熔盐的混合材料。在实际的应用中也很少利用单一盐作为储能材料，一般会将几种盐类混合成二元、三元等混合熔盐。

　　建于 1982 年的 Solar One（图 4-5）太阳能试验电站采用单罐系统，系统装置为一圆形斜温层罐，蓄热方式为间接式蓄热。1997 年，美国在加利福尼亚建成机组功率为 $10^5MW\cdot h$ 的 Solar Two 太阳能热发电站（图 4-6）。太阳能试验电站成功开始运行，蓄热系统采用两罐熔盐法，由一个直径为 11.6m、高为 7.8m 的冷盐罐和一个直径为 11.6m、高为 8.4m 的热盐罐组成。Solar Two 塔式试验电站蓄热系统从 1996 年一直运行到 1999 年结束，未出现重大的操作问题，为目前最成熟的熔融盐传热蓄热系统。系统选用硝酸共晶熔盐（60%NaNO$_3$+40%KNO$_3$）作为蓄热介质，热熔盐储存罐和冷熔盐储存罐的设计温度分别为 565℃ 和 290℃，该系统的熔盐的热存储量为 $10^5MW\cdot h$，可供汽轮机连续满负荷运行 3h，并且该系统运行数月后熔盐的热损失也只有 6%，表现出良好的稳定性。

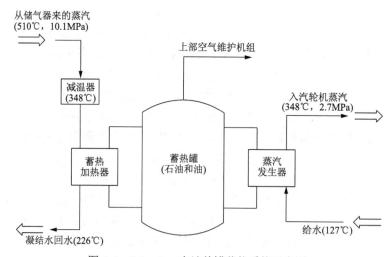

图 4-5　Solar One 电站单罐蓄热系统示意图

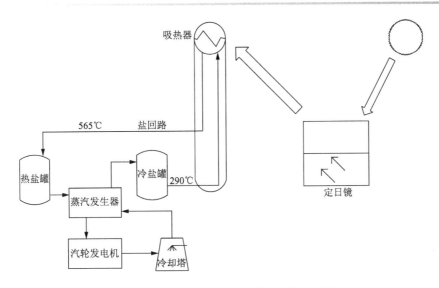

图 4-6　Solar Two 电站两罐蓄热系统示意图

2011 年，西班牙在安达卢西亚自治区格拉纳达省建成 Andasol8 太阳能热电厂，该电厂的总装机容量为 50MW，并采用熔盐作为蓄热介质，即使在没有阳光的情况下，盐储热系统也可使电厂连续发电 7.5h。

虽然高温熔盐具有合适的相变温度和较大的相变潜热，但是热导率较低，严重影响储热系统的储放热效率，为了提高熔盐的热导率，可在熔盐中添加泡沫金属、碳材料和金属粒子等高导热材料来提升材料的储热性能。

用于太阳能热发电系统储热的相变材料除了熔盐之外，金属合金材料也逐渐被应用到太阳能储热中。金属及其合金具有储热密度大、热循环稳定性好的优点，且热导率是其他相变材料的几十倍到几百倍。目前研究较多的是铝基合金，由于其具有适宜的相变温度和腐蚀性低等优点，在太阳能热发电储热系统中具有很广阔的应用前景。在国内，张仁元[17]对太阳能热发电用的 Al-Si 合金储能装置的传热性能进行了实验研究，采用的 Al-Si 合金熔点为 852K，熔融潜热为 515kJ/kg，液相与固相的热导率分别为 70W/(m·K) 和 180W/(m·K)。

太阳能热发电储热技术发展的关键技术之一就是相变储能材料。太阳能热发电相变储能材料的选择要满足热力学、动力学、经济性和安全性等多方面的要求。虽然目前能够用于高温储热的高温熔盐和金属合金基本上能够满足储热的要求，但是各自都存在不足，例如，高温熔盐存在热导率低、热循环性能差的问题，而金属合金存在在高温液态下腐蚀性强的问题仍是高温储热技术发展的瓶颈。因此，弥补高温熔盐和合金的缺陷是进一步推动高温相变储能技术发展的重要方向。

6. 工业余热回收

工业生产是能源消耗的主要领域，也是污染物排放的主要来源。我国的工业领域的能源消耗量占全国能源消耗总量的 70%，但是由于生产工艺相对落后、产业结构不合理等因素，我国工业生产能源利用率低。例如，工业生产中使用的窑炉，其热效率仅为 30% 左右，而 40%～60% 的热量大部分被高温烟气、高温炉渣等带走，并消散到环境当中，造成大量的余热被严重浪费。在电力行业，目前燃煤火电装机占比仍然占到总装机量的 2/3，而这些机组在发电过程中只有 35%左右的热能转变为电能，60%以上的能量主要通过烟气和循环水流失到环境当中，造成了严重的能源流失。因此，工业余热的回收和利用是提高工业能源利用率的有效手段，也是实现节能减排、能源可持续发展和缓解环境污染的有效途径。

工业余热属于二次能源，是一次能源或可燃物料转换后的产物，或是燃料燃烧过程中所发出的热量在完成某一工艺过程后剩下的热量。工业余热的来源主要有各种工业窑炉、热能动力装置以及各种化工过程产生的反应热等，主要类型有烟气余热、蒸汽余热、工业产品余热、废渣废料余热、冷却水余热和废气余热。工业余热按照温度可分为高温余热（600℃以上）、中温余热（300～600℃）和低温余热（300℃以下）三种。目前工业余热利用的主要技术有热交换技术、热功转换技术和余热制冷技术，但是由于余热受到工业生产过程中生产功率的影响较大，因此余热一般存在周期性、间断性和波动性等特点，这造成余热量的不稳定，从而使余热的利用产生了一定的难度。除此之外，余热在能源供给和利用上也存在时间和强度上不匹配的问题，增加了对工业余热的有效利用难度。因此，为了解决上述问题，相变储能技术逐渐在工业余热中获得应用。

相变储能余能回收技术利用相变材料在发生相变时吸收或释放热量来实现余热的储存和利用。在国内，肖松等[18]提出了利用相变材料回收高炉冲渣水余热的方案，回收的余热可作为城市更低品位的热能的需求，并对余热回收的经济效益进行了分析，当钢铁年产量为 600 万吨，钢产渣率为 0.3 吨渣/吨钢，钢冲渣水温度为 80～90℃时，如果利用相变储能技术将余热回收用于城市供热，每年可减少 10442t 标准煤的消耗量，并且也可减少 32235t二氧化碳的排放，具有巨大的经济效益和社会效益。

另外，为了解决余热在能源供给和利用上存在的时间和空间不匹配的问题，移动式相变蓄热余热回收利用系统也被提出，并取得了很好的效果。在国外，2006 年，日本建立了3 个小规模的示范工程：工程之一以日本群马县 Sanyo 电子厂蒸汽为热源，以 20km 外的琦玉县的某铝厂为用户，预热锅炉回水；工程之二以日本清濑市污水处理厂焚化炉废气为热源，以 2.5km 外的市体育馆为用户，提供吸收式制冷的驱动热源；工程之三以日本大阪栗本铁工某工厂退火炉废气为热源，以 3km 外的 Sumiyoshi 工厂为用户，为该厂工人提供洗浴热水[19]。在国内，中益能（北京）供热技术有限公司针对大量工业余热无法实现就地消耗而被浪费的问题，研发出了分别针对供热水、供暖和应急需求的"移动蓄能供热专用车"，该技术可通过回收当地电厂、钢厂等工业余热资源为周边的用户供暖以及提供生活热水。天津大学针对 230℃以下的低温余热资源，选择赤藻糖醇作为相变储能材料，根据移动式余热利用系统的原理搭建了小型实验系统，并通过净现值、投资回收期和内部收益率对移动式余热利用系统进行了成本和收益估算，研究发现，该系统在运行年限内的净现值大于零，当折现率为 7%时的投资回收期则为 7 年内部收益率为 17.42%，在经济上是可行的。

7. 电子器件散热

随着电子器件的运算高速化和芯片的集成化，电子器件的发热量增大的同时，其可散热面积也随之减少。研究表明，当电子器件的温度每升高 10℃，其可靠性就会降 50%，因此，电子器件的散热成为电子工业发展亟待解决的关键问题之一。相变材料具有相变潜热大、相变过程近似恒温等特性而逐渐被用于电子元器件的散热中，该技术称为相变材料热管理。该技术是利用相变材料巨大的潜热来吸收电子器件在工作时散发的热量，并使电子器件的温度维持在相变材料的相变温度附近，使温度控制在电子器件工作的最佳温度范围内，从而保证电子器件工作的稳定性，并且延长了电子器件的工作寿命。针对不同电子器件的工作温度不同，可选择不同相变温度的相变材料进行热管理。

相变材料热管理技术因其热管理装置重量轻、性能可靠、设置灵活和不耗能等优点在手机、计算机以及其他发热量大的电子器件中具有较好的应用前景。Tan 等[20]设计了一种用于电子器件散热的相变材料热管理装置，该装置在空穴中填充相变温度在 50℃左右的烷类相变材料，当装置工作时，相变材料吸收电子器件产生的热量，相变材料由固态变成液态，当环境温度降低后，相变材料储存的热量散发到环境中、相变材料也恢复成固态，该装置的散热功率在 30W 左右。华南理工大学的高学农等[21]将聚乙二醇/膨胀石墨复合相变材料应用于电子器件的散热系统中，结果表明，当电子器件的输出功率为 15W 和 20W 时，散热器填充相变材料后的控温时间较填充前分别提升了 59%和 55%。

相变材料热管理技术在电子设备上的应用范围不断扩大，但是该热管理方式属于被动式，只能在一定的时间内维持电子器件的温度环境，对于高负荷、长时间运行的电子器件的散热还需结合空冷等主动式控温方式。另外，目前常用于电子设备器件热管理的相变材料多为有机类固-液相变材料，随着电子器件结构复杂化，对相变材料的密闭封装和导热过程的传热效率有了更高的要求。

4.3 储热系统的热效率和㶲效率分析

4.3.1 储热系统热效率分析

确定了储热系统的传热方式，就可以分析系统的效率。一般来说，较高的传热效率可以提高热力学可逆性，从而减少系统的体量。储热系统热效率有很多有效定义。例如，储热系统热效率可定义为

$$\eta_{th} = \frac{储热系统热量的输出}{储热系统热量的输入} \tag{4-14}$$

$$\eta_{th} = \frac{蓄热系统热量的输出 + 蓄热系统残留的热量}{蓄热系统热量的输入 + 蓄热系统初始热量} \tag{4-15}$$

两种定义都是合理的，但是在某些情况下可以得到不同的结果。许多研究者对不同的应用进行了效率计算。根据应用的不同，一部分学者将储热过程和放热过程分开计算，另外一部分学者则关注系统的整体工作循环效率。

以高温固定床储热系统的效率为例。系统储热、放热和总效率分别定义如下：

$$\eta_{th,charging} = \frac{储存的热量}{输入的热量 + 泵功} \tag{4-16}$$

式(4-16)描述了系统储热过程的效率。低的效率表明低效地传热或者由于热流体进入储热罐引起的热量损失，也就是输入的热量不能被储存起来。放热效率定义如下：

$$\eta_{th,discharging} = \frac{提取的热量}{储存的热量 + 泵功} \tag{4-17}$$

式(4-17)描述了从储热罐中提取的热量与储存的热量、泵功两者之和的比例。第三个是总热效率：

$$\eta_{\text{th,overall}} = \frac{\text{提取的热量}}{\text{输入的热量} + \text{蓄热泵功} + \text{放热泵功}} \qquad (4\text{-}18)$$

式(4-18)表示在一个储放热循环中，放出的热量与输入的热量、泵功两者之和的比例。

大多数对于储热系统效率的分析集中在基于热力学第一定律的热量分析，这种评价方式既没有考虑到热能的可用性、品质以及提供热量持续的时间，也没有考虑到环境的温度，因此这种单一的储热系统评价方式有其不足之处。

4.3.2 储热系统㶲效率分析

热力学第二定律考虑了能量转化的不可逆性，用一种更具体更有意义的方式来定义储热系统热效率。当系统由一任意状态可逆地变化到与给定环境相平衡的状态时，理论上可以无限转换为任何其他能量形式的那部分能量，称为㶲，又称有效能。㶲，英文名称为exergy。理论上从某系统中最大能提取的功，最终使系统与环境之间达到平衡态。一旦系统达到平衡，它就不能再做功。当系统向平衡移动时，不可逆性就出现了，在这个过程中，㶲在逐渐减少。因此，不像能量永远守恒，㶲可以被破坏或者消耗。在一个显热储能系统中，用气体作为传热流体，增加储热时间导致系统的储热能力上升，但是系统却不一定能够储存更多的㶲。然而，存在一个最优储热时间，使得系统的可逆性最小。因此，利用分析加深对储热系统的热力学过程的理解是非常重要的。㶲分析也更正确地反映了储热系统的热力过程和经济价值，并被认为是储热系统效率有力的分析工具。

通用的㶲平衡方程：

$$\text{㶲输入} - (\text{㶲释放} + \text{㶲损}) - \text{㶲消耗} = \text{㶲增加} \qquad (4\text{-}19)$$

括号里的部分表示从系统边界输出的总的㶲。㶲消耗是由过程不可逆引起的，因此消耗正比于熵增。式(4-19)中的每一项㶲是动能、势能、物质的物理化学的总和，同时必须合适地应用于给定的系统。将方程运用到储热系统时，有如下方程：

$$\text{Ex}_{\text{HTF,in}} + \text{Ex}_{\text{Qgain}} - \text{Ex}_{\text{HTF,out}} - \text{Ex}_{\text{consumed}} = \Delta\text{Ex}_{\text{system,t}} \qquad (4\text{-}20)$$

式中，$\text{Ex}_{\text{consumed}}$ 为㶲消耗；$\text{Ex}_{\text{HTF,in}}$ 和 $\text{Ex}_{\text{HTF,out}}$ 分别为㶲流。这些量可分别通过式(4-21)算出：

$$\text{Ex}_{\text{HTF}} = \text{Ex}_{\text{HTF,out}} - \text{Ex}_{\text{HTF,in}} = \dot{m}\int_0^t (\varepsilon_{\text{out}} - \varepsilon_{\text{in}})\text{d}t \qquad (4\text{-}21)$$

式中，ε 表示单位㶲流，$\varepsilon = [(h - h_0) - T_0(s - s_0)]$，其中 h_0 和 s_0 分别为工质在环境状态下的焓和熵。

Ex_{Qgain} 代表和传热相关的㶲：

$$\text{Ex}_{\text{Qgain}} = \int_0^t \left(1 - \frac{T_0}{T}\right) q\text{d}t \qquad (4\text{-}22)$$

式中，当 Ex_{Qgain} 是正值时表示由传热流体传给储热介质的能量速率是 q 时储存的㶲，当 Ex_{Qgain} 是负值时，表示能量由系统到环境系统中损失的㶲。

$\Delta Ex_{system,t}$ 代表系统中的㶲增。

和能量分析类似，㶲效率是投入和产出的比，因此㶲效率存在很多种表达式。Jegadheeswaran 等[22]阐明了几种潜热储热系统储热效率定义的可行方案，如表 4-3 所示，分别以储热过程和放热过程分开表示或者用整个循环的效率表示。一些学者将泵功放入投入部分计算，另一些学者则将泵功剔除。在如何定义传热流体提供的㶲效率上，也存在不同的方式，例如，一些学者仅仅考虑由传热流体的入口温度和出口温度之差传递的㶲，但是如果用入口传热流体温度和环境温度之间的差异来计算最大可用的㶲也是合理的。表 4-4 包括显热、潜热和化学储热材料的储/放热㶲表达式。为了给出㶲效率合理的形式，评价需要基于对系统的准确理解和正确的判断。一旦㶲各项确定后，就可以给出优化㶲效率的最优方案，使得㶲效率达到最大值。

表 4-3 㶲效率的定义

效率	表达式	描述
储热效率 Ψ_{char}	$\dfrac{Ex_{stored}}{Ex_{HTF}}$	储存的㶲和储热过程中提供的总㶲之比
	$\dfrac{Ex_{stored}}{Ex_{HTF}}$	时间平均的㶲效率
	$\dfrac{Ex_{stored}}{Ex_{HTF} + Pump \rightleftharpoons work}$	考虑泵功
	$\dfrac{Ex_{stored}}{Ex_{HTF,init}}$	考虑最大储存的㶲
放热效率 Ψ_{dis}	$\dfrac{Ex_{HTF}}{Ex_{PCM,init}}$	输出的㶲和总的储存的㶲之比
	$\dfrac{Ex_{stored}}{Ex_{PCM}}$	考虑最大输出的㶲
总效率 $\Psi_{overall}$	$\dfrac{Ex_{recovered}}{Ex_{supplied}}$	输出的㶲与输入的㶲之比
	$\Psi_{char}\Psi_{dis}$	
储/放/总效率	$1-N_s$	㶲损

表 4-4 㶲效率的计算

过程	表达式	参考文献
㶲储存	$\dot{m}_{HTF}C_{HTF}(T_{HTF,out} - T_{HTF,in})\left(1 - \dfrac{T_0}{T_{PCM}}\right)$	[22]
	$\dot{m}_{HTF}C_{HTF}(T_{HTF,out} - T_{HTF,in})\left(1 - \dfrac{T_0}{T_{PCM}}\right) + Q_{gain}\left(1 - \dfrac{T_0}{T_{PCM}}\right)$	[22]
	$\left(\Delta G_f + \sum n\varepsilon_{chne}\right)prod,tot - \left(\Delta G_f + \sum n\varepsilon_{chne}\right)react,tot$	[23]
	$\rho V C T_0 \displaystyle\int_0^L \left\{ \dfrac{T(t,Z)}{T_0} - 1 - \ln\left[\dfrac{T(t,Z)}{T_0}\right] \right\} dz$	[24]

续表

过程	表达式	参考文献
储热过程中的㶲输入	$\dot{m}C_p\displaystyle\int_0^L\left(T_{\mathrm{HTF,in}}-T_0-T_0\ln\dfrac{T_{\mathrm{HTF,in}}}{T_0}\right)\mathrm{d}z$	[25]
	$\dot{m}_h\dfrac{p_0}{(\rho f)_0}\ln\left(1+\dfrac{\Delta p_h}{p_0}\right)t_s+\dot{m}_c\dfrac{p_0}{(\rho f)_0}\ln\left(1+\dfrac{\Delta p_c}{p_0}\right)t_R$	[25]

一种提高储热过程㶲效率的方式是减少由传热流体入口处和储热材料之间、传热流体出口处与环境之间的温差引起的不可逆损失。使用梯级储热单元就能够减少上述不可逆损失，提高㶲效率。储热单元在流动方向的合理安排能够使储热单元的温度单调下降。这种方式可以减少流体与储热材料以及出口和环境的温差。

梯级潜热储热系统(cascaded latent heat storage, CLHS)是一种可行的储热方案，用不同的储热材料实现梯级储热可以使储热材料得到最优利用。Aceves 等[26]利用简化的最优化模型对梯级储热系统优化进行了理论分析。他们建议总的㶲效率由式(4-23)计算：

$$\phi_{\mathrm{ov}}=\frac{t_d\left(T_{\mathrm{d,out}}-1-\ln T_{\mathrm{d,out}}\right)}{T_{\mathrm{c,in}}-1-\ln T_{\mathrm{c,in}}} \tag{4-23}$$

式中，$T_{\mathrm{d,out}}$ 表示放热过程中的出口温度；t_d 是放热的时长，可由最大㶲效率得到；$T_{\mathrm{c,in}}$ 是储热过程中的入口温度。

前期对梯级储热系统的分析，可以得出以下结论：

(1)用一系列的相变材料可以帮助增加系统的㶲效率。

(2)系统的储热温度将更均一。

(3)多种相变材料之间的熔化温差在梯级储热单元中将起到很重要的作用。因此，选择合适数量的相变材料将对系统性能的提高起到重要作用。

本 章 小 结

相变储能是如今的研究热点，潜热储热材料利用材料的相变潜热来实现能量的储存和利用，又称相变储能材料。由于相变储能材料储热密度高、储热装置结构紧凑，且吸/放热过程近似等温、易运行控制和管理，因此利用相变材料进行储热是一种高效的储能方式。

习 题

1. 请说明热质储能的工作原理。

2. 请简述相变储能材料的分类。

3. 请简述相变储能系统的基本要求。

4. 举例说明相变储能在科学研究和实际生产中的应用。

5. 简述储热技术的评价依据。

6. 选取一个蓄冷技术具体的应用场景，分析其所发挥的作用。

7. 查阅相关资料，分析热储能在未来进行应用的可能性。

8. 目前在太阳能热发电领域，熔融盐的显热蓄热技术已经得到了应用，并取得了非常显著的效果，请说明熔融盐作为高温传热蓄热介质的优点。

9. 在对储热系统的效率进行分析时，有热效率和㶲效率两种，请分析这两种效率的区别(提示：从热力学第一定律和热力学第二定律的本质来考虑)。

参 考 文 献

[1] CHEN H S, CONG T N, YANG W, et al. Progress in electrical energy storage system: a critical review[J]. Progress in natural science, 2009, 19(3): 291-312.

[2] 吴玉庭, 任楠, 马重芳. 熔融盐显热蓄热技术的研究与应用进展[J]. 储能科学与技术, 2013, 2(6): 586-592.

[3] 张焘, 张东. 无机盐高温相变储能材料的研究进展与应用[J]. 无机盐工业, 2008, 40(4): 11-14.

[4] 陈思明, 刘益才, 陈凯, 等. 高温相变换热材料的研究进展和应用[J]. 真空与低温, 2010, 16(3): 125-130.

[5] 方铭, 陈光明. 组合式相变材料组分配比与储热性能研究[J]. 太阳能学报, 2007, 28(3): 304-308.

[6] 王剑锋, 陈光明, 陈国邦, 等. 组合相变材料储热系统的储热速率研究[J]. 太阳能学报, 2000, 21(3): 258-264.

[7] 李爱菊. 无机盐/陶瓷基复合储能材料制备、性能及其熔化传热过程的研究[D]. 广州: 广东工业大学, 2005.

[8] 詹世平, 周智轶, 黄星, 等. 原位聚合法制备微胶囊相变材料的进展[J]. 材料导报, 2012, 26(23): 76-78.

[9] CHO J S, KWON A, CHO C G. Microencapsulation of octadecane as a phase-change material by interfacial polymerization in an emulsion system[J]. Colloid and polymer science, 2002, 280(3): 260-266.

[10] 赖茂柏, 孙蓉, 吴晓琳, 等. 界面聚合法包覆石蜡制备微胶囊复合相变材料[J]. 材料导报, 2009, 23(11): 62-64.

[11] 王美, 姬长发, 侯琳洁. 冰蓄冷技术在小型空调上的应用与实验研究[C]. 全国暖通空调制冷 2006 年学术年会论文集, 2006.

[12] BO H, GUSTAFSSON E M, SETTERWALL F. Tetradecane and hexadecane binary mixtures as phase change materials (PCMs) for cool storage in district cooling systems[J]. Energy, 1999, 24(12): 1015-1028.

[13] ENTROP A G, BROUWERS H J H, REINDERS A H M E. Experimental research on theuse of micro-encapsulated Phase Change Materials to store solar energy in concretefloors and to save energy in Dutch houses[J]. Solar energy, 2011, 85 (5): 1007-1020.

[14] 郭亮, 吴清文, 丁亚林, 等. 航空相机焦面组件相变温控设计及验证[J]. 红外与激光工程, 2013, 42(8): 2060-2067.

[15] 王佩广, 刘永绩, 王浚. 高超声速飞行器综合热管理系统方案探讨[J]. 中国工程科学, 2007(2): 44-48.

[16] 袁智, 陆景松. 相变材料在弹载电子设备热设计中的应用[J]. 电子技术, 2015, 44(6): 83-85.

[17] 张仁元, 相变材料与相变储能技术[M]. 北京: 科学出版社, 2009.

[18] 肖松, 郑东升, 吴淑英. 利用相变材料回收高炉冲渣水余热的经济性分析[J]. 工业加热, 2012, 41(4): 34-35.

[19] FUJITA Y, SHIKATA I, KAWAI A, et al. Latent heat storage and transportation system "TransHeat Container"[C]//IEA/ECES annex 18 15t workshop and expert meeting, Tokyo, 2006.

[20] TAN F L, TSO C P. Cooling of mobile electronic devices using phase change materials[J]. Applied thermal engineering, 2004, 24 (2/3): 159-169.

[21] 高学农, 刘欣, 孙滔, 等基于复合相变材料的电子芯片热管理性能研究[J]. 高校化学工程学报, 2013, 27 (2): 187-192.

[22] JEGADHEESWARAN S, POHEKAR S D, KOUSKSOU T. Exergy based performance evaluation of latent heat thermal storage system: a review. Renewable ＆ sustainable energy reviews, 2010, 14 (9): 2580-2595.

[23] ABEDIN A H, ROSEN M A. Assessment of a closed thermochemical energy storage using energy and exergy methods[J]. Applied energy, 2012, 93: 18-23.

[24] JACK M W, WROBEL J. Thermodynamic optimization of a stratified thermal storage device[J]. Applied thermal engineering, 2009, 29 (11/12): 2344-2349.

[25] ADEBIYI G A. A second-law study on packed bed energy storage systems utilizing phase-change materials[J]. Journal of solar energy engineering, 1991, 113 (3): 146-156.

[26] ACEVES S M, NAKAMURA H, REISTAD G M, et al. Optimization of a class of latent thermal energy storage systems with multiple phase-change materials[J]. Journal of solar energy engineering, 1998, 120 (1): 14-19.

第5章

热化学储能

5.1 热化学储能原理

热化学储(蓄)能(thermochemical energy storage, TCES)是利用化学物质的可逆吸/放热化学反应进行热量的存储与释放,适用的温度范围比较宽,储热密度大,可以应用在中高温储热领域。热化学储能系统将能量储存在稳定的化学材料中,如盐水合物、氨化物、金属氢化物、氢氧化物和碳酸盐,在可逆反应期间将热能转化为化学势能,从而在材料中储存或释放热量。例如,一个氢氧化钙热化学储能系统,实验的反应床中装备了径向的翅片加强换热,在放热过程中,系统能把初始温度为27℃的进口空气快速加热至187℃,而后在接下来的600min内缓慢地降低到47℃。系统在30min内的平均对外放热功率是2.86kW(477W/kg),60min内的对外放热功率是1.77kW(295W/kg)。目前,热化学储能技术仍多处于理论分析和实验研究初期阶段,实现化学反应系统与储热系统的结合以及中高温领域的规模应用仍需要进一步研究。

J.van Berkel等对现在研究较多的几种热化学储能材料进行了总结,见表5-1。从表中可以发现,现在主要研究的热化学储能材料的储能密度都在GJ量级,这比常用的相变储能材料的储能密度要高一个量级。

表 5-1　几种常见的热化学储能材料

反应物	材料蓄热密度	反应温度/℃
氨	67kJ/mol	400～500
甲烷/水	—	500～1000
氢氧化铁	3GJ/m³	500
碳酸钙	4.4GJ/m³	800～900
碳酸亚铁	2.6GJ/m³	180
氢氧化亚铁	2.2GJ/m³	150
金属氢化物	4GJ/m³	200～500
金属氧化物(铁和锌)	—	2000～2500
甲醇	—	200～250
氢氧化镁	3.3GJ/m³	250～400
硫酸镁	2.8GJ/m³	122

相比显热储能和相变储能，TCES 具有储能密度高，工作温度范围广（310～780℃），存储时间长等优点，在废热回收等领域已广泛应用，且能显著提升热能品质。上述优点使其特别适用于集中太阳能（concentrated solar power, CSP）热发电，能够提高 CSP 的能量利用率，平稳能源价格波动，但应用规模仅限于实验室和中试，大规模应用仍面临着许多挑战，例如，循环多次后储热材料结块现象，储热能力与放热速率难以协调，储热系统动态条件下稳定利用难以实现。表 5-2 总结了这三种技术的相应储存原理以及其他性能参数。

表 5-2　热能储能技术比较

特性	显热储能	潜热储能	热化学储能
原理	通过改变储存介质的温度将热能作为显热存储在储能材料中，能量储存能力取决于储能材料的比热容以及升温范围	通过接近恒定温度下的材料相变，以聚合热形式储存热能，能量储存能力取决于潜热	在完全可逆的化学反应中，依赖于能量吸收和释放来破坏和重组分子链，能量储存能力取决于反应焓和反应物的摩尔数
体积储能密度	低（50(kW·h)/m³)	中（100(kW·h)/m³)	高（500(kW·h)/m³)
质量储能密度	低（0.02～0.03(kW·h)/kg)	中（0.05～0.1(kW·h)/kg)	高（0.5～1(kW·h)/kg)
存储温度	吸热反应温度	吸热反应温度	环境温度
储存期	短（热量损失）	短（热量损失）	理论上无限
能量传输	短距离	短距离	理论上无限
技术成熟度	工业生产规模	中等规模	较为复杂
复杂性	简单	中等	较为复杂

5.2　热化学储能材料和系统

5.2.1　热化学储能材料

热化学储能材料利用物质的可逆吸/放热化学反应进行热量的存储与释放，适用的温度范围比较宽，储热密度大，可以应用在中高温储热领域。在一个热化学储能系统的设计中，系统所使用的储能材料处于最关键的地位，Gantenbein[1]总结了一些热化学储能材料选取的标准：

(1) 高能量密度；
(2) 较高的热导率，与热交换器间热量传输良好；
(3) 与环境友好，无毒，较低的温室效应，不破坏臭氧层；
(4) 材料没有腐蚀性；
(5) 在工作条件下较少产生副反应；
(6) 工作的压力不要太大，也不要高度真空；
(7) 较低的费用。

1. 水合盐

水合盐是无机盐与水在氢键等化学键的作用下构成的。在无机盐与水结合成水合盐时产生了化学键，同时放出热量，在水合盐分解成水和无机盐时需要吸收热量来断裂化学键，这个循环是可逆的，故可以利用这个原理来进行蓄热。常用的水合盐储/释热体系有 $MgSO_4 \cdot nH_2O$、$NaS \cdot nH_2O$、H_2SO_4-H_2O、$NH_4NO_3 \cdot 12H_2O$ 等。荷兰能源研究中心(Energy Research Centere of the Netherlands, ECN)[2]研究了多种潜在的热化学储能材料，通过计算比较，他们认为 $MgSO_4 \cdot 7H_2O$ 是比较有希望进行长时间蓄热的材料。然而进一步的研究指出，在现实情况中，$MgSO_4 \cdot 7H_2O$ 不能释放出所有潜在的热量，在硫酸镁与潮湿的空气反应时，会立刻形成一个水合盐的表层，阻止水蒸气与固体的接触，从而限制反应的进一步发生，降低 $MgSO_4 \cdot 7H_2O$ 的蓄热密度。为了解决这个问题，Hongois 等[3]可将饱和的硫酸镁水溶液注入小球状的沸石颗粒中，而后将过滤得到的沸石颗粒取出，在 150℃的烘箱中干燥，制得硫酸镁与沸石的混合物，沸石属于多孔材料，它扩大了硫酸镁的比表面积，使反应更容易发生，同时沸石基质本身也有吸水放热的特性，也是一种蓄热材料，在 200g 样本的实验中混合物达到了其理论蓄热密度的 45%(0.18(kW·h)/kg)，并且在三次蓄/放热循环的测试中保持了这一蓄热密度。Posern 等[4]为了解决 $MgSO_4$ 吸水不完全的问题，将 $MgSO_4$ 与 $MgCl_2$ 混合作用，原理是：$MgCl_2$ 是一种强吸水性的物质，非常易潮解，带来很多水分，而 $MgSO_4$ 在这样的环境中能完全吸收水分，文献研究了 $MgSO_4$ 与 $MgCl_2$ 的不同混合比例，结果表明，质量分数 20%的 $MgSO_4$ 与 $MgCl_2$，混合有 0.44(kW·h)/kg 的蓄热密度。Balasubramanian 等[5]和 Ghommem 等[6]分别建立了 $MgSO_4 \cdot 7H_2O$ 储能及热释放过程的数学模型，探究了材料特性、输入热流以及系统的绝热性能对无水盐脱水的影响，并采用灵敏度分析法定量确定了影响热化学储/释能过程的关键参数，能够为热化学储能材料工业应用提供指导。水合盐蓄热材料蓄热密度略低一些，但由于其反应物和反应产物比较安全，并且其蓄热温度在 100℃左右，所以水合盐储热体系一般用在中、低温储热系统中。

2. 氢氧化物

氢氧化物也是常用的热化学储能材料。金属氧化物与水反应生成氢氧化物时会放出热量，在氢氧化物吸收热量时会分解成金属氧化物与水，循环可逆，故可以利用这一原理进行蓄热。目前研究较多的是 $Ca(OH)_2/CaO+H_2O$ 体系，其次是 $Mg(OH)_2/MgO+H_2O$ 体系。

李靖华等[7]在 1986 年对氢氧化物的蓄热过程进行了动力学研究，从动力学的角度考虑认为氢氧化钙比较适合作为蓄热材料，发现在 447℃、460℃、470℃时其热分解动力学属于一级反应，在 495℃、545℃、573℃时其热分解动力学属于 0.5 级反应，并对两部分相应的活化能和指前因子进行了计算。

Azpiazu 等[8]对氧化钙的循环的可逆性进行了研究。研究结果表明，由于氧化钙会与空气中的二氧化碳反应生成碳酸钙，反应不能达到完全的可逆，氢氧化钙使用的循环次数是有限的，但是至少可以维持 20 个循环。将反应物加热到 1000℃可以使反应产物重新获得可逆性。另外，文中对反应物水的供应也提出了建议，认为水应该使用喷雾的方法均匀地喷到 CaO 的表面。

$Mg(OH)_2$ 是一种常压下蓄热温度在 300℃以上的蓄热材料，Kato 等[9]对 $Mg(OH)_2$ 蓄热循环的可逆性做了实验测试，实验检测了三种形成方式不同的 $Mg(OH)_2$，一种是超细 MgO 粉末制成的，一种是普通 MgO 制成的，另一种是用镁乙醇盐制得的 MgO 制成的，实验结果表明，使用超细 MgO 粉末制得的 $Mg(OH)_2$ 有最好的循环可逆性，在最初的 5 个循环中，材料的反应性能有一定的下降，但在接下来的 19 个循环中，材料的反应性能一直保持稳定，文献推测，材料优良的循环性能是由粉末超细这一特征带来的。为了利用在

250～300℃下的余热，Kato 等[10]通过将 $Mg(OH)_2$ 与 $Ni(OH)_2$ 混合，降低了 $Mg(OH)_2/Ni(OH)_2$ 混合物的分解温度，使混合物能在该温区下蓄热。实验结果表明，随着 α 从 0 增大到 1，混合物 $Mg_{\alpha}Ni_{1-\alpha}(OH)_2$ 的蓄热温度从 250℃增加至 330℃。

无机氢氧化物体系的储能密度大、反应速度（热能的储/释速度）快，稳定安全、无毒且价格低廉，但研究发现，采用无机氢氧化物体系容易出现反应物烧结的现象，从而导致反应器内床层导热性能差以及反应速率减慢。实验发现，向反应物中添加一些导热性能好的材料能有效改善反应器内的传质、传热性能，如膨胀石墨。此外，由于氢氧化物能和 CO_2 发生副反应，储能系统循环寿命下降，使用时注意隔绝空气，同时清除反应物水中溶解的 CO_2，因此关于氢氧化物系统的循环寿命研究也是热化学储能实际应用中要考虑的问题。

3. 氢化物

许多金属或者合金与氢气会发生反应生成金属氢化物，同时放出大量的热，在加热金属氢化物的时候其又会吸热分解成金属与氢气，利用这一原理，金属氢化物被用作热化学储能材料。其中氢化镁由于有蓄热密度大（0.85（kW·h）/kg）、蓄/放热温度可变、可逆性好且镁的价格也比较便宜等优点，特别适宜用作大规模热化学储能系统的蓄热材料，是热化学储能的研究热点之一。然而，氢气和镁反应相当缓慢，因此并不能真正用在实际储能中，选择合适的催化剂来提高金属和氢气的反应速率十分重要。Bogdanović 等[11]对镍掺杂和没有镍掺杂的 $Mg-MgH_2$；材料在储能、储氢中的应用对比研究，发现镍掺杂的 $Mg-MgH_2$ 即使在中温中压下也有比较好的氢化速率及循环稳定性，非常适合用于太阳能储热、热泵及储氢过程中。随后他们又证实了 Mg_2FeH_6 和 $Mg_2FeH_6-MgH_2$ 在 500℃时是良好的热化学储能材料，从热力学和动力学角度进行热力学特性和循环稳定性的研究，认为下一步的研究应放在单位质量储能密度的优化和中间产物 H_2 的储存[12]上。de Rango 等[13]建立了一个体积为 260cm³ 的小型镁/氢化镁储氢系统，系统中装有 110g 活性 MgH_2 粉末并探究系统在不同条件下的吸附、解吸特性，实验结果显示，在 80min 内系统的储氢容量可以达到 4.9%（按质量计），并且实验中要保证材料温度不超过 370℃，因为温度过高会导致镁粉结晶引起系统动力学性能下降。实验结果表明，反应物的热导率对系统的热量传递起了主要作用，进一步研究发现，选用膨胀的天然石墨或金属泡沫基质可以提高反应物的径向热导率，但又在一定程度上降低了氢气的渗透率，从而导致系统效率下降[14]。这些研究对进一步了解氢化镁储氢系统有重要意义，但其主要关注系统吸氢速率，而忽略了系统循环过程中的能量变化，这也为氢化镁蓄热系统的研究指明了方向。

4. 甲烷/二氧化碳重整

CH_4/CO_2 重整反应不仅能够有效减少 CO_2 的释放，还能够提供一种高效的可再生资源（如太阳能）储存及输送的方法。

Gokon 等[15]探究了在 950℃的熔盐中，FeO 作为催化剂，不同流率的 CH_4/CO_2 混合气的催化重整情形，发现当流率为 200mL/min 的时候，CH_4/CO_2 重整生成 CO、H_2 和 H_2O，当流率为 50mL/min 的时候，CH_4/CO_2 重整生成 CO 和 H_2。CH_4/CO_2 重整过程中有副反应发生，故选择合适的催化剂来提高反应物的活性及选择性十分重要。Kodama 等[16]将金属氧化物还原和甲烷催化重整相结合，将高温热能转化成 1000℃下的化学能，实验发现，WO_3 和 V_2O_5 对甲烷具有很高的活性和选择性。随后他们又发现，在氙弧灯光的照射下，镍催化剂对 CH_4/CO_2 重整的催化性能和选择性，发现 $Ni/\alpha-Al_2O_3$ 在模拟太阳光的照射下对

CH_4/CO_2 具有最好的活性和选择性，甲烷的转化率超过 90%，且有 16% 的入射光以化学能的形式储存。

5. 氨基热化学储能

氨基热化学储能反应发生的条件是温度为 400~700℃，压力为 10~30bar（$1bar=10^5Pa$），且正逆反应都需要催化剂，常用的氨合成催化剂是 "KM1"，常用的复分解催化剂是 "DNK2R"。氨基热化学储能相比其他的储能方式具有很多的优点，例如，成熟的合成氨工业为氨基热化学储能的研究提供了丰富的研究资料；氨在环境条件下为液体，容易实现和产物的分开储存；储能体系无副反应发生。但是 $NH_3/N_2/H_2$ 系统用于热化学储能仍然有一些问题需要解决，例如，H_2 和 N_2 的长期安全储存问题；反应必须使用催化剂，增加成本；反应的操作压力过高；正、逆反应的不完全转化等。氨基热化学储能系统下一步的研究方向是储能系统的中试放大研究、储能反应器的设计及热能储/释过程温度分布的优化。

6. 碳酸化合物的分解

对于中高温储热研究，目前只对 $CaCO_3/CaO$ 体系、$PbCO_3/PbO$ 体系有比较详细的研究。其中，$CaCO_3/CaO$ 体系由于储能密度高（$3.26GJ/m^3$）、无副反应及原料 $CaCO_3$ 来源丰富而被认为在高温储热的应用上具有广阔的前景。Kato 等[17]探究了 $CaCO_3/CaO$ 反应用于化学热泵的反应活性，发现当压力为 0.4MPa 时，储能密度可达到 800~900kJ/kg，且平衡时 Ca 床层的热输出温度可达到 998℃。然而，CO_2 的储存问题是 $CaCO_3/CaO$ 储能系统中必须要解决的一个关键问题。Kyaw 等[18]提出了 3 种 CO_2 的储存系统：作为压缩气体、生成其他的碳酸盐、采用合适的吸附剂（如活性炭或沸石）来吸收，结果发现，当压力为 1MPa，温度为 300℃时，单位质量的沸石 13X 能够吸收 2%~3% 的 CO_2，因此沸石 13X 可以作为 $CaCO_3/CaO$ 储能系统中 CO_2 的吸附剂。

7. 氧化还原反应

由于具有较大的储能密度和较高的操作温度，可逆的氧化还原反应是实现热化学储能比较有前景的方法之一，尤其是空气，既能作为传热流体，又能作为反应物，这既简化了储能系统又节约了操作成本。这些反应通常都发生在 600~1000℃，特别适用于高温热能储存。

Bowrey 等[19]在 1978 年探究了 BaO/BaO_2 系统用于高温热能储存的可行性，结果发现，储能密度高达 $2.9GJ/m^3$。其他热化学储能体系如 Fe_2O_3、Co_3O_4、Mn_2O_3、Mn_3O_4 等也引起了广泛的探究，结果发现 Co_3O_4 具有最好的动力学性能，且经过 30 次循环后，Co_3O_4 没有发生明显的降解，储能反应中反应物的平均转化率是 40%~50%，反应的储能密度为 95（$kW \cdot h$）/m^3，然而 Co_3O_4 的极毒性和高成本限制了 Co_3O_4/CoO 系统用于热化学储能。研究发现，向 Co_3O_4 中添加一些廉价的、低毒性的金属氧化物能够在一定程度上弥补这种缺陷。Carrillo 等[20]发现掺杂了少量 Mn_2O_3 的 Co_3O_4 较纯 Co_3O_4 具有更好的循环稳定性。Block 等[21]也提出了一个 Co_3O_4/Fe_2O_3 复合系统用于热化学储能，结果发现，较纯 Co_3O_4 和纯 Fe_2O_3，Co_3O_4/Fe_2O_3 混合物的微观结构稳定性以及反应的可逆性都有很大的提高。

5.2.2　热化学储能系统

近年来，热化学储能系统引起了广泛的研究，由于热化学储能是一门涵盖多种学科的综合技术，在设计一个性能优越的热化学储能系统时，需要考虑以下多方面因素。

化学反应：反应体系的选择、反应的可逆性、反应速率、操作情况、催化剂的寿命以及可逆反应的动力学特性。

系统分析：技术经济可行性研究、安全性研究、成本及收益研究。

传热性能：反应器和热交换器的设计、催化反应器的设计、反应床内的传热分析及热力学性能优化。

过程工程学：操作工艺装置设计、过程优化。

材料：材料耐腐蚀性和相容性杂质的影响、非昂贵材料的消耗。

1. 系统类型

根据系统操作条件可将热化学储能系统分为开式系统和闭式系统两大类。开式系统，即在环境中敞开的系统，而闭式系统则是相对环境密闭的系统。相比较而言，开式系统一般运行过程和操作条件较为简单，利用的热化学反应主要是水合/水解反应，通过太阳能使水合物水解以储存能量，直接用湿空气或将环境中大气经加湿器加湿后与脱水物质接触，水合放热，达到应用目的。

然而，由于在开式系统中，蒸汽吸附时放热，热量立刻就会传递到周围环境中，随着系统运行，蒸汽扩散阻力逐渐增大，传质受阻，系统对环境的供热能力逐渐下降，造成放热能力不稳定。而在闭式系统中，反应热全部被储存在密闭空间中，通过调节系统参数来控制热量输出，从而保证供热能力稳定。

1) 开式系统

根据开式系统的特点，反应过程设计应当保证对环境无毒无害，反应温度以中低为主，因此通常只能利用含水的可逆反应，如水合/水解反应。现有开式系统的研究方向基本集中在季节性储热系统方向。在夏季，太阳能真空收集热量，通过风机将热空气吹入填充有储热材料的压缩床，储热材料脱水储能。到冬天再把湿冷空气吹入压缩床，储热材料水合反应放热，排出干燥的热空气，实现系统的能量储存和释放。尽管受高昂的价格限制，且还没有完整成熟的热化学储能工艺，但考虑长期储热系统的储热材料需求量大、储放热时间长、储热密度大、适配性强、反应速率可控的化学反应仍是最有吸引力的技术之一。

尽管开式系统中不必考虑冷凝器、蒸发器和系统抗压性等，但在选择开式系统前须分析环境湿度是否满足放热反应的需求，若环境湿度低，则需要增设加湿器。此外，将湿空气吹入反应系统时，需考察床层压降，增设鼓风机也需考虑电力消耗问题。

2) 闭式系统

闭式系统因为与环境隔绝，可以随意调节系统的温度和压力，因此所用的储热材料更加多样化，适用温度区间更广，而且还可以用于有毒有害气体的反应过程。闭式系需用的储热材料主要有无机氢氧化物、金属氢化物、氨等。闭式系统由于组成、过程控更加复杂，对设备要求更高，故一般多用于结构紧凑、性能高效的小型储能设施。

2. 化学反应器

化学反应器是热化学储能系统的核心部件，所有的热化学反应都是通过化学反应完成的。其按物料的聚集状态可以分为均相反应器和非均相反应器；按操作方式可以间歇操作反应器和连续操作反应器；按物料在反应器内是否固定可分为固定床反应器和动态床反应器，其中动态床反应器又可分为流化床反应器和动力辅助反应器。各种反应器及其优劣势如表 5-3 所示。

表 5-3　反应器分类及其优劣势

反应器类型		适用条件	优势	劣势
固定床反应器	普通堆积床反应器	颗粒直径为 1.5～6.0mm，颗粒均匀	构造简单，无辅助能耗	导热性能差，释热过程易造成反应器内部热量积聚，从而使反应器内部温度过高，影响释热反应进程，影响反应器性能和效率
	整合气流通道反应器			
流化床反应器	普通流化床反应器	颗粒直径为 0.5～6.0mm，对颗粒均匀性无要求	利用流体通过储能材料颗粒，使颗粒处于悬浮运动状态，进行吸附/吸脱反应，对进入其中的储能材料颗粒大小、均匀性等要求低，反应物接触充分，有良好的传热性能，反应性能好	磨损严重，辅助能损耗
	循环流化床反应器			
	气动输运反应器			
动力辅助反应器	重力辅助反应器	颗粒直径为 1.0～5.0mm，颗粒均匀	储能材料借助自身重力或外加动力与流体充分混合，进行吸附/吸脱反应，多余的热量及时导出，有较强的传热能力和较好的反应性能，也使用于易吸水液化结晶的储能材料，能效比高	构造复杂，成本较高，并需要定期维护
	扭力辅助反应器			

　　固定床反应器又称为填充床反应器，是一种填装有固体催化剂或固体反应物以实现多相反应的反应器。固体反应物通常呈颗粒状，堆积成一定高度的床层。床层静止不动，流体通过床层进行反应。固定床反应器主要用于实现气/固相催化反应，如催化重整、氨合成等。此外，不少非催化的气/固相反应也都采用固定床反应器。

　　流化床反应器是一种利用气体或液体通过颗粒状固体层而使固体颗粒处于悬浮运动状态，并进行气/固相反应过程或液/固相反应过程的反应器，在用于气/固系统时，又称沸腾床反应器。热化学储能可以应用于太阳能热力发电。太阳能热化学储能发电系统主要有太阳能集热器、热化学储能系统和热电转换装置。热化学储能系统中的热化学反应器是太阳能热化学储能发电系统的主要部件。对于特定的化学反应，需要复杂的反应器是限制热化学储能应用的重要原因之一。太阳能热化学储能系统将太阳能和反应器相结合，所以热化学反应器不同于传统的反应器。

　　太阳能热化学反应器根据操作方式不同，可以分为直接操作式反应器和间接操作式反应器。直接操作式反应器中，传热流体直接流过反应床的表面并将热量直接传递给反应物，所以传热效果比较好，但带来反应床内部的高压降，尤其当系统被放大时，这种操作方式很不经济。间接操作式反应器中，传热流体通过热交换器将热量传递给反应物，避免反应床内的高压降，但是采用间接操作式反应器也有一定的缺陷，例如，某些储热材料的低热导率所导致的反应床内较差的传热性能。

　　根据反应物受热方式不同，可以将热化学反应器分为间接辐射式反应器和直接辐射式反应器。在间接辐射式反应器中，吸收的太阳辐射用于加热传热流体，然后高温的传热流体再将热量传递给反应物。然而，对于直接辐射式反应器，所吸收的太阳辐射直接加热反应物，无需换热器。

与间接辐射式反应器相比，直接辐射式反应器能够给反应物提供充足的太阳辐射，但需要一个透明的窗口，这就使反应器结构较间接辐射式结构复杂。最典型的一个直接辐射式反应器就是回转窑反应器，它已被应该用于多个领域，与其他反应器相比，回转窑反应器具有很多优点：旋转会加强反应物间的传热传质，增强颗粒的运动，有效缓解颗粒聚集的问题可以有效地减少辐射热损失，并且获得相对均匀的内壁温度。

Wierse 等[22]将镁/氢化镁系统使用在了一个小型的太阳能电站中，利用收集到的一部分太阳能使氢化镁分解，分解产生的氢气在压力容器或者在低温金属合金中储存，其余部分收集到的太阳能通过发电装置来产生电能。在没有太阳能的夜晚或者阴雨天气，将氢气与镁粉混合反应放出热量供发电装置来产生电能。在发电装置与蓄热系统之间，作者设置了两根加热管来传递热量，系统在 300～480℃工作。实验室原型系统中存有 20kg 镁粉，约蓄热 12kW·h。沈丹等[23]专门针对镁/氢化镁系统的吸/放热过程及稳定性等进行了实验研究，得到了系统放热中温度、蓄热进度等关系；还对 CaO/Ca(OH)$_2$ 蓄热系统的微观原理进行了研究，包括添加 Li 对蓄热过程的影响等，发现添加 Li 可以使得分子间的能量势降低，从宏观上讲可以降低反应温度，提高反应速率。

此外，还有使用氨合盐的反应来进行化学储热的研究，其中有一个 10MW 的氨基热化学储能式太阳能热电站的系统概念设计图最为有名，整个系统由太阳能集热部分、氨分解器、氨合成器以及朗肯动力循环装置组成。

本 章 小 结

本章介绍了热化学储能是利用物质的可逆吸/放热化学反应进行热量的存储与释放的基本原理，其适用的温度范围比较宽，储热密度大，可以应用在中高温储热领域；着重介绍了几种典型的热化学储能的材料，包括水合盐、氢氧化物、氢化物、甲烷/二氧化碳重整、氨基热化学储能碳酸化学物和氧化还原反应等，并总结了热化学储能材料选取的标准；最后，介绍了设计一个性能优越的热化学储能系统时需要考虑化学反应、系统分析、传热性能、过程工程学和材料等方面。

习 题

1. 简述热化学储能的基本原理。
2. 热化学储能材料主要有哪些？其选取标准是什么？
3. 请说明热化学储能的应用场景。
4. 阐述热储能与热化学储能的异同点。
5. 化学反应器是热化学储能系统的核心部件，请说明其具体的分类及不同反应器的优劣势。
6. 查阅资料，分析热化学储能技术的局限性。
7. 不同类型储能材料的原理不一样，请选择 3 种典型材料进行详细分析。
8. 查阅资料，分析氨基热化学储能的应用领域及发展前景。

参 考 文 献

[1] GANTENBEIN P. Fundamental geometrical system structure limitations in a closed adsorption heat storage system[C]. The lst international conference on solar heating, cooling and buildings, Lisbon, 2008.

[2] VISSCHER K, VELDHUIS J. Comparison of candidate materials for seasonal storage of solar heat through dynamic simulation of building and renewable energy system[C]. Ninth international IBPSA conference, Montreal, 2005.

[3] HONGOIS S, KUZNIK F, STEVENS P, et al. Development and characterisation of a new $MgSO_4$–zeolite composite for long-term thermal energy storage[J]. Solar energy materials and solar cells, 2011, 95(7): 1831-1837.

[4] POSERN K, KAPS C. Calorimetric studies of thermochemical heat storage materials based on mixtures of $MgSO_4$ and $MgCl_2$[J].Thermochimica acta, 2010, 502 (1/2):73-76.

[5] BALASUBRAMANIAN G, GHOMMEM M, HAJJ M R, et al. Modeling of thermochemical energy storage by salt hydrates[J]. International journal of heat and mass transfer, 2010, 53(25/26): 5700-5706.

[6] GHOMMEM M, BALASUBRAMANIAN G, HAJJ M R, et al. Release of stored thermochemical energy from dehydrated salts[J]. International journal of heat and mass transfer, 2011, 54(23/24): 4856-4863.

[7] 李靖华, 白同春. 碱土金属氢氧化物热分解反应贮存太阳能的研究[J]. 太阳能学报, 1986, 7(3): 303-315.

[8] AZPIAZU M N, MORQUILLAS J M, VAZQUEZ A. Heat recovery from a thermal energy storage based on the Ca(OH)$_2$/CaO cycle[J]. Applied thermal engineering, 2003, 23(6): 733-741.

[9] KATO Y, KOBAYASHI K, YOSHIZAWA Y. Durability to repetitive reaction of magnesium oxide/water reaction system for a heat pump[J]. Applied thermal engineering, 1998, 18(3/4): 85-92.

[10] KATO Y, TAKAHASHI R, SEKIGUCHI T, et al. Study on medium-temperature chemical heat storage using mixed hydroxides[J]. International journal of refrigeration, 2009, 32(4): 661-666.

[11] BOGDANOVIĆ B, HOFMANN H, NEUY A, et al. Ni-doped versus undoped Mg–MgH$_2$ materials for high temperature heat or hydrogen storage[J]. Journal of alloys and compounds, 1999, 292(1/2): 57-71.

[12] BOGDANOVIĆ B, REISER A, SCHLICHTE K, et al. Thermodynamics and dynamics of the Mg-Fe-H system and its potential for thermochemical thermal energy storage[J]. Journal of alloys and compounds, 2002, 345(1/2): 77-89.

[13] DE RANGO P, CHAISE A, CHARBONNIER J, et al. Nanostructured magnesium hydride for pilot tank development[J]. Journal of alloys and compounds, 2007, 446: 52-57.

[14] CHAISE A, DE RANGO P, MARTY P, et al. Enhancement of hydrogen sorption in magnesium hydride using expanded natural graphite[J]. International journal of hydrogen energy, 2009, 34(20): 8589-8596.

[15] GOKON N, OKU Y, KANEKO H, et al. Methane reforming with CO_2 in molten salt using FeO catalyst[J]. Solar energy, 2002, 72(3): 243-250.

[16] KODAMA T, KOYANAGI T, SHIMIZU T, et al. CO_2 Reforming of methane in a molten carbonate salt bath for use in solar thermochemical processes[J]. Energy & fuels, 2001, 15(1): 60-65.

[17] KATO Y, YAMADA M, KANIE T, et al. Calcium oxide/carbon dioxide reactivity in a packed bed reactor of a chemical heat pump for high-temperature gas reactors[J]. Nuclear engineering and design, 2001, 210(1):1-8.

[18] KYAW K, SHIBATA T, WATANABEF, et al. Applicability of zeolite for CO_2 storage in a CaO-CO_2 high temperature energy storage system[J]. Energy conversion and management, 1997, 38(10/11/12/13): 1025-1033.

[19] BOWREY R G, JUTSEN J. Energy storage using the reversible oxidation of barium oxide[J]. Solar energy, 1978, 21(6): 523-525.

[20] CARRILLO A J, MOYA J, BAYÓN A, et al. Thermochemical energy storage at high temperature via redox cycles of Mn and Co oxides: pure oxides versus mixed ones[J]. Solar energy materials and solar cells, 2014, 123:47-57.

[21] BLOCK T, KNOBLAUCH N, SCHMÜCKER M. The cobalt-oxide/iron-oxide binary system for use as high temperature thermochemical energy storage material[J]. Thermochimica acta, 2014, 577:25-32.

[22] WIERSE M, WERNER R, GROLL M. Magnesium hydride for thermal energy storage in a small-scale solar-thermal power station[J]. Journal of the less common metals, 1991, 172:1111-1121.

[23] 沈丹, 赵长颖. 镁/氢化镁储热系统放热过程优化分析[J]. 储能科学与技术, 2014, 3(1): 36-41.

第6章

压缩/液化空气储能

6.1 压缩空气储能原理和特点

储能系统一般通过一定的介质存储能量,在需要时将所存能量释放,以提高能量系统的效率、安全性和经济性。储能系统一般要求储能密度高、充放电效率高、单位储能投资小、存储容量和储能周期不受限制等。目前已有众多电力储能技术,但由于容量、储能周期、能量密度、充放电效率、寿命、运行费用、环保等原因,迄今已在大规模(如100MW以上)商业系统中运行的电力储能系统只有抽水蓄能电站和压缩空气储能系统两种。

压缩空气储能系统是一种能够实现大容量和长时间电能存储的电力储能系统,它通过压缩空气储存多余的电能,在需要时,将高压空气释放通过膨胀机做功发电。自从1949年Stal Lava提出利用地下洞穴实现压缩空气储能以来[1],国内外学者开展了大量的研究和实践工作。我国虽然对压缩空气储能系统的研发起步较晚,但随着电力负荷峰谷比快速增加、可再生能源特别是风力发电的迅猛发展,迫切需要研究开发一种除抽水电站之外,能够大规模长时间储能的技术。因此,对压缩空气储能系统的研究已经得到相关科研院所、电力企业和政府部门的高度重视,是目前大规模储能技术的研发热点。

压缩空气储能系统是基于燃气轮机技术发展起来的一种能量存储系统。图6-1为燃气轮机的工作原理图,空气经压气机压缩后,在燃烧室中利用燃料燃烧加热升温,然后高温高压燃气进入透平膨胀做功。燃气轮机的压气机需消耗约2/3的透平输出功,因此燃气轮机的净输出功远小于透平的输出功。压缩空气储能系统(图6-2)的压缩机和透平不同时工作,在储能时,压缩空气储能系统耗用电能将空气压缩并存于储气室中;在释能时,高压

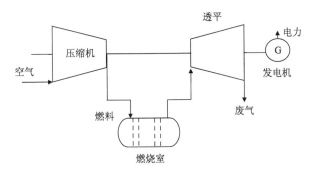

图 6-1 燃气轮机系统工作原理图

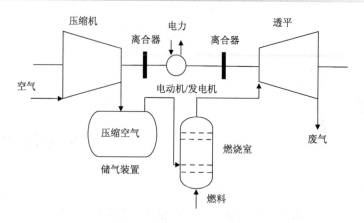

图 6-2　压缩空气储能系统原理图

空气从储气室释放，进入燃烧室利用燃料燃烧加热升温后，驱动透平发电。由于储能、释能分时工作，在释能过程中，并没有压缩机消耗透平的输出功，因此，相比于消耗同样燃料的燃气轮机系统，压缩空气储能系统可以多产生 1 倍以上的电力。

　　压缩空气储能系统的热力学工作过程主要包括压缩过程、存储过程、加热过程、膨胀过程和冷却过程[1,2]。假定压缩空气储能的压缩和膨胀过程均为单级过程，其工作如图 6-3(a) 所示。

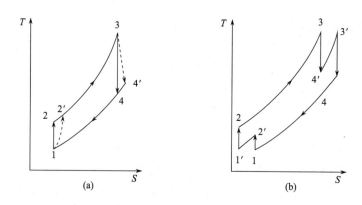

图 6-3　压缩空气储能系统的热力学工作过程

　　压缩过程：空气经压缩机压缩至高压，理想状态下空气的压缩过程为绝热过程 1-2，实际状态下为不可逆损失 1-2′。

　　储存过程：空气的存储过程，理想状态下为等容绝热过程，实际状态下，通常为等容冷却过程。

　　加热过程：高压空气经储气室释放，同燃料燃烧加热后成为高温高压空气；通常情况下该过程为等压吸热过程 2-3。

　　膨胀过程：高温高压的空气膨胀，驱动膨胀机发电；理想状态下空气的膨胀过程为绝热过程 3-4；实际状态下由于不可逆损失，空气的膨胀过程为 3-4′。

　　冷却过程：空气膨胀后排入大气，然后下次压缩时经大气吸入；这个过程一般为等压冷却过程 4-1。

压缩空气储能系统和燃气轮机系统的工作过程类似，但也存在区别，主要包括：

(1)燃气轮机系统中各过程为连续进行的，即压缩-加热-膨胀-冷却(1-2-3-4)形成一个回路；而压缩空气储能系统的压缩过程(1-2)、加热和膨胀过程(2-3-4)是不连续进行的，中间为存储过程。

(2)燃气轮机系统没有存储过程。压缩空气在储气室的存储过程在图 6-3 中没有示出，一般情况下压缩空气在存储过程中的温度会有所降低，而容积保持不变，因此是一个定容冷却过程。

实际工作过程中，常采用多级压缩和级间/级后冷却、多级膨胀和级间/级后加热的方式，其过程如图 6-3(b)所示，其中，过程 2′-1′和过程 4′-3′分别表示压缩过程的级间冷却过程和膨胀过程级间加热过程。

6.2　压缩空气储能性能评价

1. 热耗

压缩空气储能系统的热耗(heating rate, HR)是指系统发电过程总消耗热量 Q_f 与膨胀机的总膨胀功 W_t 之比：

$$HR = Q_f / W_t \tag{6-1}$$

热耗 HR 反映系统每发 1kW·h 电所消耗燃料的数量，压缩空气储能系统的热耗越低，说明单位产能下的燃料消耗量越少，系统的热效率则越高。在设计选择中，对发电热耗影响最大的是热回收系统。换热器使系统能够捕获从低压涡轮的废气余热中预热收回的空气。无热回收系统下压缩空气储能的热耗一般为 5500～6000kJ/(kW·h)，采用换热器的热耗通常是 4200～4500kJ/(kW·h)。相比之下，传统燃气轮机消耗的燃料约为 9500kg/(kW·h)，主要是因为电力输出的 2/3 用于压缩机的运行，而压缩空气储能系统能够单独提供压缩能源，所以其可实现的热耗要低得多。

2. 电耗(electrical release, ER)

压缩空气储能系统的电耗是指压气阶段压缩机的总压缩功 W_c 与发电阶段膨胀机的总膨胀功 W_t 之比：

$$ER = W_c / W_t \tag{6-2}$$

由式(6-2)可以看出，压缩空气储能系统的电耗反映单位产出能所消耗的电能，电耗越低，说明压缩空气储能单位发电消耗的电能越少，其系统的总效率越高。

3. 总效率

压缩空气储能系统的总效率(η_{ee})是指系统总输出功与总输入能量($Q_f + W_c$)之比：

$$\eta_{ee} = W_t / (Q_f + W_c) = 1 / (ER+HR) \tag{6-3}$$

系统的总效率 η_{ee} 将压气单元消耗电能与发电单元消耗热能综合考虑在一起，反映压缩空气储能对能量的总利用效率，其在数值上也等于电耗与热耗之和的倒数。

4. 电能存储效率

压缩空气储能系统的电能存储效率(η_{es})反映系统对电能的存储、转换效率，表达式如下：

$$\eta_{es} = W_t / (\eta_{sys} Q_f + W_c) \tag{6-4}$$

式中，η_{sys} 为系统效率，是发电系统中热能转化成电能的转换效率，与发电系统的种类有关。一般地，燃煤电站或常规燃气电站的系统效率接近 40%～55%。

6.2.1 技术特点

表 6-1 对比了不同储能系统的性能和参数，同其他储能技术相比，压缩空气储能系统具有容量大、工作时间长、经济性能好、充放电循环多等优点，具体包括：

（1）压缩空气储能系统适合建造大型储能电站（>100MW），仅次于抽水蓄能电站；压缩空气储能系统可以持续工作数小时乃至数天，工作时间长。

表 6-1 不同类型储能技术参数对比

系统	功率等级与连续发电时间		储能周期		成本		
	功率等级	连续发电时间	能量自耗散率	合适的储能期限	每千瓦成本/美元	每千瓦时成本/美元	每千瓦时·单次循环成本/美元
抽水蓄能	100～5000MW	1～24h	极低	小时～月	600～2000	5～100	0.1～1.4
压缩空气蓄能	5～300MW	1～24h	低	小时～月	400～800	2～50	2～4
飞轮储能	0～250kW	ms～15min	100%	秒～分钟	250～350	1000～5000	3～25
电容储能	0～50kW	ms～60min	40%	秒～小时	200～400	500～1000	
超级电容	0～300kW	ms～60min	20%～40%	秒～小时	100～300	300～2000	2～20
含水介质储冷	0～5MW	1～8h	0.50%	分钟～天		20～50	
低温储能	100kW～300MW	1～8h	0.5%～1.0%	分钟～天	200～300	3～30	2～4
高温储热	0～60MW	1～24h	0.5%～1.0%	分钟～月		30～60	

系统	能量和功率密度				寿命与循环次数		对环境的影响	
	W·h·kg^{-1}	W/kg	W·h·L^{-1}	W/L	寿命/年	循环次数	影响	描述
抽水蓄能	0.5～1.5		0.5～1.5		40～60		负面	水库建设破坏生态系统
压缩空气蓄能	30～60		3～6	0.5～2.0	20-40		负面	天然气燃烧排放污染物
飞轮储能	10～30	400～1500	20～80	1000～2000	约15	20000以上	几乎没有	
电容储能	0.05～5	约100000	2～10	100000以上	约5	50000以上		产生污染物
超级电容	2.5～1.5	500～5000		100000以上	20以上	100000以上		
含水介质储冷	80～120		80～120		10～20		小	
低温储能	150～250	10～30	120～200		20～40		积极	液化过程去除空气中污染物（储电）
高温储热	80～200		120～500		5～15		小	

(2) 压缩空气储能系统的建造成本和运行成本均比较低，远低于钠硫电池或液流电池，也低于抽水蓄能电站，具有很好的经济性。

(3) 压缩空气储能系统的寿命很长，可以储/释能上万次，寿命可达 40～50 年；并且其效率最高可以达到 70% 左右，接近抽水蓄能电站。

表 6-1 也指出了压缩空气储能系统的缺点，具体包括：

(1) 传统的压缩空气储能系统仍然依赖燃烧化石燃料提供热源，一方面面临化石燃料逐渐枯竭和价格上涨的威胁，另一方面其燃烧仍然产生氮化物、硫化物和二氧化碳等污染物，不符合绿色 (零排放)、可再生的能源发展要求。

(2) 压缩空气储能系统需要特定的地理条件建造大型储气室，如岩石洞穴、盐洞、废弃矿井等，大大限制了压缩空气储能系统的应用范围。

6.2.2 应用领域

压缩空气储能系统是一种技术成熟、可行的储能方式，在电力的生产、运输和消费等领域里有广泛的应用价值，具体功能如下。

削峰填谷：发电企业可利用压缩空气储能系统存储低谷电能，并在用电高峰时释放使用以实现削峰填谷。

平衡电力负荷：压缩空气储能系统可以在几分钟内从启动达到全负荷工作状态，远短于普通的燃煤/燃油电站的启动时间，因此更适合作为电力负荷平衡装置。

需求侧电力管理：在实行峰谷差别电价的地区，需求侧用户可以利用压缩空气储能系统储存低谷低价电能，然后在高峰高价时段使用，从而节约电力成本，获得更大的经济效益。

应用于可再生能源：利用压缩空气储能系统可以将间歇的可再生能源拼接起来，以形成稳定的电力供应。

备用电源：压缩空气储能系统可以建在电站或者用户附近，作为线路检修、故障或紧急情况下的备用电源。

压缩空气储能系统的主要应用领域如下。

常规电力系统：大规模压缩空气储能系统的最重要的应用就是电网调峰和调频。用于调峰的压缩空气储能电站可分为两类：在电网中独立运行的压缩空气储能电站和与电站匹配的压缩空气储能电站。压缩空气储能电站也可以像其他燃气轮机电站、抽水蓄能电站和火电站一样起到调频作用，由于其用的是低谷电能，可作为电网第一调频电厂运行，当其与其他储能技术如超级电容、飞轮储能结合时，调频的响应速度更快。

可再生能源系统：通过压缩空气储能系统可以将间断的和不稳定的可再生能源存储起来在用电高峰释放，起到促进可再生能源大规模利用和提供高峰电量的作用。具体形式包括与风电结合的压缩空气储能系统，与太阳能结合的压缩空气储能系统，以及与生物质结合的压缩空气储能系统等。

分布式能源系统：压缩空气储能系统可以用作负荷平衡装置和备用电源，从而解决分布式能源系统负荷波动大、系统故障率高的问题，而且由于压缩空气储能系统很容易同冷热电联供系统相结合，在分布式能源系统中将有很好的应用。

移动式能源系统：微小型和移动式压缩空气储能系统在汽车动力、UPS 电源等移动式能源系统中有很好的应用前景。

6.2.3 发展现状

目前，全球压缩空气储能行业呈现出稳步发展的态势。欧美等发达国家较早地开展了压缩空气储能技术的研究和示范项目建设，其中德国的 Huntorf 电站(1978 年投入商业运行)和美国的 McIntosh 电站(1991 年投入商业运行)是较早且较为成功的商业运行案例。这些项目的成功运行验证了压缩空气储能技术的可行性和经济性，为后续的大规模应用奠定了基础。

我国虽然在压缩空气储能领域起步较晚(21 世纪初)，但随着国家对新能源的重视和支持，我国的压缩空气储能的装机规模实现了跨越式的增长，从千瓦级起步，迅速扩展到兆瓦级、百兆瓦级，直至最近的 300MW 级压缩空气储能电站成功并网发电，标志着该技术正步入快速产业化发展的新阶段，形成了规模化建设与应用的新局面。2022 年 5 月，由清华大学、中国盐业集团有限公司和中国华能集团有限公司联合建设的世界首个非补燃压缩空气储能电站——江苏金坛盐穴压缩空气储能国家试验示范项目正式投入商业运营。该项目是我国压缩空气储能领域唯一国家示范项目和首个商业电站项目，一期储能、发电装机均为 60MW，远期建设规模达到 1000MW。

2022 年 9 月，国际首套百兆瓦先进压缩空气储能国家示范项目并网发电，该项目总规模为 100MW/400MW·h，核心装备自主化率 100%，每年可发电 1.32 亿 kW·h 以上，能够在用电高峰为约 5 万户用户提供电力保障，每年可节约标准煤 4.2 万吨，减少二氧化碳排放 10.9 万吨，是目前世界单机规模最大、效率最高的新型压缩空气储能电站。

2024 年 4 月，湖北应城 300MW 级压缩空气储能电站示范工程并网发电，该项目的关键核心技术装备实现 100%国产化，攻克了工艺系统集成、地下储气库建造、关键装备研发等诸多难题。储能容量达 1500MW·h，系统转换效率约 70%，是世界首台(套)300MW 级压缩空气储能电站。

6.2.4 技术分类

近年来，关于压缩空气储能系统的研究和开发一直非常活跃，先后出现了多种形式的压缩空气储能系统。根据分类标准的不同，可以做如下 3 种分类。

(1)根据压缩空气储能系统的热源不同，可以分为燃烧燃料的压缩空气储能系统、带储热的压缩空气储能系统、无热源的压缩空气储能系统。

(2)根据压缩空气储能系统的规模不同，可以分为大型压缩空气储能系统，单台机组规模为 100MW 级；小型压缩空气储能系统，单台机组规模为 10MW 级；微型压缩空气储能系统，单台机组规模为 10kW 级。

(3)根据压缩空气储能系统是否同其他热力循环系统耦合，可以分为传统压缩空气储能系统、压缩空气储能-燃气轮机耦合系统、压缩空气储能-燃气蒸汽联合循环耦合系统、压缩空气能-内燃机耦合系统、压缩空气储能-制冷循环耦合系统、压缩空气储能-可再生能源耦合系统。

压缩空气储能系统还可以方便地同太阳能和生物质能耦合。例如，压缩空气储能-太阳能热发电耦合系统既可以节省压缩空气储能系统的燃料成本，又可以提高太阳能热发电系统的稳定性。压缩空气储能系统也可以方便地同太阳能光伏发电电站耦合，以缓解光伏发电的间断性特点，稳定光伏发电的并网电量。如果采用生物质代替天然气作为压缩空气储能的燃料，将可以减少系统温室气体的排放，并降低系统对天然气供应的依赖。生物质一般首先气化为合成气，然后应用到压缩空气系统中。如果计及政府对生物质发展的补贴，以及相对较低的温室气体排放节省的费用，那么将可以充分弥补因采用生物质燃料增加的费用，生物质成为很有吸引力的技术。

6.3　液化空气储能原理和特点

6.3.1　液化空气储能原理

液化空气储能(liquid air energy storage, LAES)技术是一种利用液态空气或液态氮气作为储能介质的深冷储能技术，同时，储能介质也是储能和释能过程的工质。储能时，电能将空气压缩、冷却并液化，同时存储该过程中释放的热能，用于释能时加热空气；释能时，液态空气被加压、气化，推动膨胀机发电，同时存储该过程的冷能，用于储能时冷却空气。

该系统主要包括空气液化子系统(即储能子系统)、冷热循环子系统和膨胀发电子系统(释能子系统)，主要设备构成有空压机组、循环压缩机组、空气净化装置、换热/冷器、制冷膨胀机、储热储冷装置、深冷泵、蒸发器、膨胀发电机组和控制系统等。其工作流程如图 6-4 所示。

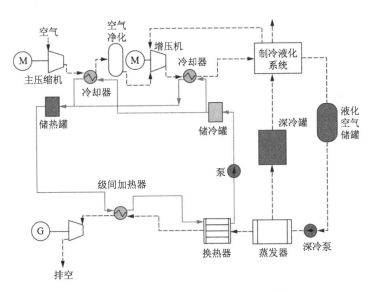

图 6-4　液化空气储能系统工作流程[3]

(1)空气液化子系统。空气液化子系统主要进行空气净化、压缩、加压、降温降压液化，最终产生的液化空气存储于液化空气储罐中。在空气液化子系统中，空气先经过主压缩机升压，再通过净化设备去除空气中的灰尘、水和 CO_2 等物质；净化后的空气通过循环增压机增压至一定压力后，进入换热设备冷却；气液分离将已液化的空气导入液化储罐存储，未液化的深冷空气则回流到辅助设备进行空气液化，通过多次换热和膨胀冷却后，空气温度降低至液化点温度附近，在对应的饱和压力条件下，空气被液化并存储到液化空气储罐中。

（2）冷热循环子系统。冷热循环子系统的主要功能是热能储存和高效利用、冷能存储和高效利用。热能储存和高效利用：回收压缩过程的高温热能，用于提升膨胀机入口的空气温度，提高膨胀发电能力。冷能存储和高效利用：蒸发过程的冷能回收，用于降低空气液化过程的耗能。

（3）膨胀发电子系统。膨胀发电子系统主要进行液化空气的升压、气化，以及高压空气的升温，产生的高温高压气体进入膨胀机发电做功。在膨胀发电子系统中，通过深冷泵将液体罐中的液化空气加压后送入气化器；在气化器中完成液态空气的气化过程；气化成高压空气后，气态空气经过多次加热至较高的温度，进入膨胀机发电做功。膨胀过程中，为增加膨胀发电子系统的输出功率，提升系统整体效率，压缩空气采用多级膨胀，并利用压缩热对膨胀机入口空气再热。

液化空气产生的高压气体不仅能够直接驱动空气透平，而且可以供给燃烧室间接驱动燃气透平[4]，因此一些学者认为液化空气储能技术是常规压缩空气储能技术的一种升级版本。然而从理论上讲，液化空气储能技术主要是一种基于气液相变过程的储冷技术。通常来说，气液相变材料并不适合于储能应用，因为气相密度非常小，需要非常大的储存容积。然而空气作为储热材料时，仅在其液态下需要特定的容器存储，解决了压缩空气储能中高压存储困难的问题。同时，低温下空气或氮气的液化及存储技术已有很长的应用历史，因此液化空气储能是一种实用可行的大容量储能技术。世界最大液化空气储能示范项目位于我国海西州格尔木市东出口光伏园区，计划于 2024 年整体并网发电。该项目储能功率为 6 万千瓦，储能电量为 6kW·h，配建光伏 25 万千瓦、110kV 升压站 1 座，于 2023 年 7 月 1 日开工建设。

6.3.2 液化空气储能过程能量计算

液化空气储能技术在本质上是一种储冷技术，该技术比储热具有更高的㶲效率，以显热储热/冷为例，假设储热材料本身的比定压热容 c_p 恒定，其在储热/冷过程中的温度变化为ΔT，则其储存的热量ΔQ为

$$\Delta Q = c_p \Delta T \qquad (6\text{-}5)$$

假设过程可逆，则其㶲值的变化可表示为

$$dE = dH - T_a dS = dH - T_a \frac{\delta Q}{T} \qquad (6\text{-}6)$$

式中，T_a为环境温度；H为材料的焓值；T为温度。将式中从温度T_a至温度$T_a + \Delta T$积分可得储热过程中储热材料本身㶲值的变化：

$$\Delta E = c_p \left(\Delta T - T_a \cdot \ln \frac{T_a + \Delta T}{T_a} \right) \qquad (6\text{-}7)$$

合并式（6-5）与式（6-7）可得到储存于储热材料的热/冷能中值的比例（η）为

$$\eta = \frac{\Delta E}{|\Delta Q|} = \frac{\Delta T - T_a \cdot \ln \dfrac{T_a + \Delta T}{T_a}}{|\Delta T|} \qquad (6\text{-}8)$$

假定环境温度为 25℃，从式（6-4）的计算结果（图 6-5）可以看出，在相同的温度变化条

件下，储冷比储热具有更高的㶲存储密度[5]。

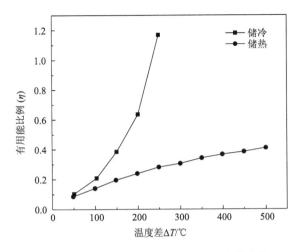

图 6-5　储热/储冷中有用能比例随温度差变化

表 6-2 比较了一些常用储热/储冷介质的比热容、潜热和㶲密度。可以看出，虽然深冷液体其他储热材料具有大致相同的比热容和相变熔，但其密度却要大得多，这是低温储能技术的优势。

表 6-2　常用储热/储冷介质的比热容、潜热和㶲密度的比较

储热/储冷介质	储热/储冷方式	比热容/[kJ/(kg·K)]	相变/工作温度/℃	潜热/(kJ/kg)	㶲密度/(kJ/kg)
岩石	S	0.84～0.92	1000		455～499
金属铝	S	0.87	600		222
金属镁	S	1.02	600		260
金属锌	S	0.39	400		52
液态氮	S+L	1.0～1.1	−196	199	762
液态甲烷	S+L	2.2	−161	511	1081
液态氢	S+L	11.3～14.3	−253	449	11987
硝酸钠	L		307	182	89
硝酸钾	L		335	191	97
40%硝酸钾+60%硝酸钠	S	1.5	290～550	N	220
氢氧化钾	L		380	150	82
碳酸钾	L		897	236	176
38.5%氯化镁+61.5%氯化钠	L		435	328	190

注：S 表示显热储能；L 表示相变储能；N 表示数据不可用。

相较于压缩空气储能，液化空气储能单位体积和单位质量的储能密度要高得多，因此液化空气储能设备的安装可以摆脱地理条件的限制，尤其在末端电网的应用方面具有很大优势。当环境压力为 1.0bar，温度为 25℃，压缩空气的储存压力低于 100bar 时，液化空气

的质量密度仅是压缩空气的 1.5～3 倍，但体积储能密度高达压缩空气的 10 倍以上，几乎与当前最先进的电池储能密度相当，并且液化空气/氮气的大容量存储技术的单元设备已较为成熟，因此液化空气储能在大容量储能方面的推广和应用方面具有很大的潜力。

6.3.3 储能系统电-电效率分析

系统电-电效率定义为系统净发电量与输入电能的比值：

$$\eta = \frac{W_{out}}{W_{in}} = \frac{W_t \eta_g - W_{self2}}{W_c / \eta_m + W_{energe} + W_{self1}} \tag{6-9}$$

式中，η 为系统储能效率；W_{out} 为系统净输出电能；W_{in} 为系统净输入电能；W_t 为膨胀机组输出总机械能；W_c 为压缩机组消耗总机械能；W_{self1} 为储能阶段系统自身附件消耗电能；W_{self2} 为释能阶段系统自身附件消耗电能；W_{energe} 为系统消耗的其他形式能（如热能）；η_g 为发电机效率；η_m 为电动机效率。

其中，压缩机组消耗总机械能为各级压缩机耗功之和：

$$W_c = \sum_{i=1}^{N} W_{i,c} = \sum_{i=1}^{N} P_{i,c} \, time_{dis} = \sum_{i=1}^{N} c_{p,air} m_{c,air} \, time_{dis} T_{cin} \left(\beta_{i,c}^{\frac{n-1}{n}} - 11 - \frac{1}{\beta_{i,c}^{\frac{n-1}{n}}} \right) \tag{6-10}$$

式中，$W_{i,c}$ 为压缩机第 i 级耗功；$P_{i,c}$ 为压缩机第 i 级功率；N 为压缩机总级数；$time_{dis}$ 为充电时长；$c_{p,air}$ 为空气比定压热容；$m_{c,air}$ 为压缩机空气质量流量；T_{cin} 为压缩机空气入口温度；$\beta_{i,c}$ 为第 i 级压缩比；n 为多变因子。

膨胀机组输出总机械能为各级透平输出功率之和：

$$W_t = \sum_{i=1}^{N} W_{i,t} = \sum_{i=1}^{N} P_{i,t} \, time_{cha} = \sum_{i=1}^{N} c_{p,air} m_{t,air} \, time_{dis} T_{tin} \left(1 - \frac{1}{\beta_{i,t}^{\frac{n-1}{n}}} \right) \tag{6-11}$$

式中，$W_{i,t}$ 为膨胀机第 i 级输出功；$P_{i,t}$ 为膨胀机第 i 级输出功率；$time_{cha}$ 为发电时长；$m_{t,air}$ 为膨胀机空气质量流量；T_{tin} 为膨胀机空气入口温度；$\beta_{i,t}$ 为第 i 级膨胀比。

6.4 液化空气储能技术评价

深冷液化空气储能技术具有如下特点：①储能密度高。深冷液化空气储能系统中，空气以液态存储，储能密度为 $60～120(W \cdot h)/L$，是高压储气的 20 倍。②储能容量大。发电功率为 $10～200\ MW$，单机储能容量可达百兆瓦·时。③存储压力低。空气以常压存储，低压罐体安全性高，存储成本低。④不受地理条件限制。可实现地面罐式的规模化存储，彻底摆脱了对地理条件的依赖。⑤寿命长。深冷液化空气储能系统主设备为压缩机、膨胀机以及空分液化部分设备，使用寿命约 30 年，全寿命周期成本低。⑥充分回收利用了余热、余冷，系统效率可达 50%～60%。如果系统可以接入外界的余热（电厂或其他工业余热）或者余冷（液化天然气(liquefied natural gass, LNG)或者液化空气公司）资源，其储能综合效率还可以进一步提高。

6.4.1 液化空气储能技术与其他储能技术的比较

液化空气储能是一种解耦型的能量存储技术，它在大规模(10MW 级以上)和长时间运行(数小时以上)的能源管理等应用方面更具有优势，如电网的削峰填谷、负荷跟踪以及备用应急电源等。下面将在技术性能(如技术成熟度、功率、效率、能量密度和响应时间等)和经济性能(如容量成本、续航时间、环境影响等)两方面将液化空气储能技术与其他解耦型技术，特别是抽水蓄能、压缩空气储能、液流电池、储热和压缩储氢等技术进行比较。

1. 技术性能比较

在技术性能方面，解耦型储能技术中只有抽水蓄能得到了大规模的应用。压缩空气储能和储热已经有实际应用，但是仍然不广泛。液化空气储能、液流电池和储氢技术等目前处于商业示范阶段，尚没有大规模的应用。

解耦型储能技术的能量存储量取决于储能介质的多少，即由储罐大小决定，因而容易实现长时间的释能过程，而其充/释能功率则由其能量转化装置的性能决定。抽水蓄能的能量转化装置主要由水轮机和水泵组成，其充/释能功率可达吉瓦级。压缩空气储能、储热和液化空气储能一般采用传统的燃气轮机或汽轮机释能，其释能功率也可以达到数百兆瓦。液流电池和储氢通过电化学方法进行能量转化，因而单机功率达到兆瓦级比较困难。

从储能系统的效率看，液流电池和抽水蓄能的效率可达 65%～85%，压缩空气储能和液化空气储能由于受压缩机和透平机的效率限制，其系统效率为 50%～75%；储氢的系统效率一般在 60%左右；储热技术效率取决于应用，若终端应用是热，则 95%以上效率比较正常，若终端需求完全是电，且不使用热泵技术，也不利用余热，则效率介于 35%～45%。

对于解耦型储能技术，能量存储介质可独立于能量转化设备之外，因而储能介质的能量密度越大，单位容量的能量所需的储存体积和/或重量就越小，系统成本和耗损等越低。考虑体积能量密度((W·h)/L)，储氢技术可通过高压压缩、液化或物理/化学吸附等方式达到很高的体积能量密度(500～3000(W·h)/L)，但氢气极易燃，对储存容器的技术要求非常高，因此储氢技术的成本非常高。对于压缩储氢，由于氢气密度低，其质量储能密度并不高。液化空气储能的体积能量密度介于 120～200(W·h)/L，低于储氢的体积能量密度，但其质量储能密度比较高。液化空气储能的另一个突出优点是可在接近环境压力下存储，因而大大降低了存储装置及其维护成本。压缩空气储能和液流电池的体积储能密度都非常低(5～30(W·h)/L)，并且压缩空气存储需要很高的压力，这也是限制压缩空气储能发展的最主要原因之一。抽水蓄能的体积储能密度最低，只有 0.5～1.5(W·h)/L。

响应时间是衡量储能系统动态特性的一个重要参数。抽水蓄能和压缩空气储能的响应时间一般为 8～12min；中试实验结果表明，液化空气储能的响应时间为 2.5min 左右；液流电池和储氢(燃料电池)的响应时间可达秒级；如果使用旋转备用技术，抽水蓄能、压缩空气和液化空气储能的响应时间均可达到秒级。

2. 经济性能比较

功率成本(美元/kW)和容量成本[美元/(kW·h)]是比较不同解耦型储能技术经济性的主要参数。但由于储能系统的成本受诸如系统规模、地理位置、当地经济水平和劳动力成本、市场变化、当地气候和环境因素、相关运输和接入问题等因素的影响，简单评估一项特定技术的经济性比较困难，也不准确。因此，这里只对储能技术的经济性量级进行比较。

在解耦型储能技术中，功率成本主要由能量转化装置的成本决定。例如，目前储氢的功率成本最高，在 10000 美元/kW 以上，主要原因是其释能装置燃料电池的成本很高。其他解耦型储能技术如抽水蓄能、压缩空气储能、液化空气储能和储热等都是通过旋转机械实现能量转化(小型压缩空气储能和液化空气储能也可用往复式机械实现，其成本更低)，因此其功率成本大致相当，一般为 400~2000 美元/kW。液流电池通过电化学方法实现能量转化，由于膜的成本较高，其功率成本远高于抽水蓄能、压缩空气储能、液化空气储能和储热等，但比储氢要低很多。

由于解耦型储能技术的能量容量取决于储能装置的大小，与能量转化装置的功率大小相关度不高，因此简单利用储能系统的总体成本(包括能量转化装置的成本和存储装置的成本)来估计储能系统的容量成本并不科学，一个比较合理的指标是计算单位容量所需存储装置的成本，例如，抽水蓄能的单位蓄水量成本和液化空气储能的液化空气储罐的单位容积成本。尽管这方面数据的报道不多，但是由于压缩储氢和压缩空气储能需要保持高压，其装置的容量成本最高。抽水蓄能虽然可以利用天然大坝，但其能量密度低，所以装置的容量成本适中。液化空气储能、储热和液流电池均可在常压或低压下工作，因此容量成本最低。

如前所述，大规模抽水蓄能、压缩空气储能、储热和液化空气储能通过旋转机械实现能量转化，其系统寿命也主要取决于其主要机械部件的寿命，因此系统寿命一般较长，为20~60 年。储氢和液流电池通过电化学方法实现能量转化，其系统寿命要短一些，一般认为在 5~15 年。

6.4.2 液化空气储能技术在电力系统中的应用分析

1) 电源侧

(1)高效消纳新能源。

新能源发电发展迅速，国家能源局预计，到 2030 年非化石能源占一次能源消费总量的比重将达到 20%左右。新能源与能源互联网产业将迎来又一波发展的机遇。可再生能源发电具有波动性、间歇性和不可准确预测性等特点，其大规模接入给现有电力系统运行带来了巨大挑战。

深冷液化空气储能系统中空气以常压存储，完全摆脱了地理限制，可与光伏电站、风电场等新能源发电基地配套建设，用以平抑风电、太阳能等可再生能源发电的大尺度波动，降低其对电力系统的冲击，配合相应的协同控制技术，可有效提升发电基地自身的调峰能力，促进高效、规模化的新能源电力消纳，减少弃风、弃光，推进新能源高速发展。

(2) 配合发电厂调峰。

深冷液化空气储能系统容量灵活，发电功率为 10~200MW，除配置在新能源发电侧，深冷液化空气储能系统还可与传统热电厂、生物质能电厂、核电站联合建设，可以提升电厂的调峰能力及运行效率，减少因低负荷运行而造成的电厂能耗。另外，深冷液化空气储能系统还可有效利用电厂内余热资源，实现深冷液化空气储能系统的高效运行。

2) 电网侧

深冷液化空气储能系统容量可以达到百兆瓦级，发电时间可达数小时，是大容量能量型储能技术。其大容量、长时间的特性适用于削减电网负荷峰谷差，提高电网整体的运行效率，促进电网经济稳定运行；同时，还可以减少电网对发电设备的投资，提高电力设备的使用率，减小线路损耗。此外，LAES 还具有电网二次调频、调相、应急备用等功能，可提高供电可靠性及电能质量。

3) 负荷侧

深冷液化空气储能系统中的空气液化子系统可产生热能，膨胀发电子系统可产生冷能，在负荷侧配置深冷液化空气储能装置可用于电热冷联供，满足城市综合体、数据中心等重要负荷的综合用能需求，提高能量综合利用效率。

6.4.3 液化空气储能技术发展趋势

深冷液化空气储能技术利用电能将空气液化并存储，同时回收利用压缩过程中的余热及膨胀过程中的余冷，液化空气采用罐体常压低温存储，储能密度高、不再需要地下洞穴，摆脱了地理条件的限制。

液化空气储能技术作为一种新型的储能技术，具有很好的发展前景。2005 年，英国高瞻 (Highview) 公司联合伯明翰大学正式提出深冷液化空气储能技术。文献[6]研究了液化空气储能的热力学过程及效率、性能改进及过程优化；文献[7]提出了液化空气储能技术及其与风电场的匹配方法，分析了风能/液化空气储能系统的经济效益，为日益突出的风力发电与输电问题提供了一种解决方案。

2010 年，在伦敦附近的 Slough 建立了第一套 350kW/3MW·h 的深冷储能示范系统，该系统通过与生物质电站连接，以充分利用电厂余热。

压缩空气储能技术的总体发展趋势向着摆脱地理和资源条件限制、提高效率、降低成本的方向发展。传统压缩空气储能功率可达 100MW 以上，运行效率为 40%~50%，将高压气体存储在废弃矿洞或盐洞中，同时其效率的保障依赖于化石燃料的燃烧。先进绝热压缩空气储能采用多级压缩和热回收利用等技术，提高系统效率，设计效率可达 60% 左右，在大规模应用 (100MW 及以上) 时采用洞穴式储气方式，需要地理条件支撑，在无天然洞穴时可采用管线钢形式存储，中国已开展百兆瓦时示范工程建设。超临界空气储能还处于实验室研究阶段。深冷压缩空气储能在先进绝热空气储能基础上将压缩空气以液态存储，并回收利用压缩过程中的余热以及膨胀过程中的余冷，其储能密度高，预期运行效率为 50%~60%，且不依赖于地理条件，建设周期短，是压缩空气储能技术的发展趋势之一。

液化空气储能技术已展现出其广泛的应用前景，但由于深冷液化空气储能系统流程复杂，设备种类多、参数相互耦合，系统设计需要分析设备关键参数耦合关系及对系统整体性能的影响，并需要考虑当前设备的制造能力及今后的发展水平，研究深冷液化空气储能流程及设备优化设计，提升系统效率。未来一段时间内，液化空气储能系统研究重点如下。

(1) 宽范围、高温离心压缩机设计技术。深冷液化空气储能系统要求具有宽范围、变工况调节能力，但现有成熟压缩机组运行范围较窄，且各级均进行了级间冷却。考虑到不带冷却的压缩机组可获得更高品质的热能，而高品质热能的利用可大大提高系统效率，因此，需研究宽范围、高温离心压缩机设计技术，提升机组变工况能力及系统热能品质。

(2) 高能效紧凑化储冷技术。蓄冷系统冷能品质越高，储/释冷温差越小，深冷液化空气储能系统效率越高。因此，研发超低温蓄冷工质，兼顾高热导率、低黏度、宽温区传热等特点，以满足深冷蓄冷系统工作温度低、工作温度范围宽的要求并进行储冷过程的优化分析，减小储/释冷过程产生的温度差，提高蓄冷系统效率。

(3)高压高速级间再热式透平膨胀机技术。深冷液化空气储能系统膨胀机入口压力高达上百个大气压，并需要在较宽负荷范围内变工况运行。需研究其转子轴系动力学特性，形成高压高速、宽范围透平膨胀机设计技术，提升透平膨胀机效率及变工况工作能力。

(4)系统运行控制技术。研究液化空气储能系统接入电网的优化运行控制策略，包括考虑储能状态转换约束下的风光储能联合发电优化策略、调峰约束下液化空气储能与新能源联合优化运行策略，以及深冷空气储能冷热电联供控制策略，解决深冷液化空气储能建成后源网储能协调运行的难题。

(5)冷热联供技术及商业运行模式。空气储能除作为规模化储能外，其压缩过程存储的热可用于膨胀过程空气再热、就近用户供热、热制冷，膨胀机排出的高洁净度空气可用于新风补充。需要研究空气储能的冷热电气联供技术，提高系统综合能效，同时结合商业模式研究，提高其经济价值，使空气储能成为多能源服务的技术手段。

本 章 小 结

本章介绍了压缩空气储能技术和液化空气储能技术的原理、性能特点、发展现状、关键技术和发展趋势，总结如下。

(1)压缩空气储能系统通过压缩空气储存多余的电能，在需要时，将高压空气释放，通过膨胀机做功发电。压缩空气储能系统具有容量大、工作时间长、经济性能好、充放电循环多等优点，但存在依赖化石能源和大型储气室及效率偏低等挑战，是目前大规模储能技术的研发热点。压缩空气储能系统在电力的生产、运输和消费等领域具有多种用途和功能，包括削峰填谷、平衡电力负荷、用户侧电力管理、可再生能源接入和备用电源等，在常规电力系统、可再生能源、分布式供能系统，以及智能电网等领域具有广泛的应用前景。世界上多个国家在大力发展压缩空气储能技术，并已有两座电站投入商业运行。正在研发的压缩空气储能技术可以分为多种类型，根据系统的热源不同，可以分为燃烧燃料的压缩空气储能系统、带储热的压缩空气储能系统和无热源的压缩空气储能系统；根据系统的规模不同，可以分为大型、小型和微型压缩空气储能系统；根据是否同其他热力循环系统耦合，可以分为传统压缩空气储能系统、压缩空气储能-燃气轮机耦合系统、压缩空气储能-内燃机耦合系统、压缩空气储能-可再生能源耦合系统等。压缩机、膨胀机、储气装置、燃烧室或蓄热装置是压缩空气储能系统的关键部件，相关的设计与加工技术是提高压缩空气储能系统总体性能的关键技术。为应对压缩空气储能系统的技术挑战，即效率有待提高、依赖大型储气室和化石燃料，最近提出了新型蓄热式压缩空气储能系统、液化空气储能系统、超临界空气储能系统等新型压缩空气储能系统，是压缩空气储能系统的最新发展方向。

(2)独立的液化空气储能系统主要适用于大规模、能量型的应用；其释能单元可以用于小型应用，如交通运输；具有较高的体积和质量储能密度的特点，因而占地面积小，无特别的地质地理要求；其反应时间在 2.5min 左右，因而可参与电网的二次调频应用，如果使用旋转备用模式，也可用于一次调频；由于较低的临界温度和压力，以液化空气作为循环工质可以非常高效地利用低品位余热，这是液化空气储能技术的独有优势；液化空气储能技术是集成技术，关键部件非常成熟，预计寿命达 30～60 年，与其他技术集成的应用前景巨大。

习　题

1. 请阐述压缩空气储能的原理并画出其热力学工作过程。

2. 简述压缩空气储能和抽水蓄能在工作原理上的相似之处。

3. 液化空气储能技术与其他储能技术相比，有哪些优势？

4. 请查阅资料，解释为什么在相同的温度变化条件下，储冷比储热具有更高的㶲存储密度。

5. 请查阅资料，思考液化空气储能的发展方向，并评估其在大规模储能应用中的可行性。

6. 压缩空气储能与液压空气储能的异同点。

7. 压缩空气储能在哪些领域有实际应用？请举例说明。

8. 请阐述压缩空气储能-可再生能源耦合系统的工作过程。

9. 液化空气储能技术在电力系统中发挥了什么作用？

10. 压缩空气储能系统和燃气轮机系统的工作过程类似，但也存在区别，请问存在哪些区别？

11. 一压缩空气储能系统实际循环，压气机入口空气参数为 100kPa，22℃，出口参数为 600kPa，透平入口温度为 800℃。压气机绝热效率 η_{cs}=0.85。气体绝热流经透平过程中熵产为 0.098kJ/(kg·K)。工质为空气，视为理想气体，κ=1.4，c_p=1.03kJ/(kg·K)，R_g= 0.287 kJ/(kg·K)，求循环热效率。

参 考 文 献

[1] 张新敬, 陈海生, 刘金超, 等. 压缩空气储能技术研究进展[J]. 储能科学与技术, 2012, 1(1): 26-40.

[2] 陈海生, 刘金超, 郭欢, 等. 压缩空气储能技术原理[J]. 储能科学与技术, 2013, 2(2): 146-151.

[3] 徐桂芝, 宋洁, 王乐, 等. 深冷液化空气储能技术及其在电网中的应用分析[J]. 全球能源互联网, 2018, 1(3): 330-337.

[4] HUFF G, TONG N, FIORAVANTI R, et al. Characterization and assessment of novel bulk storage technologies: a study for the DOE Energy Storage Systems program[R]. (2011-04-01). https://www.osti.gov/biblio/1021589. doi: 10.2172/1021589.

[5] LI Y L, CHEN H S, DING Y L. Fundamentals and applications of cryogen as a thermal energy carrier: a critical assessment[J]. International journal of thermal sciences, 2010, 49(6): 941-949.

[6] NOURAI A. Large-scale electricity storage technologies for energy management[C]//IEEE power engineering society summer meeting. Chicago, 2002: 310-315.

[7] CROTOGINO F, MOHMEYER K U, SCHARF R. Huntorf CAES: more than 20 years of successful operation[C]//Proceedings of the solution mining research institute (SMRI) spring meeting. Orlando, 2001.

第7章

燃 料 储 能

近年来，随着中国经济进入高质量发展阶段，电力企业也迎来了新的发展阶段，节能减排、绿色发展成为电力企业发展新征程的首要任务，风电、水电等清洁能源发电技术被逐渐应用于发电行业中，减少污染物排放的同时，也为"双碳"目标的实现提供了条件。然而，由于风电、光电等可再生能源自身的供应不稳定，在电厂大规模投入使用后会对电网的安全性和供电的稳定性造成一定困难，当一定区域内电站的发电量大于电力系统的最大传输电量加负荷消耗电量时，会造成弃风、弃光等现象的发生，风电、光电的发电能力未能充分发挥。继弃光、弃风、弃水之后，核电消纳困难也愈演愈烈，个别机组不得不降功率运行，甚至停堆。据统计，2018 年全年弃水电量约 691 亿 kW·h，弃风电量约 277 亿 kW·h，弃光电量约 54.9 亿 kW·h，"三弃"电量共约 1023 亿 kW·h，超过同期三峡电站的发电量。国网能源研究院有限公司新能源与统计研究所副所长谢国辉表示，"三弃"现象主要是由可再生能源发展速度过快所致。特别是风电、光伏发电迅猛增长，导致可再生能源发展与调峰电源发展不协调、与电网发展不协调、与用电需求增长不匹配、与市场机制健全不同步的矛盾变得更加突出[1]。

为应对上述问题，可以将产生的弃电或燃煤电厂在非用电高峰时段运行多余负荷产生的电量作为用电来源，利用电解制氢、电解制氨、制甲醇技术，将电能转化为燃料以化学能的形式存储起来。这种方式既可以克服可再生能源发电间歇性的问题，增强电网的调峰能力，提升电厂灵活性，并实现长距离、长时间、大规模的储存。同时制备的碳中和燃料既能当作燃烧的能源，又是重要的化学品。在碳中和燃料中，氢燃料、氨燃料和醇燃料被广泛研究，故下面主要针对这些燃料来展开讨论。

7.1 燃料储能技术背景和概念

在国家碳达峰碳中和目标背景下，新能源替代是实现碳排放指标的关键，新能源占比逐步提升，过去十年，太阳能光伏发电和风力涡轮机发电都取得了显著进展，但大规模不稳定电源的接入对电网的稳定运行带来了挑战。由于风力发电、光伏发电等新能源发电易受到自然环境影响，呈现波动性和间歇性特征，难以满足电力系统并网要求，我国部分地区新能源供电大幅提升，远超消纳能力，而远距离输电和储能设备成本居高不下，导致大规模弃风弃光现象，造成资源浪费。随着以风电、光伏为代表的新能源发电量增加，新能源的消纳问题愈发突出，对储能的成本、时长和灵活性提出了更高要求。全国已有近 30个省份出台了新型储能规划或新能源配置储能文件，大力发展"新能源＋储能"。为缓解高峰供电压力，政策中对新能源配置储能占比要求达到 10%～20%（装机容量占比），4h 以上并且低成本的长时储能需求成为刚需[2]。

储能成为新能源替代的关键，可有效解决新能源发电侧面临的挑战，通过平抑新能源并网的波动性，实现削峰填谷，节省电网投资，实现与新能源互补发展，提升能源系统的灵活性、安全性。除了通常的效率、可扩展性、耐用性和经济性要求外，这些储能系统还应该独立于场地，能够连续运行，并且能够长期安全地存储能量。当前和新兴的储能技术可能适合离网和微电网系统，包括抽水蓄能、压缩空气、超级电容器、固态电池、液流电池和储氢等。

抽水蓄能和压缩空气储能采用水或环境空气作为能量承载材料，在成本和使用寿命方面具有显著优势。然而，这些技术高度依赖场地，并受到当地地理或地质的限制，因此不容易部署。超级电容器响应时间极短，能够深度放电，并且可以提供高功率，但只能持续很短的时间，因此相比长期存储可再生能源，超级电容器更适合用于管理电能质量。固态电池因其能源效率高和不受场地限制的特点，在便携式电子设备、电动汽车等各种应用中受到欢迎，但在中大规模应用中却并非如此，因为它们的可扩展性差、成本高、寿命短和安全性低。固体电池的新兴替代品且能大规模应用的是液流电池，它代表了一种有前途的储能技术，因为其具有出色的可扩展性、高能源效率和长寿命。然而，目前的液流电池尚未进入市场，主要是因为其性能差、能量密度低、成本高。

对于未来的离网和微电网储能系统，太阳能或风力发电系统需要能够在连接或不连接电网的情况下存储几天到一周的能量。因此，将电力转换为燃料来储存将更有吸引力，因为诸如汽油之类的燃料可以储存一周或更长时间，并且易于运输。这就引出了燃料储能的概念：燃料储能指利用无法消纳或不稳定的新能源电力来规模化合成碳中和的能源物质，然后输运该能源物质到需要消纳的地方释放能量，完成整个能量的存储和转化过程。燃料储能具有以下特点。

(1)应用场景广泛。将无法消纳的电力以燃料的形式储存，再以可再生能源产生的绿氢为基础，以生产甲醇、氨和其他合成燃料(e-fuel)等氢基燃料，这些氢基燃料体积能量密度高，能够满足跨季节、跨年度的需求。储存的燃料可以在合适的位置释放能量，例如，通过燃烧动力热发电可实现快速的调峰，提高电网的安全性，实现大规模可再生电上网；也可用于交通运输中来代替化石燃料，缓解资源枯竭和全球变暖问题。

(2)可实现"大规模、长周期、长距离"稳定供应。碳中和背景下风光等间歇性电源成为主体，但传统、单一的储能方式难以满足复杂状态下的调节需求。抽水蓄能、电化学储能只能平抑日内短周期波动性，且受库容和储能容量限制。而燃料储能兼具能源、高能量载体、燃料及工业原料的多重属性，通过绿色制备燃料→储存燃料→发电或其他应用，可以完美地解决峰谷期可再生能源的消纳问题，使其在峰谷期大规模消纳可再生能源方面具有其他储能方式无法比拟的灵活性和优越性，且大部分燃料以液态的形式进行储存，便于长距离的能源贸易与输送。通过电氢耦合不但可以提升电网调峰调频能力，实现绿色清洁电力的大规模、长周期、跨季节的存储，还可以提高电网在能源汇集、传输和转换利用方面的配置枢纽作用，助力构建以绿电为核心的新一代低碳能源体系。

(3)促进碳中和。碳中和是一场绿色革命，从能源供应来看，能源革命的关键在于零碳化电力和零碳化燃料。通过热催化、电催化等还原二氧化碳，生产碳氢化合物、醇类或醚类燃料等可再生合成燃料，能够实现碳元素的有效循环。热催化路线主要是通过电解水制氢技术制取氢气，然后通过 CO_2 催化加氢生产甲醇、甲烷、短链烷烃、芳烃、异构烷烃等产品。其中，甲醇和二甲醚是 CO_2 加氢的增值产品。电催化被定义为利用催化剂和可再生电力直接将 CO_2 还原为可再生合成燃料的技术。由零碳电力供电的分布式电化学装置可以利用阳光、水和 CO_2 制备可再生合成燃料，如图 7-1 所示。

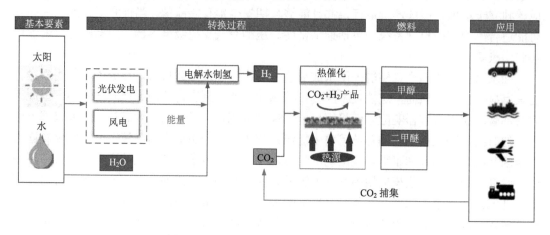

图 7-1　制备可再生合成燃料的热催化路线

　　从传统的线上"源-网-荷"转变为全新的线下"源-储-荷"，大大提高了可再生能源的利用率和现场消耗水平(现场消耗指在某个特定地点或场所内的能源消耗)，将使交通和工业燃料独立于化石能源，实现净零碳排放，为能源战略转型和碳中和目标提供新的解决方案。

　　燃料储能的概念中，最成熟的是氢储能系统，氢能作为引领能源绿色革命的关键载体，在应对气候变化、实现碳中和的进程中占据重要战略地位，推动氢能发展已成为全球能源转型的大趋势。在未来，人们的关注点在蓝氢和绿氢上，绿氢通过风能、太阳能等可再生能源，将水进行电解制备而成。当需要使用电能时，将存储的氢气通过燃料电池发电的方式转换为电能进行利用。相比于抽水蓄能与电化学储能这两大主流储能方式，氢能可以把可再生能源发出的不稳定的电，通过电解水制氢转换成化学能，实现在可再生能源转型中的大规模能量储存。然而，电解槽和燃料电池面临能源效率低、寿命短和成本高等挑战，降低了该技术的吸引力。此外，氢气处于气态，难以储存和运输，而液氢储存和运输大大增加了资金成本。

　　日本在国际上首次提出了氨储能的概念，即在氢能大规模使用之前，将合成氨视为承担绿电转化为零碳燃料的有效手段。从储能角度看，氨可经催化分解制取氢气，解决氢能成本高、远距离输送的问题。从能源角度看，氨的完全燃烧产物只有氮气和水，且氨容易液化成液态进行储存，既可替代部分煤炭为电力系统提供清洁燃料，也可替代部分化石能源为发动机提供清洁燃料。同氢储能一样，绿氨的制备同样面临成本问题，以 2022 年数据为例，国内 78%的氨为灰氨，Haber-Bosch 法仍是唯一具有工业规模的合成氨技术。该工艺会消耗大量化石能源，并造成碳排放，因此，寻找合适的绿色替代方案，在温和的温度和压力条件下实现高效、低能耗、低排放、可持续的氨生产，是当前面临的科学挑战。

　　氢、氨的大规模储存及运输的安全和成本问题非常突出，限制了其发展，与氢、氨相比，甲醇是相对成熟的燃料，在常温下为液态，可以较低成本使用现有基础设施，便于储运加注。此外，作为液态储能介质，其具有可大规模运输、易实现低成本跨海输送、便于长期储存、安全风险低等特点。

甲醇来源广泛可靠。甲醇作为能源转换的枢纽，几乎所有一次或初加工化石能源，如煤(煤气化)、焦炉气、煤田气、天然气、沼气等都可以作为直接合成甲醇的原料，而这些资源在我国相对丰富，未来可以将甲醇制备工厂与 CCUS 技术进行耦合，捕获的 CO_2 直接进入甲醇制备工厂和 H_2 反应来制备甲醇，实现碳循环。但是 CCUS 技术和电解水制氢技术的发展水平严重制约着绿色甲醇的发展。综上所述，不论是氢、氨还是甲醇，在一定条件下，都可用于燃料储能，燃料储能的特点如下：

(1) 能量密度和效率高，可以实现大规模储能；

(2) 可长持续时间储能(long duration energy storage, LDES)，满足季节性对能源的需求；

(3) 实现长距离、跨国/地区可再生能源输送，可再生能源将成为国际能源贸易的商品；

(4) 生产技术和终端使用技术成熟，可使用现有燃料配送的基础设施，满足重载交通运输、移动装置和工程机械可再生能源需求；

(5) 全生命周期资源消耗少，对环境影响的认识较为清晰，有成熟的解决方案，可实现零碳排放。

在具体实施和发展过程中，燃料储能仍然面临技术成熟度、经济性等挑战，解决这些问题将是推进燃料储能技术的关键。

7.2 氢能发展现状和趋势

氢气作为一种工业原料可广泛应用于石油、化工、冶金、电子、医疗等领域，此外，氢气还可通过氢燃料电池或氢内燃机(hydrogen internal combustion engine, HICE)转化为电能和热能，可覆盖社会生产生活的方方面面。根据国家能源局的预测，到 2060 年，我国氢能需求预计达 1.3 亿吨，其中工业需求占主导地位，占比约 60%，交通运输领域将逐年扩大规模，达到 31%。

2019 年，氢能源首次被写入《政府工作报告》：推动充电、加氢等设施建设。氢能因此正式成为国家能源战略中的重要一环。据不完全统计，我国迄今已有 34 座城市建设氢能产业园。同时，氢能是一种理想的储能媒介，被认为是智能电网和可再生能源发电规模化发展的重要支撑，在《氢能产业发展中长期规划(2021—2035 年)》中明确储能属性，要求积极开展储能领域示范应用。国家电网浙江台州大陈岛氢能综合利用示范工程于 2022 年 7 月正式投入运营，位于东海的大陈岛，发电总装机容量约 27MW，其上搭建的制氢装置综合能效可达 72%，预计每年可消耗弃风电量 365MW·h，产出氢气 73000Nm^3[①]。作为全国氢能综合利用和商业模式探索的先行示范区，该工程为我国新时代能源发展打下了坚实的基础。

大力发展氢储能技术，需重点突破电氢两种能量载体之间的高效转化的关键技术。电解水制氢工艺可结合电厂非高峰电力，利用可再生能源来发电制氢，有效弥补利用时间有

---

① Nm³ 表示标准立方米，指 0℃、1 个标准大气压下的气体体积。

限的缺点，提高电解槽的利用率，保证电网在非高峰时段安全稳定运行，在电厂调峰合理分配电能和实现碳中和方面都发挥了重要作用，具体原理详见 8.1.2 节。

电解水制氢工艺近年来发展迅猛，不断突破技术瓶颈，并有大批规模化电解水制氢项目落地。截至 2023 年 12 月底，中国电解水制氢累计产能约达 7.2 万吨/年[3]。日本新能源产业技术综合开发机构、东芝能源系统公司等单位，在福岛县浪江町建设了 10MW 可再生能源制氢示范项目(FH2R)，于 2020 年 2 月底竣工并投入运行，这是世界上最大的光伏制氢装置。在我国，许多可再生能源制氢项目也在不断推进，2021 年 4 月，宁夏宝丰太阳能电解水制氢综合示范项目正式投产，该项目包括 20 万千瓦光伏发电装置和产能为每小时 20000Nm^3 氢气的电解水制氢装置，绿氢综合制造成本约 1.34 元/m^3，全部投产后预计年产 2 亿 m^3 氢气和 1 亿 m^3 氧气，每年减少煤炭消耗约 25.4 万吨，减少二氧化碳排放约 44.5 万吨；2024 年 3 月，由中国华电包头氢能科技公司开发建设的 20 万千瓦新能源制氢示范项目投产，该项目的制氢设备采用全国领先的大容量碱性电解槽、质子交换膜(proton exchange membrane, PEM)电解技术，包含 11 套 1000Nm^3/h 的碱性电解槽制氢设备和 5 套 200Nm^3/h 的 PEM 制氢设备，年制绿氢量 7800t。

氢储能具有储能容量大、储能周期长、不需要特定地理条件等优点，在储能的时间和空间维度上展现了显著优势，可以作为大规模储能介质，弥补传统电能不易储存的不足。但氢储能的推广应用和发展仍然有很多瓶颈需要突破，氢储能从制备成本到运输方式的每一个环节都存在较大的技术壁垒和难题，同时氢气具有易燃、易泄漏、易引发金属氢脆等较为突出的安全性问题，如何实现低成本产氢，如何解决氢气安全有效储存和运输的问题是氢储能能否大规模应用的决定性因素(氢的制备和输运详见第 8 章)。

随着绿氢时代的到来，传统工业技术路线已经无法满足社会对清洁氢能的广泛需求，面对氢能利用的尴尬局面，寻找经济安全、高效灵活的制氢方法和储氢材料尤为重要。在这一背景下，甲醇、氨等储氢介质具有易于运输和储存等优势，近年来被认为是方便和较安全的燃料储能介质。氨和甲醇是广泛应用的重要化工产品和原料，生产技术成熟，且两者均可以通过催化裂解反应转化为氢气，成为氢能的化学储存介质。更重要的是，氨非常容易液化，而甲醇在常温下即为液体，两者储运方便且技术成熟。因此，氨和甲醇被认为是氢能利用和促进氢能储运的重要手段。

7.3 氨 储 能

发展氢能主要是解决石油短缺和环境污染这两个问题，尽管氢能大有前景，但其作为能源载体并非最优选择。氢的"四个最"是靠研发无法改变的：体积能量密度最低的物质、最小的分子、最易泄漏、最宽爆炸范围。这些原因造成储氢、运氢成本和基础设施投资高昂。而氨作为储氢介质，是氢储能的很好补充，在氢能大规模使用之前，将合成氨视为承担绿电转化为零碳燃料的有效手段。

氨储能系统是指利用合成氨进行能量的储存和释放，可通过将太阳能、风能等新能源发电的电能以氨能的形式储存，应用时以热能、电能等形式释放能量。氨的储能属性和能源属性十分优异，作为储能介质，氨具有储能密度高、能量密度大、储能周期长等特性，可有效解决风能、光伏发电的时段、季度不平衡问题，以实现跨季节、长时间的储能。此外，氨储能对地理条件要求较低，且就运输方面而言，国内合成氨市场成熟，运输网络完善，氨能的运输不受输配电网络的限制，氨储电能够改善可再生能源位置的依赖性问题，完成能量的地域性转移，实现大规模、跨区域调峰。作为清洁能源物质，氨直接燃烧或与常规燃料混燃用于发电，减少碳排放。

与其他储能方式相比，氨储能具有以下几方面的特征：

(1) 储运灵活性，氨在标准大气压下，温度为-33℃时就能实现液化，便于储存和运输，并且在我国具有非常完备的氨运输和分配体系；

(2) 地理适应性，与抽水蓄能等储能方式不同，氨储能占地空间较小，且不需要特定的地理环境及位置；

(3) 储能容量，氨的储能密度高达 11.8GJ/m^3，其能量密度是氢的两倍，是锂离子电池的九倍，与甲醇相当[4]，且同体积的液氨比液氢的含氢量高 60%；

(4) 储能寿命和储能经济性，Wang 等[5]研究表明，相比于氢和锂电池储能，氨储能时间长达 10～10000h，适用于长期规模的储能，同时氨储能所需费用更低，经济优势显著。

(5) 环境效益，氨储能可以实现无碳储能，在电力系统中，通过电解水生产绿氢，利用绿氢合成氨，在制备氨的过程中不会排放出任何 CO_2，实现真正的零碳排放。

7.3.1 氨储能发展趋势

鉴于氨的优良属性，国内外正在积极布局绿氨项目，但其中大部分为规模较小、产能为 $2×10^4$～$6×10^4$ 吨/年的试点项目。综合来看，交通领域远洋船舶动力燃料和电力行业掺氨发电将成为绿氨的主要应用场景。

在国际上，日本在掺氨燃烧技术方面国际领先。日本在发展"氢能经济"的基础上提出了"氨能经济"，率先推出氨能。2021 年 10 月，当地政府出台了第六版能源战略计划，明确提出到 2030 年利用氢和氨产出的电能要占日本能源消耗的 1%，替代电站中 20%煤炭的使用量；到 2050 年实现纯氨发电。韩国计划从 2030 年开始实现氨燃料发电商业化，将氨燃料在发电领域的占比提高到 3.6%。澳大利亚充分利用当地的太阳能，利用光伏制氢技术制备绿氢供合成氨使用。澳大利亚政府正在布局氨能贸易，将制备的氨气转变为液氨储存，通过海运输送到韩国和日本。美国为了应对石油危机，当地国家能源部支持了 17 个绿氨项目，整体上布局利用可再生能源生产绿氢，发布了"通过使用高密度液体能源将可再生能源转化为燃料"计划。目前国际上氨能在交通领域的研究走在前列。日本、韩国正在研发推出氨燃料汽车。2020 年 7 月，韩国现代尾浦造船公司设计了载重 $5×10^4$ t 的氨动力船，预计 2025 年实现商业化运营。2021 年 11 月 22 日，全球最大的氨生产商挪威 Yara 公司建造的全球第一艘氨动力货船下水成功。2022 年 5 月 22 日，世界上第一台氨动力零碳拖拉机在纽约州立大学石溪分校首次运行。

国内氢氨融合产业项目布局逐渐加快，尤其是氢氨融合技术路径渐受热捧。2022 年 1 月，由国家发展改革委、国家能源局印发的《"十四五"新型储能发展实施方案》中，明确指出拓展氢(氨)储能应用领域，开展依托可再生能源制氢(氨)的氢(氨)新型储能技术试点示范，强调了氨的氢基储能和低碳燃料的属性。

2022 年 3 月发布的《氢能产业发展中长期规划(2021—2035 年)》中提出，积极引导合成氨、合成甲醇、炼化、煤制油气等行业由高碳工艺向低碳工艺转变，促进高耗能行业绿色低碳发展。2022 年 4 月印发了《科技部关于发布国家重点研发计划"先进结构与复合材料"等重点专项 2022 年度项目申报指南的通知》，提出包括分布式氨分解制氢技术与灌装母站集成、氨燃料电池、掺氨清洁高效燃烧等与氨能有关的技术。自上述政策发布以来，多家单位纷纷进行布局。批准成立了"宁夏氨氢产业联盟"等多项氨氢融合相关项目，并规划了以宁夏吴忠市为中心的"中国氨氢谷"示范基地。明拓集团有限公司、中国化学华陆公司将以绿氢和空分氮气为原料，建设中国首台 1.2×10^6 t 绿氢电催化合成绿氨项目，推动形成绿色低碳产业链。中国氢能有限公司拟在乌拉特后旗工业园区投资建设绿氢示范项目，同时利用低温低压催化技术年产近 3×10^5 t 绿氨。中国石油化工集团有限公司和福大紫金氢能科技股份有限公司已经合作建成全国首座氨制氢、加氢一体化示范站。国家电投集团北京重燃能源科技发展有限公司和合肥综合性国家科学中心能源研究院双方将针对氢能与氨能、燃气轮机等领域发力。上海船舶研究设计院完成了 1.8×10^5 t 氨燃料货船的设计。

目前，氨在交通领域的应用虽然还处于研发阶段，但从相关项目来看主要走内燃机路线，此外，国内氨在船舶领域的发展或快于汽车领域。国内已经有首个氨能船舶的规范文件，而氨在汽车领域应用的相关文件还未发布，氨燃料在船舶领域应用空间更大。

7.3.2　氨燃料储能技术

氨燃料储能的方法为解决太阳能发电的间断性和不稳定性提供了一条有效的途径。龙新峰等[6]根据氨基热化学储能的基本原理建立了合成氨放热反应器的数学模型，定量分析并讨论了在一定设计压力和氢氮比条件下，进气温度和进气流量对反应的影响，模拟结果表明，反应器内催化床层的平均温度是实现能量最大转化的重要参数，当反应温度为 650℃时能够输出最大的热能。此外，Wang 等[5]对太阳能-氨能转化的能源效率、技术可行性和经济性进行了分析，发现氨在大规模存储可再生能源方面具有很大潜力，能够存储大量过剩能源，具有广泛的应用前景。Morgan 等[7]研究了将风力发电产生的电能转化为氨能的系统，在该风-氨系统中，风力发电和传统的空气分离装置、碱性电解槽、机械蒸气压缩脱盐和 Haber-Bosch 系统构成一个环路，被用于生产无碳氨燃料，同时使用归一化结果计算系统的总寿命和成本，将其与传统的纯柴油系统相比较，得出了在收支平衡的情况下的柴油价格，风力发电的氨生产更具有竞争力的结论。王震等[8]对 $MnCl_2/NH_3$ 热化学吸附系统的储热性能进行了研究，结果表明，当系统在充电温度(charging temperature)、吸附放热温度和冷凝/蒸发温度分别为 162℃、45℃和 25℃的条件下运行时，能够获得最大的吸附储能密度，其值可达到 1296.36kJ/kg $MnCl_2$，即每千克 $MnCl_2$ 可以储存 1296.36kJ 的能量。

7.3.3　氨制备技术现状及发展

1. 哈伯法制氨——第一代合成氨技术

合成氨是成熟的生产工艺，19 世纪德国化学家弗里茨·哈伯将氮、氢在铁的催化作用下结合起来合成了氨。在德国化学家卡尔·博施的探索下，该合成氨反应实现了工业化生产。近百年间，哈伯法(也称哈伯-博施法，Haber-Bosch process, H-B 法)作为制氨技术一直沿用至今，即氢气(由天然气或煤炭等化石能源而来)和大气中的氮气，在高温(300～500℃)高压(150～300atm，1atm=1.01325×10^5Pa)条件下在铁基催化剂的作用下合成氨，如

图 7-2(a)所示。此方法成本较低，合成氨气的过程中会排放出大量的 CO_2，在应对全球气候变暖和"双碳"目标下，基于化石燃料的传统合成氨工业很难持续。尤其在中国，统观合成氨途径，90%以上来自煤制氨，副产的 CO_2 排放量大，属高能耗、高排放产业。

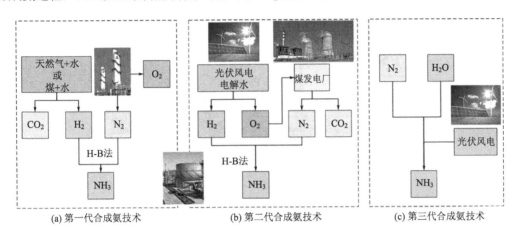

(a) 第一代合成氨技术　　(b) 第二代合成氨技术　　(c) 第三代合成氨技术

图 7-2　合成氨技术的变革

在碳中和背景推动下，可再生能源合成氨技术和电化学氮气还原合成氨更加符合可持续发展的策略，正成为目前世界上大力发展的制氨工艺，如自 2018 年以来，英国和日本一直在进行风驱动绿氨工厂实验；阿联酋利用自身在太阳能等清洁能源领域的优势大力发展绿氨产业，加快实现能源转型及经济多元化；近年来，我国积极开展绿氨相关研究论证及实践工作，规划了以吴忠市为中心的"中国氨氢谷"示范基地项目等。

2. 可再生能源合成氨(power to ammonia, PtA)技术——第二代合成氨技术

可再生能源合成氨技术，即合成氨除保有核心路径不变以外，其氢能源从以化石能源和水为原料，转向仅以水为原料供氢，除此之外，用可再生能源来驱动空气分离得到氮气，解决了传统合成氨工业高能耗、高排放的问题，如图 7-2(b)所示。

近年来，大量学者研究了 PtA 技术的技术经济可行性。Rouwenhorst 等[9]详细分析了各种制氮、电解水制氢、合成氨、氨储存和氨分离等技术的优缺点，研究表明，变压吸附(pressure swing adsorption, PSA)分离制氮技术和质子交换膜电解水技术耦合的合成氨工艺具有操作温度和压力较低的特点，具有很大的发展潜力。PSA-PEM-H-B 耦合的合成氨工艺将成为未来极具发展潜力的可再生能源合成氨工艺。图 7-3 给出了可再生能源合成氨系统的示意图。由图可知，该系统由可再生能源发电单元、化工生产单元、储能单元和氨需求单元四个部分组成。其中，可再生能源发电单元由光伏和/或风机构成；化工生产单元主要用于氨合成，包括 PSA 单元、PEM 单元和 H-B 反应器；储能单元包含储能电池储能和储罐储能两种方式,主要用于消除可再生能源发电单元和氨需求单元之间的时间不匹配性。系统中盈余可再生能源发电量可以直接储存在储能电池(battery energy storage system, BESS)中，或者以化学能形式储存在储罐中。而当系统中可再生能源发电单元输出不足时，可通过储能单元输出以保证系统中化工生产单元的稳定运行。合成氨系统生产的氨既可以作为储能介质，与储能电池优势互补，实现能量的长期和高效存储，也可以作为合成肥料或其他化学品的原料以满足实际生产的需求。

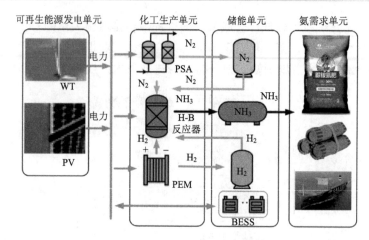

图 7-3   可再生能源合成氨系统[10]

3. 电化学催化合成氨——第三代合成氨技术

目前，科学家正在探索更多的绿色制氨方法，如固氮酶合成氨、光催化合成氨、电化学催化合成氨、等离子体法合成氨、循环工艺法合成氨以及超临界合成氨等。其中，对电化学催化合成氨的关注度较高，如图 7-2(c) 所示。

该技术是对氨合成反应的颠覆，由哈伯法合成氨技术颠覆性地转变为电直接制氨。与哈伯法相比，电化学氮气合成氨技术对于能量的消耗更少，合成氨过程中的 N_2 均从空气中获取，以 H_2O 作为质子源，使用风能、太阳能等非化石能源作为电力源进行电催化 N_2 还原反应，电力成本低，是一种清洁、绿色的合成氨途径，显著减少了传统氨合成过程中的碳排放。

电化学催化合成氨技术的本质是利用电催化剂在施加电能条件下 N≡N 不断加氢和断键，形成氨分子，实现电能向化学能的转化。此方法能够在零碳排放的条件下制备氨气，具有低能耗、低工作压力、清洁无污染等优点。早在 1983 年，Sclafani 等分别以铁和不锈钢材料作为阴极和阳极，以氢氧化钾溶液为电解质并提供氢源，电解氮气成功合成氨，实现了合成氨从高压到常压的飞跃，开启了合成氨研究的新领域。电解合成氨的途径大致有两条：一条是直接电解氢气和氮气制得氨气；另一条途径是通过电解水和空气制氨，氨中的氢由水提供，氮由空气产生。该种方式制备氨气更加环保，可跳过制氢过程，避免了制备氢气过程中 CO_2 的排放。

该技术的核心是氮气的电催化还原过程。目前，世界各国正在加速推进氮的催化还原研究，主要是通过对催化剂的种类和形状进行调整，以提高催化还原合成氨的速率和效率。中国科学院青岛生物能源与过程研究所杨勇教授团队采用在碳骨架上进行纳米杂化的 TiO_2 为催化剂，通过 Ti^{3+} 和氧空位的协同促进作用，在温和条件下进行电催化还原合成氨的实验，结果显示 NH_3 的产生速率为 $19.97\mu g/(h \cdot mg_{cat})$，法拉第效率达到 25.49%。中国科学院大连化学物理研究所(简称中科院大连化物所)齐海峰团队采用单原子钌基催化剂进行电催化还原合成氨的实验，结果显示其反应速率为 $7.11mmol/(g \cdot h)$，法拉第效率为 29.6%。丹麦技术大学的 Jens K. Nørskov 团队制备的一种稳定的 PtAu 阳极催化剂，在最佳的实验条件下表现出高达 $(61 \pm 1)\%$ 的法拉第效率。

7.3.4 氨能的应用

我国是世界上合成氨产量最大的国家,截至 2021 年底,我国合成氨产能约为 6.488×10^7 t,占世界总产量的 1/3。氨的能源属性和储能属性使其在动力燃料、清洁电力和储氢载体等新市场方面具有极大的发展潜力。一方面,氨可以直接用于供能。氨在发电和重型交通运输领域具有脱碳应用潜力,氨直接燃烧或与常规燃料混燃用于发电,有利于构建清洁电力系统;氨用于发动机燃料,有利于解决交通运输领域的碳排放问题。另一方面,氨可以间接供能使用。氨作为储氢介质,利用催化技术能够实现氨氢转化,可打破传统的氢储运方式,为发展"氨氢"绿色能源产业奠定基础。

1. 氨发动机研究

氨与其他燃料的性能特点比较如表 7-1 所示,氨的辛烷值高,抗爆震性好,可以通过提供更高的压缩比来提高输出功率。氨用作内燃机燃料时,热效率高达 50%,甚至接近 60%。此外,氨的理论空燃比低,可以在内燃机中添加更多的氨来弥补其低位热值低的缺点。然而,氨作为燃料使用时也存在一些明显的燃烧缺陷。相对于汽油、柴油等传统燃料,氨燃烧的火焰速度较低,这一特点导致了氨气的燃烧效率低,且燃料不能充分燃烧,从而影响能量转化效率;此外,氨燃烧时最小点火能量高,氨气的燃烧需要较高的能量,这两点严重限制氨燃料的发展。因此,通常将氨与燃烧性能较好的燃料掺混来改善其燃烧特性。例如,俄罗斯发动机制造商 Energomash 公司正在研制以氨-乙炔混合物为燃料的新型火箭发动机。此外,在实际过程中,燃烧不充分和氧化,容易导致氨燃料所含的氮元素转化成温室效应更强的 NO_x 气体并排放。因此,燃烧和尾气处理的定向控制策略对于降低 NO_x 排放至关重要。根据氨燃烧机理,温度和压力对 NO_x 的生成有明显影响,控制温度在热脱硝温度范围内,并尽可能地提高压力是制约 NO_x 生成的两种常规手段,后一种通常用于内燃机系统中。除此之外,还可以在燃烧尾气末端使用选择性催化还原(selective catalytic reduction,SCR)系统或燃料过量、废气再循环的策略减少 NO_x 生成。

表 7-1 氨与其他燃料的性能特点比较

性能	氨	氢	甲醇	汽油	柴油	天然气
密度/(g/L)	0.674(液)	0.071	0.791(液)	0.73	0.84	0.43~0.47
燃点/℃	680	570	464	427	220	270~540
液化温度/℃	−33.4	−252.5	64.7			−161.5
低热值/(MJ/kg)	18.6	143	20.09	42.9	42700	50.1
辛烷值	110	130	112	92~99	—	107
爆炸极限 (体积比)/%	15~27	4.1~75	5.5~44	1.4~7.6	0.7~5.0	5.3~15
能量密度/(MJ/kg)	22.5	120	20	46.4	42.7	7.134
最小点火能量/MJ	680	0.019	0.2	0.2	0.63	0.29

早在 1941 年，比利时的 A. Macq 就提出将氨作为燃料应用于发动机，并将氨成功地应用到从轻型到重型的各种车辆上，其研究发现，在汽油机的压缩比下使用氨燃料应采用增压技术和废气燃料重整技术来满足发动机的动力性能要求。1960 年，美国研发氨燃料超声速飞机 X-15，创超声速(马赫数为 6.7)和飞行高度(108km)纪录。这为氨作为动力燃料的潜能提供了毋庸置疑的证明。但由于氨发动机在测试过程中发生爆炸，氨发动机在人们的记忆中被遗忘了一段时间，但是随着全球变暖及能源危机的影响，氨再次走进人们的视野。

由于纯氨燃料点火燃烧困难，因此只有极少数的文献研究了纯氨燃料内燃机。大部分氨内燃机均采用双燃料系统进行燃料优化，通过调整燃料系统组成，利用其他反应活性强的燃料进行辅助，实现燃烧室内氨的稳定燃烧。Reiter 等[11]对压燃式发动机进行了改造，将氨引入进气歧管，并将柴油或生物柴油直接注入气缸以提供点火能量，防止发动机失火。研究指出，在确保发动机成功运行的前提下，氨的最大掺混比例可以达到 95%，且该比例在 40%～80% 可以获得较为合理的燃油经济性。在排放特性分析中，当氨比例小于 60% 时，内燃机的 NO_x 排放能够控制在 8×10^{-4} 以下，并且氨的加入导致燃烧温度降低，碳氢化合物排放量有所升高。Haputhanthri 等[12]在汽油中掺入乙醇作为乳化剂来提高氨在汽油中的溶解度，从而实现氨/汽油掺烧。研究指出：最佳混合比例是掺混 20%(质量分数)乙醇和 12.9% 氨的汽油，该混合比例可以在不改变电控单元与发动机构造的情况下，实现最大的峰值扭矩增益。

除了和传统汽柴油进行混合，氨与其他气态燃料的混合也能够促进燃烧反应的进行。Mørch 等[13]进行了氨/氢燃料内燃机的相关实验，测试结果表明：氨/氢混合物非常适合作为火花点火发动机的燃料，氢气掺混比例为 10%，效率和平均有效压力均达到最大值，但过高的含氢量会导致热损失升高。Lhuillier 等[14]在一台现代新型四冲程内燃机中进行了氨/氢系统性能实验，并结合 Mathieu 模型[15]进行了数值计算，指出氢气对燃烧的加强作用主要体现在燃烧早期阶段。2022 年 3 月 22 日，清华大学车辆与运载学院先进发动机团队在氨氢发动机燃烧技术上取得新突破。利用氢气点火形成分布式燃气射流引燃氨混合气，实现了氨发动机的稳定运行。目前，对于不同工况下氨的燃烧热力学特性，如燃烧速度、火焰稳定性、点火特性、NO_x 生成特性及未燃尽氨排放等关键参数研究还未形成体系。对于氨的燃烧动力学模型也处于不断验证与完善阶段。

总体上，我国对于氨的燃烧应用正处于起步阶段，但当前的合成氨制备、储存、运输和使用体系，为氨在能源领域的新应用奠定了坚实的基础。相关研究应与产业需求紧密结合，促进技术开发。

2. 氨燃气轮机

20 世纪 60 年代就开展了有关氨用于燃气轮机的研究，但由于当时化石燃料成本低和技术限制等因素导致研究中止。与发动机相比，燃气轮机通常燃烧气体燃料，且燃烧室体积不受限，与氨燃料更为匹配。但是，氨燃烧时的缺陷仍然存在，燃烧稳定性和污染物处理仍是大规模应用需要突破的重点。在燃煤机组的生产活动中，氨可与煤粉进行掺混燃烧，混合燃烧能够减少煤的使用量，从而减少 CO_2 的排放。日本首次在 50kW 微型燃气轮机上实现了双燃料燃烧发电，产生 44.4kW 功率电力，燃烧效率为 89%～96%。日本 IHI 公司在 2MW 的燃气轮机上实现了掺氨混烧，掺烧比例高达 70%，并在旋流燃烧器中实现了低

NO$_x$排放(图 7-4)。2021 年，三菱电机株式会
社宣布开始研发世界首个氨气40MW级燃气轮
机系统，该系统以纯氨为燃料，目标是在 2025
年左右实现商业化。目前，国内的相关研究较
少，偏向于理论研究和基础研究。

3. 燃氨锅炉

我国"富煤、贫油、少气"的能源结构，
致使我国煤电装机容量巨大。燃煤发电产生的
二氧化碳占我国碳排放总量的 34%，对其进行
碳减排是顺利实现我国"双碳"目标的重要路
径之一。二氧化碳捕集、利用与封存技术是其
关键手段，但该技术存在捕集、封存或利用的
输送距离远、建造投资成本高的问题。氨燃烧

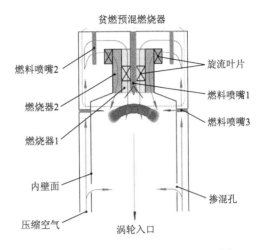

图 7-4　NH$_3$/天然气旋流燃烧器结构[16]

的灵活性为电力部门实现大幅度降碳提供了一种新方案。短期内，由于绿氨产量和成本限
制，加上纯氨燃烧稳定性差等问题，还无法实现纯氨燃烧替代燃煤应用。相比而言，掺氨
燃烧方式可以利用现有电厂设施，无须对锅炉主体进行大规模改造，成为现阶段降低燃煤
电厂碳排放的可行性选择，但是这一技术的实现本身面临着一些问题，例如，氨气本身有
毒，意味着发电站必须保证加入的氨气能被全部燃烧掉，绝不能让氨气泄漏到外界，而且
氨气的燃烧性质和普通煤炭不同，加入氨气后的燃料燃烧参数会发生变化，需要对现有火
电站的控制系统进行改进。

氨燃料在锅炉中的应用处于起步阶段，目前主要集中在小试或中试研究。日本最先开
始探索以氨为燃料的发电方式，正积极加快推动电力系统的脱碳过程。日本 IHI 已建成
10MW 的掺氨燃烧示范装置，也在推进实施 1000MW 规模的电厂掺氨实验，未来将实现
20%混氨燃烧。我国有两家单位率先实现了工程验证，一个是皖能集团与合肥综合性国家
科学中心能源研究院联合开发的国内首创 8.3MW 纯氨燃烧器，该燃烧器 300MW 火电机组
一次性点火成功并稳定运行 2h；另一个是国家能源集团搭建的 40MW 燃煤锅炉，该锅炉
燃烧实现世界最大比例的混氨燃烧(35%氨气)，这标志着我国燃煤锅炉混氨技术进入世界
领先赛道。国家能源投资集团有限责任公司的现有示范结果表明，在掺氨比例和氨注入位
置一定的情况下，掺氨燃烧后生成的 NO$_x$污染物比燃煤工况还要低。若现有煤电机组均实
施 35%混氨燃烧，每年可减少 9.5×10^{8}t 二氧化碳排放。经相关测算，当煤炭价格为 1400
元/吨、碳价为 500 元/吨时，掺氨发电的经济性可与煤电相竞争。未来，"电-氨-电"系统
有望成为新型电力系统建设的重要储调模式之一。

4. 氨-氢燃料电池

燃料电池是一种将化学能直接转换成电能的装置，理论上更加高效环保。氨的氢含量
高且重整制氢装置简单，产物不含导致燃料电池中毒的一氧化碳，被认为是可替代氢用于
燃料电池的理想燃料。氨燃料电池目前还在早期应用阶段，近年来随着其受到越来越多的
关注，相关技术加快成熟，未来几年其性能将逐步提升。使用氨供电的固体氧化物燃料电
池(solid oxide fuel cell, SOFC)是最有效的发电方法。氨是一种良好的间接储氢材料，能量
密度为 22.5MJ/kg，其热值高于典型碳氢燃料和金属氧化物，在直接燃料电池中，氨氢可

以提供高功率密度。

　　根据电解质类型可将 SOFC 分为氧离子导电(SOFC-O^{2-})和质子导电(SOFC-H$^+$)，其工作原理如图 7-5 所示。SOFC-O^{2-}通常在 800～1000℃的温度下工作，高温下电池性能好，但耐久性差，限制了电解质材料的选择。在中温（400～600℃）下，质子导电电解质的导电性更高，且能够通过薄膜化来降低欧姆电阻，优化性能。

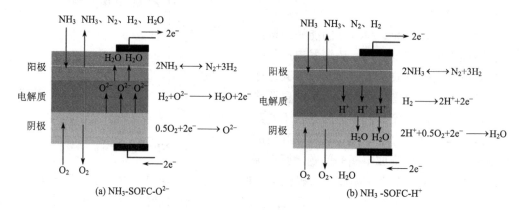

图 7-5　SOFC 的工作原理图

　　SOFC-O^{2-}：在阳极端，NH$_3$ 在催化剂的作用下分解为 H$_2$ 和 N$_2$；在阴极端，O$_2$ 穿过阴极层到电解质界面还原为 O^{2-}，O^{2-}通过电解质与 H$_2$ 发生电化学反应，产生电子。由于水、O^{2-}和氮在高温下都存在于阳极侧，因此氮氧化物的形成途径成为可能。在 SOFC-O^{2-}阳极上通过进一步的催化作用来减少 NO$_x$，以获得 N$_2$，但阳极产生的惰性 N$_2$ 会降低 H$_2$ 的浓度，导致燃料电池开路电压降低。

　　SOFC-H$^+$：当氢气被引入阳极时，阳极产生的质子在外界电流的作用下被电解质输送到阴极，并与氮气和电子反应形成氨。N$_2$ 和 H$_2$O 是 SOFC-H$^+$仅有的化学产物，也是 SOFC-H$^+$系统相对于 SOFC-O^{2-}系统的关键优势之一。氨在阳极处被氧化，水在通过电解质的质子介导的阴极位置产生，避免了 NO$_x$ 的形成。此外，氢气没有被 N$_2$ 稀释，可以实现更高的理论效率。Ishak 等[17]的研究表明 SOFC-H$^+$系统的最大功率密度比其同类的 SOFC-O^{2-}平均高 20%～30%，燃料利用率也有所提高。

　　在相同温度下氨燃料能够达到与氢燃料相近的功率密度，可以替代纯氢用于新能源汽车。氨-氢燃料电池在终端用户侧的成本仅为 1 元/(kW·h) 或 0.25 元/km，具有显著的经济效益。但也存在一些问题需要平衡：氨分解产生的氢气需要纯化和压缩，过程会消耗大量的能量。此外，氨裂化反应器和氢气压缩系统的集成会使整个体系过程增加。目前，氨燃料电池尚处于起步研究阶段，各项性能还不完善。为满足商业化需求，还需要攻克寿命短和运行稳定性的难题。

7.4　甲醇燃料储能

　　甲醇燃料、氢燃料和氨燃料是目前业内探讨较多的几类清洁替代燃料，甲醇被喻为清洁的"煤"、便宜的"油"、简装的"气"、移动的"电"、液态的"氢"，和氨燃料、氢燃料相比，甲醇燃料有其独特的优势。

相比氢储能，甲醇储能具有一些显著优势，作为液体燃料，甲醇便于大规模运输，易实现低成本跨海输送、便于长期储存、安全风险低，且对现有的加油站进行简单改造即可用于甲醇加注站，有成熟的配套基础设施。而氢能存在储氢运氢成本高、安全隐患大、基础设施投资高昂等问题，尤其是氢气的运输成本占总氢气成本的 60% 以上。此外，规模化基础设施成本高昂，刘科院士的研究数据显示，如果都以布局 10000 座站点计算，每天加注 450 辆车的液体燃料加注站建设运营成本约为 20 亿美元；每天 30 辆加注能力的小型氢气加注站成本则高达 1.4 万亿美元。

再者，甲醇来源广泛可靠，既可以利用煤炭、天然气制黑色甲醇，也可以利用 "弃风""弃光" 电解水来制氢，氢再与二氧化碳反应制取绿色甲醇。短期来看，中国北方内陆可用丰富的煤炭资源制甲醇，沿海地区利用国外丰富的天然气制甲醇，海运成本每吨只有约 50 元。长远来看，可用太阳能、风能生产的电进行电解水反应，将生成的氢气和二氧化碳合成甲醇。

事实上，氢能和甲醇并不是对立的选择。甲醇所含氢元素的质量分数达 12.5%，虽略低于氨所含氢元素质量分数，但其体积储能密度与氨相当，故甲醇也是最佳的储氢形式。基于甲醇重整制氢技术，未来可实现即时制氢发电，将制氢的环节从工厂转移到了车辆上，现制现用，避免了氢气的大量运输和储存，可以彻底解决安全性和成本等问题。

相比氨储能，甲醇燃烧速度快于氨、点火能量低，因此甲醇燃烧稳定性好。甲醇在常温常压下为液体，与当下的化石类燃油的理化性质相近。现有的燃油储存、运输和加注等基础设施稍加改造后即可作为甲醇燃料的基础设施，不需要增加或更换价格较高的相关设施设备。而液氨需要保存在常压、$-34\,^{\circ}\mathrm{C}$ 下或者常温、10 个大气压下，这增加了其使用的复杂性和成本。

7.4.1　甲醇制备技术及应用进展

1. 液态阳光甲醇

我国是世界最大的甲醇生产和消费国，2021 年全国甲醇产能 9738.5 万吨，产量 7816 万吨，其中 81% 为煤制甲醇，其余主要为油气制甲醇。传统的甲醇制备方法消耗了大量的化石资源，排放大量的 CO_2，称为黑色甲醇。与之相对的是绿色甲醇，又称为 "液态阳光"，由中国科学院 "液态阳光" 研究组命名，并于 2018 年 9 月在国际杂志《焦耳》上公开发表，得到了国际学术界和同行的一致认可。液态阳光甲醇指通过光伏、风电等可再生电力能源电解水制备绿氢，通过二氧化碳捕集装置收集发电厂或工厂产生的二氧化碳，最后通过二氧化碳耦合氢在 250～350℃ 的温度和 60～80bar 的压力下来制备甲醇。

该方法可以结合 CCUS 技术将绿电就地转化为绿色甲醇 (图 7-6)，通过甲醇的运输解决可再生能源资源集中地区和利用分布不均问题，规模化转化消纳光伏、风电等可再生能源。一方面可以直接利用甲醇进行工业生产或能源利用，还可以通过催化重整技术制氢，促进氢能利用。重整后产生的二氧化碳通过碳捕集技术回收并再次用于甲醇生产，可以实现碳循环的闭环。在 2022 年的冬奥会上，我国在张家口开展了绿色甲醇作为绿氢载体的示范应用。通过可再生能源制氢与二氧化碳反应得到绿色甲醇。将甲醇运输至加氢站制备氢气并回收二氧化碳。纯化后的氢气用于燃料电池汽车动力。而二氧化碳回收再次作为甲醇制备原料,形成碳循环的闭环。

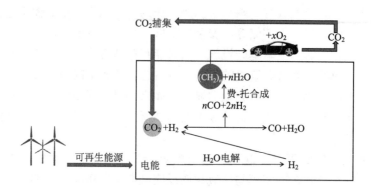

图 7-6 可再生能源实现 CO_2 排放的闭循环

相关测算显示,1t 甲醇可转化 1.375t 二氧化碳。按照我国 2020 年甲醇年产能 9358 万吨计算,每年的甲醇产能可转化上亿吨二氧化碳;如果用可再生能源合成的绿色甲醇规模化替代汽油,那么每年则可实现减排二氧化碳超 10 亿吨,与我国植树造林减排二氧化碳的最大值相当。绿色甲醇应用可解决可再生能源长周期、大规模存储及运输等问题。

液态阳光甲醇合成有以下技术路线:①光催化二氧化碳和水制甲醇;②光催化制氢+二氧化碳加氢制甲醇;③光伏发电+电催化二氧化碳和水制甲醇;④光伏发电+电解水制氢+二氧化碳加氢制甲醇。目前来看,光伏发电+电解水制氢+二氧化碳加氢制甲醇技术路线是最有希望规模化应用的技术路线,这里主要介绍这条技术路线中的二氧化碳加氢制备甲醇技术。

CO_2 的标准生成焓为-394.38kJ/mol,如此高的化学惰性使其活化与转化都非常困难。通过输入高能量并提供电子给体,可以激活 CO_2 分子。随后,加入活泼的还原剂 H_2,即可完成向碳氢化合物或含氧碳氢化合物的转化。

二氧化碳加氢制甲醇,其反应方程式如式(7-1)所示;其主要的副反应为逆水煤气反应 (reverse water gas shift reaction, RWGS),方程式为式(7-2)。

$$CO_2 + 3H_2 \longrightarrow CH_3OH + H_2O$$
$$\Delta H_r^{298K} = -49.4\text{kJ/mol}, \quad \Delta G_r^{298K} = 3.8\text{kJ/mol} \tag{7-1}$$

$$CO_2 + H_2 \longrightarrow CO + H_2O$$
$$\Delta H_r^{298K} = 41.1\text{kJ/mol}, \quad \Delta G_r^{298K} = 28.6\text{kJ/mol} \tag{7-2}$$

从热力学角度分析,甲醇合成是放热反应,分子数减少;副反应(逆水煤气反应)为吸热反应,分子数不变。因此温度降低,提高反应物的分压,有利于主反应正向进行。二氧化碳是一种热力学稳定的化合物,因此提高温度有利于二氧化碳的活化,提高反应的转化率。此外,二氧化碳生成甲烷化学反应也是副反应之一,其反应方程式为式(7-3)。

$$CO_2 + 4H_2 \longrightarrow CH_4 + 2H_2O$$
$$\Delta H_r^{298K} = -165\text{kJ/mol}, \quad \Delta G_r^{298K} = -130.8\text{kJ/mol} \tag{7-3}$$

二氧化碳生成甲烷的化学反应是必须要抑制的副反应,因该反应放热剧烈,造成能量浪费。而且甲烷在系统中为惰性组分，在循环工艺中，甲烷不断循环会造成累积，不得已地弛放使得氢和二氧化碳原料利用率大大降低。因此在二氧化碳加氢制甲醇中必须降低甲烷选择性。

绿色甲醇制备的核心技术是催化剂。虽然工业上合成气制甲醇过程中使用的 $Cu/ZnO/Al_2O_3$ 催化剂可以催化 CO_2 加氢得到甲醇，但是该催化剂在应用于 CO_2 加氢时，更易于生成 CO。不同于 CO 加氢，CO_2 加氢到生成甲醇过程中会产生大量水，水会加速催化剂的烧结与失活。近年来，基于金属氧化物的催化剂在 CO_2 加氢制甲醇中的应用得到了广泛关注。由中科院大连化物所李灿院士团队开发应用于甲醇合成的氧化锌-二氧化锆 $(ZnO\text{-}ZrO_2)$ 双金属固溶体氧化物催化剂，反应压力为 7MPa 左右，温度为 300℃ 左右，氢气与二氧化碳的摩尔比为 3∶1，甲醇总选择性达 98.5%，在有机相中的含量达 99.7%。该催化剂解决了传统铜基催化剂的选择性低、对硫敏感、易中毒失活等问题，并具有廉价、选择性高、抗硫中毒、稳定性高等特性。

2. 二氧化碳加氢制甲醇应用进展

二氧化碳加氢制甲醇目前尚未实现规模化，以小型示范项目为主。国际上，冰岛碳循环国际公司 (Carbon Recycling International, CRI) 在冰岛建成的世界上第一座二氧化碳加氢制甲醇装置已实现商业运行。CRI 碳制甲醇技术的原理是模拟光合作用，使二氧化碳和氢气在催化剂的作用下发生反应合成甲醇。该技术具有二氧化碳转化率高(使用的催化剂性能强、精准度高)、风险小(生产过程中不产生一氧化碳等有毒物质，系统可长期稳定运行)、能耗低(可利用地热发电过程中产生的低温热源电解水制氢)、环保效果好、自动化程度高、工艺设备易安装、便于技术复制推广等优势。

国内，2020 年，安阳顺利环保科技有限公司二氧化碳制甲醇联产液化天然气(LNG)项目，采用了冰岛 CRI 专有的二氧化碳加氢制甲醇技术。该项目建成达产后，可综合利用焦炉煤气 3.6 亿 Nm^3/年，生产甲醇 11 万吨/年和联产 LNG 7 万吨/年，并减少 CO_2 排放 16 亿 Nm^3/年，具有良好的经济效益、社会效益和生态效益。2020 年 10 月位于兰州新区的"液态太阳燃料合成示范项目"通过了中国石油和化学工业联合会组织的科技成果鉴定。该项目是我国第一个太阳能燃料生产示范工程，利用大规模太阳能发电，进而电解水产氢，用可再生能源产生的氢气与二氧化碳反应生成甲醇，从而把可再生能源的能量存储在液体燃料甲醇中，是真正意义上的"液态阳光"，即直接利用太阳能实现液体燃料合成。其工艺流程在国内目前同类研究中综合水平最高，是国内首次真正意义上实现利用太阳能等清洁能源生产甲醇的工程项目。该项目主要由三个单元构成，即光伏发电、电解水制氢、二氧化碳加氢制甲醇。第一部分光伏发电按照下游电解水制氢装置消耗的电能计算规模，发电装机容量为 10.4MW，占地面积约 250 亩 $(1$ 亩 $\approx 666.67m^2)$；第二部分电解水制氢单元和第三部分二氧化碳加氢制甲醇单元占地共约 30 亩。第二部分使用两台电解槽为下游流程提供绿氢，其中一台配备了新一代电解水制氢催化剂。

7.4.2 甲醇燃料的应用

2021 年 3 月发布的《中国甲醇燃料行业调研报告(2020)》显示，我国甲醇作为清洁能源在使用规模上已经位居世界第一，且无论是作为车用燃料，还是作为热力用燃料，已经形成一套较为成熟的技术体系。作为能源载体，甲醇的利用方式如图 7-7 所示。甲醇储运技术成熟，可通过铁路、轮船、卡车等多种方式运输。作为重要的工业原料，在化工合成、油气生产等领域，甲醇技术成熟并得到广泛应用。结合二氧化碳捕集技术生产甲醇并用于塑料、树脂等生产，则可以实现固碳目标。甲醇燃烧过程涉及碳排放，需要结合二氧化碳捕集技术实现碳封闭循环。具体而言，甲醇的利用技术包括：①工业应用，甲醇是一种用于合成碳氢化合物(二甲醚、甲酸、乙酸、乙醇、烯烃、合成烃)、聚合物甚至单细胞蛋白质等在内的许多产品生产的原料，从而将二氧化碳固化在产品中。②甲醇本身是一种品质优良的燃料，可以掺杂汽油作为含氧添加剂，可应用于内燃机，尤其是船舶上。③甲醇是一种便利的能量储备媒介，在催化裂解后得到氢气，促进氢能的应用。例如，甲醇在线重整制氢燃料电池。

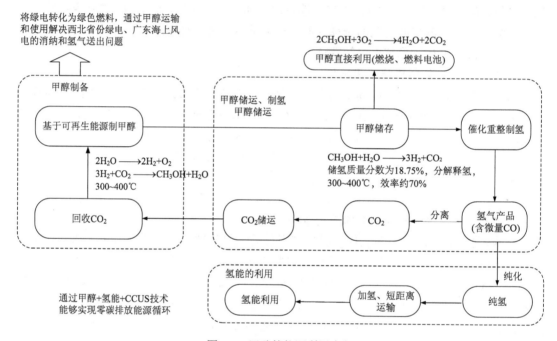

图 7-7　甲醇的能源利用流程

1. 绿色甲醇发动机

甲醇因其物质特性与汽油、柴油等相近，生产成本低，含氧量高，燃烧清洁等特质，可作为发动机的替代燃料。2019 年，工业和信息化部等 8 部门印发《关于在部分地区开展甲醇汽车应用的指导意见》，提出推动甲醇汽车及燃料技术研发与应用。2021 年印发的《"十四五"工业绿色发展规划》提出，促进甲醇汽车等替代燃料汽车推广。数据显示，截至 2022 年，中国甲醇汽车市场保有量约 3 万台，总运行里程约 100 亿公里。

甲醇与汽油、柴油的理化性质不同，故其对发动机燃油供给系统零件材料的兼容性也不同。需对甲醇对发动机燃料供给系统的非金属零件溶胀性、金属零件腐蚀性以及燃烧系统金属零件腐蚀性的影响进行分析。甲醇分子质量小，分子结构简单，比汽油更容易渗透到塑料、橡胶等非金属零件中，发生溶胀。甲醇对塑料的溶胀影响相对较小，当甲醇含量小于 5%时，可忽略甲醇对橡胶件和塑料件的溶胀影响；当甲醇含量大于 15%时，对橡胶垫的溶胀现象较为明显。非耐油橡胶材料(硅橡胶、三元乙丙橡胶)在甲醇汽油中的溶胀较为严重，丁腈橡胶、氢化丁腈橡胶、氟橡胶和氟硅橡胶这 4 种耐油橡胶材料在甲醇汽油中的抗溶胀性较好。甲醇对发动机中的铝质零件、铜质零件和铁质零件有一定的腐蚀性。其中，甲醇对铁质零件的腐蚀性相对较小，对铜质零件和铝质零件会产生较严重的腐蚀。通常在燃料中添加缓蚀剂、抗溶胀剂等溶剂，减缓甲醇给发动机带来的腐蚀。现在，甲醇对橡胶类产品、有色金属材料的腐蚀问题已经基本得到解决。

根据甲醇在发动机上的应用技术，可将发动机分为点燃式发动机和压燃式发动机两类。

1) 点燃式发动机

目前，甲醇在点燃式发动机上的应用方式可以分为甲醇的直接利用以及甲醇的间接利用两种情况。直接利用，是指直接把甲醇作为燃料在发动机内燃烧，可分为甲醇掺烧和直接燃烧纯甲醇两种方式。间接利用并不直接让甲醇在发动机里作为燃料燃烧，而是把通过甲醇的重整裂解反应生成的 H_2、CO 等可燃气体送入气缸进行燃烧，分为纯甲醇裂解以及甲醇水蒸气重整(methanol steam reforming, MSR)两种方式。

从表 7-2 可以看出，无论采用哪种甲醇利用技术，都比燃烧纯汽油的性能更好。从动力性来看，除了采用甲醇裂解以及甲醇掺烧(M10～M50)的方法，动力性在某些工况下可能会有所降低外，采用其他任何技术都会使得其动力性得到提升，而且提升幅度相差不大。从经济性来看，除了采用甲醇掺烧方法，采用其他甲醇应用技术的发动机经济性也都得到改善，但是就甲醇掺烧技术来看，随着甲醇所占比例的增大，其经济性也逐渐提升。当燃料中甲醇体积分数为 50%时，可以看到其经济性相比原机也得到了改善。从排放性来看，不管是采用哪种利用技术，其 CO、HC、NO_x 排放都得到很大程度的降低。尤其是采用甲醇裂解方法，其排放量相比原机可降低 90%左右。整体来看，甲醇在点燃式发动机上采用甲醇裂解方法最具研究价值。

表 7-2 点燃式发动机性能指标变化

技术	指标				
	功率/%	当量燃油消耗率/%	CO 排放/%	HC 排放/%	NO_x 排放/%
M10	−2～6.25	0～1.52	−27.78～−20	−57.14～−26.19	−26.49～−15
M15	−2～9.38	0～0.37	−73.68～−60	−80～−52.38	−54.55～−22.75
M50	2～12.5	15～0	−77.78～−60	−80～−61.90	−69.23～−25
甲醇裂解(铜)	−5～0	−26～−21	−90～−85	≤−90	≤−80
甲醇裂解(钯)	−5～0	−31～−23	−90～−85	≤−90	≤−40
直接燃烧甲醇	5～5.22	−18.52～−10.53	−29.6	−90.5～−7.4	−95.6～−14.8

2) 压燃式发动机

因为甲醇与柴油的性质差异较大，所以甲醇在压燃式发动机上的应用比在点燃式发动机上更加困难，应用技术也更加复杂。甲醇着火自燃温度高、汽化潜热大，因此想要直接在原有柴油机上压燃纯甲醇是难以实现的，又因为甲醇与柴油不能互溶，所以无法正常形成甲醇柴油燃料，只能利用乳化法。但是相较于点燃式发动机来说，柴油机有热效率高、功率高等优点，因此关于甲醇作为其替代燃料的研究也更具研究价值。与甲醇在点燃式发动机上的应用相似，甲醇在压燃式发动机上的应用也分为纯甲醇利用和甲醇与柴油联合使用。现如今，甲醇在压燃式发动机上的应用技术主要有乳化法、电热塞助燃法、直接压燃法、柴油引燃法四种，其中只有电热塞助燃法是直接燃烧纯甲醇的技术。

由表 7-3 可以看出，从动力性来看，上述方法均无法全面改善柴油机的动力性。从经济性来看，采用电热塞助燃法在某些工况下可使当量燃料消耗率最小，即经济性最好，但是其经济性变化过大，因此从经济性来看，电热塞助燃法不适合应用在车用发动机上，而且其碳烟排放严重变差，CO 排放在某些工况下也要变差很多，该方法唯一的优势是其碳烟排放、NO_x 排放降低最多。因此，单纯从经济性来看，乳化法以及柴油引燃法不相伯仲，难以说明某技术更有优势。从排放性来说，采用乳化法，各排放量都会降低，因此从排放角度看，采用乳化法最为合适。整体来看，在压燃式发动机上采用乳化法是最好的应用技术。

表 7-3　压燃式发动机性能指标变化

技术	标指					
	功率/%	当量燃油消耗率/%	CO 排放/%	HC 排放/%	NO_x 排放/%	碳烟排放%
乳化法 M15	1.8～7	−9～−4	−50～−45	−48.89～−40.48	−33.3～−10.7	≤−57.1
乳化法 M30	−5.3～−2.5	−15～−5	−69～−50	−70.59～−48.89	−35.7～−25	≤−64.3
电热塞助燃法	−40～22.5	−69～62	−93.6～1150	187.5～3900	≤−95	−100
柴油引燃法	−5～2.9	−11.6～−2.8	200～1000	66.7～2000	−70～−20	−35～−17

2. 船舶用甲醇发动机

国际海事组织(International Maritime Organization, IMO)的研究报告显示，航运业温室气体排放量占全球排放总量的 2.5%，每年产生大约 9.4 亿吨二氧化碳。《海事系统"十四五"发展规划》明确提出，到 2025 年，营运船舶氮氧化物、硫氧化物排放与 2020 年相比分别下降 7%、6%。为了满足行业日益严格的排放标准，并实现能源多元化，我国一直致力于在船运行业推广可替代清洁燃料。

甲醇燃料应用成为航运业脱碳的重要选择之一。相比其他液体燃料，甲醇的氢碳比最高，不含硫且不含碳-碳键(产生颗粒物)，能有效减少颗粒物和硫氧化物的排放。然而，由于甲醇的热值和密度相比柴油和重油更小，甲醇燃料的存储空间需求为柴油燃料舱的2～3 倍，所以设计储存甲醇燃料的空间更大。相比于船用柴油机，使用甲醇燃料可以降低30%～50%氮氧化物排放。由于甲醇自身不含硫，使用甲醇燃料，可以减排 90%～97%硫氧化物、90%颗粒物以及减少 15%二氧化碳的排放。此外，相比当下最热门的液化天然气(LNG)燃料船，甲醇最大的优势在于其不需要低温储存和绝热，因而燃料舱的设计和建造非常简单，船自身的改造成本较低。加注甲醇对岸上的投资也较少，主要在现有的燃料加注基础设施上做一些改动即可，目前全球有 100 多个港口可使用甲醇，但 LNG 则需要专用的加注码头。

目前，甲醇船用发动机分为两种：一种为双燃料发动机，既可单独使用甲醇为燃料(使用柴油引燃)，也可单独使用燃油；另一种为单一燃料发动机，只能使用甲醇为燃料，不能转换至以任何其他类型燃料运转的发动机。在甲醇船舶内燃机研发方面，主要以瓦锡兰和曼恩(MAN)两家公司为主。与传统重油发动机相比,以甲醇为燃料的发动机在测试中表现出同样或较高的效率。

国内外一部分发动机厂商正在船用甲醇发动机的研发赛道上快速前进。2015 年,全球第一艘甲醇燃料船——Germanica 号渡轮的成功运营,标志着甲醇已经成为可行的船舶燃料。德国 MAN-ES 公司研制的二冲程 ME-LGIM 双燃料发动机既能以甲醇为燃料,也能使用传统燃料;甲醇和其他燃料可无缝切换。适用于几乎所有的远洋船舶,成功地实现了大规模商业化应用。2020 年 3 月,江龙船艇公司推出的国内首艘甲醇燃料动力船艇"江龙号"完成试航,此次试航的甲醇燃料动力船艇相比于纯柴油动力船艇,碳氧化物排放减少 96%、碳氢化物排放减少 99%、烟度减少 54%,各项排放值均优于最新的《船舶发动机排气污染物排放限值及测量方法(中国第一、二阶段)》的限值,具备良好的经济性和环保性,填补了我国在甲醇船艇设计建造领域的空白。该船自重 172t,发动机主体是通用船用柴油发动机,但增加了甲醇和空气的混合装置、甲醇控制单元、甲醇燃料供给系统等配件。2022 年由淄柴动力有限公司、天津大学、淄柴机器有限公司共同完成的"船用中高速甲醇/柴油双燃料发动机技术"也顺利通过技术鉴定并制造出样机。

除此之外,我国积极推进甲醇燃料船加注工作,2022 年 9 月 29 日,中国石化燃料油销售有限公司为国内首艘甲醇双燃料船舶(4.99 万吨)首航加注 90t 甲醇燃料,成为国内第一个开展甲醇燃料加注作业的船舶燃料供应企业。该船舶由中国船舶集团旗下广船国际有限公司自主研发建造,配备了甲醇双燃料驱动系统,可采用燃油、燃油水合物、甲醇、甲醇水合物 4 种燃料模式驱动,能够控制燃烧状态以降低废气排放,不需要安装废气处理系统即可满足国际海事组织最高等级排放要求,最高可减少 75%的碳排放。截至 2022 年 10 月,中船恒宇能源(上海)有限公司已经顺利完成了 3 艘 4.99 万吨甲醇双燃料化学品/成品油船的甲醇燃料加注工作,累计加注甲醇燃料 240t,实现了国内甲醇燃料加注零突破。

总而言之,目前新建船舶订单中对甲醇燃料的关注度越来越高,多以双燃料为主,未来也规划了甲醇制氢燃料电池技术,可选择性也越来越强。

3. 甲醇燃料电池

高温甲醇燃料电池是采用甲醇水溶液为燃料的新能源电池,包括直接甲醇燃料电池(direct methanol fuel cells, DMFC)和间接甲醇燃料电池。根据甲醇重整器相对于质子交换膜燃料电池的位置,可以将间接甲醇燃料电池分为外置重整甲醇燃料电池(external reforming methanol fuel cell, ERMFC)和内置重整甲醇燃料电池(internal reforming methanol fuel cell, IRMFC)具体工作原理详见 9.2 节。

当前,国内外的氢燃料电池车大多直接以充装高压 H_2 为动力源,以甲醇为氢载体动力源的燃料电池车型相对匮乏。德国、美国、日本等国家均对甲醇重整燃料汽车技术进行了较为深入的研发。德国 Innogy 公司研发了全球首例甲醇燃料电池商用汽车,德国大众汽车公司在中国推出 M100 甲醇汽车示范车。美国梅赛德斯-奔驰集团股份有限公司开发的第五代甲醇重整燃料电池 NECAR5 汽车是燃料电池技术的里程碑,已完成了 4800km 行车试验,功率可达 75kW,最高速度达到 150km/h。美国福特公司开发了 M85,研发了甲醇与汽油可任意比例混合的燃料汽车(flexible fuel vehicle,FFV),已实现大规模商业生产。日本本田、丰田和日产等公司已研发出甲醇驱动的燃料电池汽车,日本三菱电机成功开发供氢 5kW 质子交换膜燃料电池(proton exchange membrane fuel cell, PEMFC)的小型甲醇重整反应器。中国各科研机构及企业也开展了有关甲醇燃料电池发电的研究，广东合即得能源科技有限公司(以下简称"合即得")研发的"水氢机"技术，即利用甲醇和水重整制氢供 PEMFC 发电、发热，具备安全、体积小、重量轻、成本低、效率高，以及可随时随地制氢、发电等优点。目前，"水氢机"已应用于警务巡逻车和旅游观光车等。

在商用车领域，我国由东风汽车集团有限公司开发的全球首批基于甲醇重整氢燃料电池的轻型卡车于 2018 年正式投入商业运营。2018 年，中德合资企业 Gumpert Aiways Automobile GmbH 与丹麦燃料电池开发制造商 SerEnergy A/S 公司合作制成首款甲醇重整燃料跑车。2020 年 8 月，我国广东能创科技有限公司成功研制车载甲醇重整制氢系统并用于重卡汽车发电，其产氢量达 650~1200L/min，产氢机的用氢成本仅为使用纯氢的 1/3。中国科学院大连化学物理研究所研发了 75kW 甲醇重整氢能源燃料电池系统，可长时间稳定发电，运行过程系统最大输出功率达 75.5kW。

按目前的发展水平来看，燃料电池堆面临的制造技术要求高，铂催化剂、电解质膜和双极板的材料成本较高等问题，在短期内仍无法得到有效解决。由于甲醇重整系统在工作过程中，由于系统损耗，可能导致重整反应不完全，从而产生一些一氧化碳，而一氧化碳使燃料电池堆发生"中毒"，虽然纯化膜可将一氧化碳阻隔，但是一旦纯化膜阻隔效果下降，就会使得生成的一氧化碳进入燃料电池堆中，此时燃料电池性能就会大大下降，甚至无法正常工作。为了提高甲醇燃料电池汽车的使用性能和寿命，就要对甲醇重整制氢系统的使用情况进行监测，同时还要缩短对甲醇燃料电池的保养和维护周期，这将导致甲醇燃料电池的维护成本大大增加。目前，甲醇燃料电池的能量转化率较低，这也使得甲醇燃料电池汽车的能耗较高。

7.5　新型电燃料储能

近年来，氢氧燃料电池作为未来电动汽车的潜在供能方式受到了越来越多的关注，成为当下最具前景的先进能源技术之一。但氢气的生产、运输和储存目前还未有成熟的解决方案，氢氧燃料电池的广泛应用依然面临巨大的挑战。相比之下，液体燃料具有高能量密度及便于运输与储存等特点，被认为在便携式电子设备和电动汽车行业中具有较大的应用潜力。然而，尽管液体燃料电池使用了贵金属催化剂，传统醇类燃料的反应动力学仍然缓慢，尤其是在室温环境下，极大限制了电池的功率密度和能量效率。为此，香港理工大学研究团队设计开发了一种新型发电系统——电燃料电池(e-fuel cell)。该系统在传统液体燃料电池结构基础上，使用具有高反应活性的电燃料(an electrically rechargeable fuel: e-fuel)作为电池燃料。在室温条件下，显著提高了液体燃料电池的功率密度和能量效率。与传统醇类燃料相比，电燃料具有以下两个特点：①电燃料在碳基材料上具有较高反应活性，其氧化反应无须使用任何催化剂，降低了电池成本并提高了耐久性；②电燃料具有可充电性，降低了燃料成本。该电燃料电池由石墨毡阳极、传统氧阴极以及质子交换膜组成。由于使用了含有钒离子的电燃料，该电燃料电池的理论电压达到了 1.49V，高于传统醇类燃料电池。实验发现，该电燃料电池在室温条件下能够实现 1.23V 的开路电压，750mA/cm^2 的最大电流密度和 293mW/cm^2 的最大功率密度；在恒电流(80mA/cm^2)测试中，实现了 42.3%的能量效率，均高于传统醇类燃料电池。

电燃料可以由无机物质、有机物质或颗粒悬浮液等各种电活性物质组成。与传统液流电池既要能充电又要能放电不同，在液体电燃料系统中，充电和放电单元是相互独立的。充电过程在专门的电站中进行，放电过程则发生在分散的放电设备上，只需输送液体电燃料就可完成能量在时间和空间上的转移。实现了充电与放电的电极解耦，还破解了以往电池因充放电共用电极导致氧化和还原反应相互制约的难题。各部分可以设计专门的氧化或还原电极，提高了电燃料储能系统的性能，降低了成本。电燃料储能系统由于稳定性高，理论寿命长达 20 年。从环保的角度看，电燃料充电装置和电燃料电池中不使用有害贵金属，电燃料可回收并重复利用，克服了锂离子电池、铅蓄电池等不可回收的缺陷。总之电燃料储能技术对我国发展有重大意义。

1) 服务大储能，消解风光电

抽水蓄能、压缩空气储能等多种储能设施为解决风和光电的供应不稳定、地理分布分散的问题提供了一种解决方案。然而，抽水蓄能电站需要有山有水、压缩空气储能依赖储气洞穴，都对地理条件提出了很高的要求。新型电燃料储能系统可以通过电燃料充电器存储风能或太阳能，将电能储存为电燃料的化学能，再通过电燃料电池实现离网或并网供电。电燃料储能实现了电能-化学能-电能的转换。单算充电，效率可达 90% 以上，高效地将光、风电存储到电燃料中；而在放电过程中，除了实现高效率，还达到了高功率密度。电燃料电池峰值功率密度是传统氢氧燃料电池的 2 倍。

电燃料储能系统的容量是没有限制的，是由电燃料的体积多少来决定的。电燃料充电站就如同炼油厂，源源不断地将可再生能源转化为电燃料，电燃料电池又可随时随地、高效高功率地为用户提供清洁电源。

2) 清洁环保、使用灵活

从广义上说，石油也是一种液体能量载体，经过数百万、数千万年的过程中将太阳能储存在石油中。作为一种液体载能介质，石油用起来很方便，但却存在两大问题。首先，石油虽燃烧很快，但储能过程太过缓慢，石油再生的速度远远赶不上消耗的速度；其次，使用化石燃料还会带来碳排放及环境污染等问题。电燃料储能如果同风、光、水等清洁能源结合，刚好避免了石油这两大缺陷。一方面，电燃料充电器储存的能量来自可再生能源，清洁环保。另一方面，这类储能系统充电过程很快，可再生能源可以高效快速地充进电燃料，然后被灵活方便地运输、使用。可以说，可再生能源清洁、环保的优势以及电燃料自身灵活、方便的使用方式，奠定了电燃料储能系统广阔的应用前景。

不久的将来，电燃料储能系统有望实现广泛应用，在绿色出行、节能减排方面扮演重要角色。

本 章 小 结

利用无法消纳或不稳定的新能源电力来规模化合成碳中和的能源燃料，如氢气、氨气和甲醇，然后输运该能源燃料到需要消纳的地方释放能量，完成整个能量的存储和转化过程。燃料储能的独特优势在于可以满足可再生能源的"长时间""大规模""长距离"稳定供应的需求，将在未来能源结构中起到举足轻重的作用。

氢能可以长时间、远距离储存运输，实现能源的跨地域转移，解决我国能源资源分布不均的问题；通过电解水制氢，可以将丰富的可再生能源资源转化为工业、交通等领域需要的燃料或原料，打破行业壁垒，实现能源的跨领域转移。在未来能源系统中，氢能的关键作用首先体现在提高系统灵活性方面，即通过"电-氢"转换制备绿氢，解决可再生能源的消纳问题，其次是将绿氢应用于工业、建筑、交通等部门，替代传统化石原料或燃料，解决行业脱碳问题。绿氢主要来源集中在可再生资源丰富的"三北"及西南地区，而经济发达的东南地区是重要的用氢需求地。要发挥氢能在未来能源体系中的关键作用，首先要解决其从资源中心到负荷中心的大规模输送问题。而现在技术成熟的高压气态输氢技术在200 km 以上的长距离运氢不具备经济性上的优势，管道输氢和液态储运技术又暂未能达到大规模使用要求。因此利用氢气合成氨、甲醇等可以通过化学反应储氢的化工产品是促进氢能储运、应用和降碳的重要手段。

　　氨和甲醇都是已经得到广泛应用的重要工业、化工产品和原材料，在"双碳"目标背景下，有储运便利、产业成熟、利用范围广等优点。氨和甲醇燃料有望作为新型绿色燃料和原材料，促进氢能的储存和利用，并在交通运输、电力供应等领域具有节能、减碳潜力。但应注意的是，氨和甲醇的理化性质存在较大差异，用作燃料时的性能也不尽相同。因此二者在促进氢能利用和降低碳排放的效果方面也存在一定差异。相比之下，绿氨的生产仅需以绿氢替代灰氢即可实现，而绿色甲醇的生产及制氢还需要结合碳捕集技术。因此绿氨生产更为直接，且更容易实现绿氢的高效储运而不涉及碳排放。氨和甲醇在促进氢能储运方面各有利弊，二者利用自身性质推动行业实现脱碳各具优势。在"双碳"工作实施过程当中应统筹考虑，使其起到相辅相成的作用。

习　题

1. 简述燃料储能的必要性。
2. 氢燃料、氨燃料和甲醇燃料储能技术各自的特点是什么？
3. 氨燃料在利用过程中面临一系列挑战，请选择其中一个进行分析，并说明国内外现有的解决方法。
4. 你认为哪种燃料最具应用前景？请阐明原因并说明其应用领域及市场前景。
5. 简述三代合成氨方法的优缺点。
6. 查阅资料，从未来的应用前景谈谈你是如何认识 e-fuel 储能的。
7. 结合兰州新区的"液态阳光燃料合成示范项目"，谈谈你对液态阳光甲醇合成技术的认识。
8. 查阅资料，思考燃料储能在实际应用中的局限性。
9. 思考氢燃料和氨燃料内燃机技术发展的意义。

参 考 文 献

[1] 国家能源局. 氢能,现代能源体系新密码[EB/OL]. (2022-05-07)[2023-07-20]. http://www.nea.gov.cn/2022-05/07/c_1310587396.htm.
[2] 中国电力企业联合会.新能源配储能运行情况调研报告[R]. 北京: 中国电力企业联合会, 2022.
[3] 前瞻产业研究院. 预见 2024:《2024 年中国电解水制氢行业全景图谱》[EB/OL]. (2024-07-31) [2024-08-19]. https://www.qianzhan.com/analyst/detail/220/240731-12e2857e.html.
[4] 刘晓璐, 耿钰晓, 郝然, 等. 环境条件下电催化氮还原的现状、挑战与展望[J]. 化学进展, 2021, 33 (7): 1074-1091.
[5] WANG Y G, ZHENG S S, CHEN J, et al. Ammonia（NH$_3$）storage for massive PV electricity[J].

Proceedings of the 12th international photovoltaic power generation and smart energy conference & exhibition (SNEC2018), 2018, 150: 99-105.

[6] 龙新峰, 廖葵. 氨基热化学储能反应器的热性能分析[J]. 热力发电, 2008, 37(11): 59-63.

[7] MORGAN E, MANWELL J, MCGOWAN J. Wind-powered ammonia fuel production for remote islands: a case study[J]. Renewable energy, 2014, 72: 51-61.

[8] 王震, 闫霆, 霍英杰. 氯化锰/氨热化学吸附储热的特性[J]. 化工进展, 2022, 41(8): 4425-4431.

[9] ROUWENHORST K H R, VAN DER HAM A G J, MUL G, et al. Islanded ammonia power systems: technology review & conceptual process design[J]. Renewable and sustainable energy reviews, 2019, 114: 109339.

[10] 安广禄, 刘永忠, 康丽霞. 适应季节性氨需求的可再生能源合成氨系统优化设计[J]. 化工学报, 2021, 72(3): 1595-1605.

[11] REITER A J, KONG S C. Demonstration of compression-ignition engine combustion using ammonia in reducing greenhouse gas emissions[J]. Energy & fuels, 2008, 22(5): 2963-2971.

[12] HAPUTHANTHRI S O, MAXWELL T T, FLEMING J, et al. Ammonia and gasoline fuel blends for spark ignited internal combustion engines[J]. Journal of energy resources technology, 2015, 137(6): 062201.

[13] MØRCH C S, BJERRE A, GØTTRUP M P, et al. Ammonia/hydrogen mixtures in an SI-engine: engine performance and analysis of a proposed fuel system[J]. Fuel, 2011, 90(2): 854-864.

[14] LHUILLIER C, BREQUIGNY P, CONTINO F, et al. Experimental study on ammonia/hydrogen/air combustion in spark ignition engine conditions[J]. Fuel, 2020, 269: 117448.

[15] MATHIEU O, PETERSEN E L. Experimental and modeling study on the high-temperature oxidation of Ammonia and related NO_x chemistry[J]. Combustion and flame, 2015, 162(3): 554-570.

[16] 雍瑞生, 杨川箬, 薛明, 等. 氨能应用现状与前景展望[J]. 中国工程科学, 2023, 25(2): 111-121.

[17] ISHAK F, DINCER I, ZAMFIRESCU C. Thermodynamic analysis of ammonia-fed solid oxide fuel cells[J]. Journal of power sources, 2012, 202: 157-165.

第8章

氢　能

氢是地球上含量最丰富的元素，它与碳、氧一起构建了稳定的基本化学反应，以提供能量。氢能和电能一样都属于"二次能源"，具有热值高、质量轻、资源丰富的特点。氢气的燃烧热值高达 140.4 MJ/kg，仅次于核燃料，是同质量汽油、焦炭等化石燃料的 3～4 倍[1]；氢气的燃烧产物只有水，不会产生任何污染物；扩散系数大，发生泄漏时极易扩散，在开放空间的安全性好。来源广泛，氢主要以化合物的形态贮存于水中，而水是地球上分布最广泛的物质，高效灵活，氢还能帮助可再生能源大规模消纳，实现电网大规模调峰和跨季节、跨地域储能，加速推进工业、建筑、交通等领域的低碳化。基于此，氢能成为破解能源危机，构建清洁低碳、安全高效现代能源体系的新密码。氢气的巨大化学能为其在能量存储领域带来广阔的应用前景，利用各种制氢方法，可以将电能、生物能、热能和太阳能等能源，以化学能的形式存储在氢气内，在一定的储氢技术下，可以实现氢的长时间储存与远距离运输，氢能的角色与功能如图 8-1 所示。

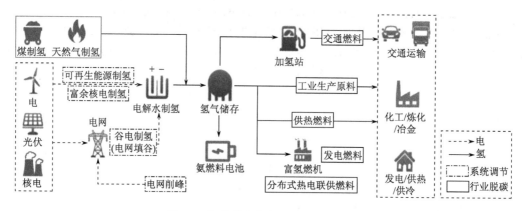

图 8-1　氢能的角色与功能定位示意图

氢能作为能量载体，主要有以下三种利用方式：利用氢和氧化剂发生反应，释放出热能；利用氢和氧化剂在催化剂作用下，获取电能；利用氢的热核反应，释放出核能。热化学利用通过燃烧产生热能，在热发动机中产生机械功，用氢代替煤、石油、天然气等进行燃烧的应用不需要对现有的技术装备作重大的改造，现有的内燃机、燃气轮机或燃烧器稍加改装即可使用。通过燃料电池等电化学转化装置，氢能也可直接转化为电能。

氢能作为一种替代能源进入人们的视野还要追溯到 20 世纪 70 年代。其实，中东战争引发了全球的石油危机，美国为了摆脱对进口石油的依赖，首次提出"氢经济"概念，认为未来氢气能够取代石油成为支撑全球交通的主要能源。1960～2000 年，作为氢能利用重要工具的燃料电池获得飞速发展，在航天航空、发电以及交通领域的应用实践充分证明了氢能作为二次能源的可行性。氢能产业在 2010 年前后进入低潮期。但 2014 年丰田公司"未来"燃料电池汽车的发布引发了又一次氢能热潮。随后，多国先后发布了氢能发展战略路线，主要围绕发电及交通领域推动氢能及燃料电池产业发展；欧盟于 2020 年发布了《欧盟氢能战略》，旨在推动氢能在工业、交通、发电等全领域应用；2020 年美国发布《氢能计划发展规划》，制定多项关键技术经济指标，期望成为氢能产业链中的市场领导者。至此，占全球经济总量 75% 的国家均已推出氢能发展政策，积极推动氢能发展。

我国氢能产业和发达国家相比仍处于发展初级阶段。近年来，我国对氢能行业的重视不断提高。2019 年 3 月，氢能首次被写入《政府工作报告》，在公共领域加快充电、加氢等设施建设；2020 年 4 月，《中华人民共和国能源法（征求意见稿）》拟将氢能列入能源范畴；2021 年 10 月，中共中央、国务院印发《关于完整准确全面贯彻新发展理念做好碳达峰碳中和工作的意见》，统筹推进氢能"制—储—输—用"全链条发展；2022 年 3 月，国家发展和改革委员会发布《氢能产业发展中长期规划（2021—2035 年）》，氢能被确定为未来国家能源体系的重要组成部分和用能终端实现绿色低碳转型的重要载体，氢能产业被确定为战略性新兴产业和未来产业重点发展方向。近年来，我国氢能产业发展迅速，基本涵盖了氢气"制—储—输—用"全链条。

8.1 制 氢 技 术

虽然氢元素储量丰富，但自然界中绝大部分都以化合物的形式稳定存在，难以直接利用，因此，高效环保的制氢方法是氢能开发利用的关键。

氢能产业链的上游为制氢，《中国氢能产业发展蓝皮书（2023）》指出，我国是世界上最大的制氢国，2022 年我国氢气产能约为 4100 万吨/年，产量为 3781 万吨/年。根据制取过程的碳排放强度，氢被分为灰氢、蓝氢、绿氢和白氢。灰氢是指通过化石燃料燃烧产生的氢气，在生产过程中会有大量二氧化碳排放，技术成熟，适合大规模制氢，成本优势显著，约占目前全球市场氢能源供应的 95%；蓝氢是在灰氢的基础上，应用碳捕集、利用与封存技术，实现低碳制氢；绿氢是通过太阳能、风力等可再生能源制氢及核能制氢，在制氢过程中几乎没有碳排放，是未来氢气制取的主要方向，但绿氢制取技术目前成熟度较低，技术成本高，推广应用仍需要时间。白氢是天然形成的氢气，与人工生产的绿氢或灰氢不同，它不是由气体或电解转化的结果。表 8-1 列举了几种典型制氢技术的成熟度、生产规模和碳排放。

表 8-1 典型制氢技术的成熟度、生产规模和碳排放对比[2]

氢气	工艺路线	技术成熟度	生产规模/(m^3/h)	碳排放/$(kg\ CO_2/kg\ H_2)$
灰氢	煤制氢	成熟	$1000 \sim 20 \times 10^4$	19
	天然气制氢	成熟	$200 \sim 20 \times 10^4$	10
蓝氢	煤制氢+CCS	示范论证	$1000 \sim 20 \times 10^4$	2
	天然气重整制氢+CCS	示范论证	$200 \sim 20 \times 10^4$	1

续表

氢气	工艺路线	技术成熟度	生产规模/(m³/h)	碳排放/(kg CO₂/kg H₂)
蓝氢	甲醇裂解制氢	成熟	50~500	8.25
	芳烃重整副产氢	成熟	—	—
	焦炉煤气副产氢	成熟	—	—
	氯碱副产氢	成熟	—	—
绿氢	水电解制氢	初步成熟	0.01~4×10⁴	—
	核能制氢	基础研究	—	—
	生物质制氢	基础研究	—	—
	光催化制氢	基础研究	—	—

《中国氢能产业发展蓝皮书(2023)》指出，当前，我国的氢能源结构与世界氢能源结构差距较大。从全球的氢能源结构来看，氢气有 48%来源于天然气、30%来自副产氢、18%来源于煤炭，而我国目前仍是以煤制氢为主，占比达 62%，天然气制氢占比 19%，石油制氢、工业副产气制氢占比 18%，而电解水制氢仅占 1%。但是随着可再生能源发电项目的大规模布局、电解槽等相关设备供应链的扩大以及氢能利用水平的提高，国际氢能委员会预测，到 2030 年可再生能源制氢成本与 2020 年相比将降低 60%，制氢成本可能为 1.4~2.3 美元/千克。国际能源署在《全球能源行业 2050 净零排放路线图》的报告中指出，到 2050 年全球实现二氧化碳净零排放将需要大约 5.2 亿吨的低碳氢气，其中来自可再生能源的绿氢要占到约 60%。

8.1.1 化石燃料制氢

1. 水煤气法制氢

以无烟煤或焦炭为原料，与水蒸气在高温时反应得到水煤气（$C+H_2O \longrightarrow CO+H_2$）；净化后再将它与水蒸气混合在一起通过触媒令其中的 CO 转化成 CO_2（$CO+H_2O \longrightarrow CO_2+H_2$），可得含氢量在 80%以上的气体；再压入水中溶去 CO_2，进一步除去残存的 CO，最后得到较纯的氢气。这种方法产量大，使用设备较多，在合成氨工艺煤制甲醇、煤制天然气中多用此法。根据我国的能源结构特点，目前仍以煤制氢为主。

2. 天然气重整制氢

与水煤气法制氢类似，以天然气为原料，在高温高压条件下，甲烷与水蒸气在催化剂的作用下发生反应生成一氧化碳和氢气，然后通过进一步处理将一氧化碳脱除，从而最终得到氢气（$CH_4+H_2O \longrightarrow CO+3H_2$；$CO+H_2O \longrightarrow CO_2+H_2$）。重整反应一般要求温度维持在 750~920℃，压力通常在 2~3MPa。这种方法产量很大，相比煤制氢，碳排放有所减少。其氢产量占据了世界制氢产量的 40%以上，技术成熟度高，装机容量范围广泛，从小型的 <1t/h H₂ 到集中为合成氨企业提供 10t/h H₂ 产量均可满足。

3. 石油热裂制氢

石油热裂副产的氢气产量很大，常用于制备汽油氢、石油化工和化肥厂所需的氢气，世界上很多国家都采用这种制氢法，中国大部分石油化工基地也用这种方法制备氢气。

4. 等离子体电弧分解制氢

等离子体分为两种，离子和电子之间温度接近的热等离子体和电子温度高于离子的冷等离子体。当甲烷通过等离子电弧时会分离为氢气和炭黑：

$$CH_4 \longrightarrow C+2H_2(g) \tag{8-1}$$

将甲烷通过热等离子体，如图 8-2 所示，由三相交流电源(最高电压为 263kV)为其提供能量，生成的炭黑在尾部过滤器收集，其所产生的氢气里，氧化物的含量为零，入射区的温度高达 2500℃。

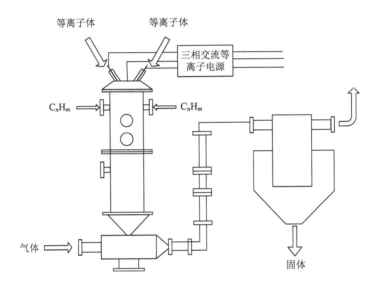

图 8-2　等离子体电弧分解制氢示意图

水在高温条件下会发生以下反应：

$$H_2O(g) \longrightarrow H_2(g)+0.5O_2(g) \tag{8-2}$$

为达到一定的反应程度(平衡向正反应方向移动)，需要达到 2500K 以上的热源，而在 1 个大气压下，温度达到 3000K 的分解率仅为 64%。但是，水的热解需要考虑气体分离的方式。将生成的气体在数毫秒之内通过淬火的方法快速冷却，可以有效防止其再结合，最后通过膜将氢气分离。

8.1.2　电解水制氢

电解水制氢技术可以采用可再生能源电力，不会产生 CO_2 和其他有毒有害物质的排放，从而获得真正意义上的"绿氢"。电解水理论转化效率高、获得的氢气纯度高。根据电解质的不同，电解水制氢技术路线主要有 4 种，即碱性电解水(alkaline water electrolysis, AWE)制氢、阴离子交换膜电解水(anion exchange membrane electrolysis, AEM)制氢、质子交换膜电解水(proton exchange membrane electrolysis, PEM)制氢，以及固体氧化物电解水(solid oxide electrolysis cells, SOEC)制氢。其中，AWE 技术是市场化最成熟、应用最广泛、制氢成本最低的技术，是大型制氢储能项目的首选技术路线。PEM 技术近年来发展迅速，被认为是现阶段最具有应用前景的电解水制氢技术之一。AEM 技术是在传统 AWE 和 PEM 基础上发展起来的，结合了 AWE 的低成本材料体系和 PEM 制氢技术的动态响应特性，原理与传统碱性水电解制氢类似。SOEC 技术能耗最低、能量转换效率最高，但工作温度高（700～900℃），寿命较短，电解槽启停不便，目前仍处于初期示范阶段。表 8-2 总结了四种电解水制氢技术的指标参数及优缺点。

表 8-2 电解水制氢技术指标参数及优缺点对比

序号	参数	技术分类			
		碱性电解水制氢	质子交换膜电解水制氢	固体氧化物电解水制氢	阴离子交换膜电解水制氢
1	电解质	20%～30%KOH	全氟磺酸膜	氧化钇稳定的氧化锆	二乙烯基苯高分子载体
2	隔膜	石棉/聚苯硫醚等	全氟磺酸膜	锆基陶瓷膜	阴离子交换膜
3	阳极催化剂	镀镍穿孔不锈钢	氧化铱	钙钛矿型	高表面积镍或 NiFeCo 合金
4	阴极催化剂	镀镍穿孔不锈钢	铂纳米颗粒	镍/氧化锆	高表面积镍
5	运行温度/℃	70～90	50～80	700～900	40～60
6	工作压力/MPa	0.1～3.0	4.0～7.0	0.1	<3.5
7	系统效率/%	60～75	70～90	85～100	60～90
8	氢气纯度	>99.8%	≥99.99%	≥99.99%	>99.99%
9	电流密度/(A/cm^2)	0.2～0.6	1.0～4.0	1.0～10	0.2～04
10	能耗/(kW·h·m^{-3})	4.2～5.9	4.2～5.6	>3.7	—
11	氢气压力/MPa	0.1～1.0	0.1～7.0	>0.01	—
12	成本/(元/kW)	2000	12000	50000	—
13	寿命/h	80000	20000	20000	—
14	多孔输送层阳极	镍网	镀铂烧结多孔钛	镍网或泡沫镍	泡沫镍
15	多孔输送层阴极	镍网	烧结多孔钛或碳布	无	泡沫镍或碳布
16	双极板阳极	镀镍不锈钢	镀铂钛	无	镀镍不锈钢
17	双极板阴极	镀镍不锈钢	镀金钛	镀钴不锈钢	镀镍不锈钢
18	技术成熟度*	8～9	8～9	5～6	2～3
19	产业化程度	充分产业化	初步商业化	实验室向产业化过渡	实验室向产业化过渡
20	优点	简单，技术成熟可靠性高，能在常温常压下运行	生命周期长，稳定性好，槽腐蚀性小，电解效率高，系统简化，装置结构紧凑，产氢纯度高	电解效率高，可达 90%以上，能耗低，成本低	集合了碱性电解水和质子交换膜电解水技术的优点
21	缺点	制氢效率低，能耗大，存在渗碱环境污染问题	成本高，价格昂贵，膜电极组件上的电催化剂易被金属离子毒化	工作温度高达 600～1000℃，温度要求高，关键材料在高温下易老化	聚合物膜中氢氧根离子导通率较低，稳定性较差

*该技术成熟度分类来源于美国能源部 2020 年的划分。欧盟 2020 年时对 SOEC 的评估为 TRL7，高于美国能源部 TRL5～TRL6 的评估。

1. 电解水的基本概念和基本原理

电解水的一般过程如下：水进入电解槽中，当电压足够高(高于开路电压 E_0 时)，在负极析出氢气，正极析出氧气。离子通过电解质和隔膜传输，以保证两极的气体分隔。电解槽的工作原理见图 8-3。

分解水所需的最小能量是由下述反应的吉布斯自由能 ΔG_R 决定的。在标准状态(298.15K，101.3kPa)下，ΔG_R 的值为 237.19kJ/mol。开路电压 E_0 可用下式表示：$E_0 = \Delta G_R / (nF)$，n 为每摩尔水分解迁移的电子数量；F 为法拉第常数(96485C/mol)。因此可以算出标准状态下，水

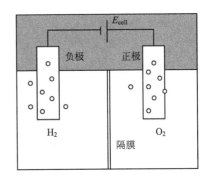

图 8-3 电解槽工作原理图

电解为氢和氧的标准开路电压为 1.23V。由于吉布斯自由能是温度和压力的函数 $\Delta G = \Delta H - T\Delta S$，因此开路电压也是两者的函数。当温度升高时，$\Delta S$ 会增大，从而导致 ΔG 变小，E_0 降低，更加有利于反应的进行；当压强升高时，反应物浓度增大，ΔG 也会变小，E_0 降低，更加有利于反应的进行。

1mol 水中的能量是由生成焓决定的，与反应的吉布斯自由能取决于热力学温度和反应熵不同。根据热力学第二基本定律，一部分反应焓可以转化为热能，其最大值为 $\Delta Q_R = T \cdot \Delta S_R$，见式(8-3)：

$$\Delta H_R = \Delta G_R + T\Delta S_R \tag{8-3}$$

因此，反应所需要的总能量可以用电能和热能相结合的方式提供。所需电能可以通过升高温度来降低。这种方法更令人满意，因为热通常是工业副产物，且比电的能量损失小。实际上，电解水所需电能比上述理论最小能量要高得多。电解槽的总电压取决于电解槽中的电流、欧姆电阻引起的压降、正极和负极的过电位，见下式：

$$E_{cell} = E_0 + iR + |E_{负极}^{OV}| + |E_{正极}^{OV}|$$

$|E_{负极}^{OV}|$ 和 $|E_{正极}^{OV}|$ 分别代表负极和正极的过电位，也称为析氢过电位和析氧过电位，其大小表征了用于激活电极反应和克服浓度梯度所需的额外电能。欧姆压降 iR 是电解质和电极的电导率、两极间距、隔膜的电导率以及电解槽各组件接触电阻的函数。

电解水的能量效率定义为单位时间产生的氢气所含的能量大小与所需电能的比值：

$$\varepsilon = (\Delta H_R n_{H_2}) / P_{电} \tag{8-4}$$

式中，ΔH_R 为常用氢的低热值；n_{H_2} 为所产生的氢气的摩尔数；$P_{电}$ 为输入的电能。商用电解槽的能量效率为 65%～75%。

2. 电解水制氢的分类

1) 碱性电解水制氢

碱性电解水制氢是一种成熟的技术，工业上已广泛使用，据报道统计，2022 年全年国内公开报道的碱性电解槽企业产能接近 11GW。碱性电解水制氢可用质量分数为 25%～30%的 KOH 水溶液，或者是使用 NaOH 和 NaCl 水溶液，中间有一个隔膜用于阻断气体移动，典型的工作温度为 80～100℃。结构简单，操作方便，但是能量转换效率低，为 70%～

80%，制氢过程中需要消耗大量的电能。

多个单电解槽组合在一起构成电解槽，电解槽分为单极和双极两种，其结构如图 8-4 所示。单极电解槽由单电解槽并联组成，电解槽对环境开放。单极电解槽需要严格管理高电流，且不能高压运行。至今，仅少数企业采用这种方法，多数企业采用双极电解槽。双极电解槽是指一个电极同时作为阳极和阴极。多个单电池顺序堆叠起来的排布方式称为一个堆，其优势在于车间可以设计得紧凑。双极电解槽电流小，但电压高，需要加强管理。由于电极间距决定了电解槽堆的欧姆损失，人们设计了一种称为"零间距（zero-gap）"的电解槽，即电极是直接放置在隔膜上的。

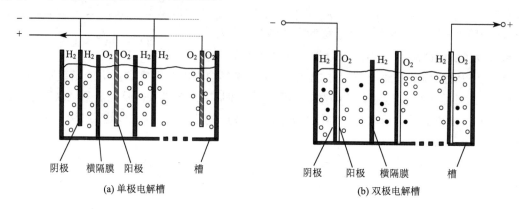

(a) 单极电解槽　　　　　　(b) 双极电解槽

图 8-4　碱性电解槽结构示意图

2）质子交换膜电解水制氢

PEM 电解槽常采用双极结构，其原理如图 8-5 所示。阳极侧加入纯水作为反应物，阳极发生氧化反应生成 O_2 和大量 H^+，H^+ 在直流电场作用下通过质子交换膜传导至阴极并发生还原反应生成 H_2，H_2 和 O_2 通过双极板收集并输送至后处理流程，一般认为 PEM 电解水是在强酸条件下发生的电解水反应。质子交换膜化学稳定性和质子传导性良好，以固体

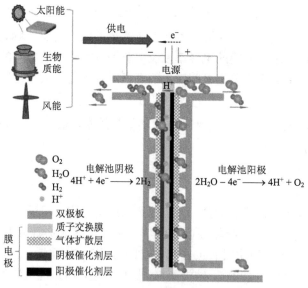

图 8-5 质子交换膜电解槽工作反应原理

电解质替代了碱槽的隔膜和碱液电解质，既能隔离气体又能传导离子，避免了潜在的碱液污染和腐蚀问题。PEM 电解水制氢的效率较高(电解水制氢效率可达 85%以上)，电流密度大(普遍高于 1.0A/cm², 一般为 1.0~2.0A/cm², 先进的设备可达 3.0~4.0A/cm²)，氢气纯度高(一般达到 99.99%以上，甚至达到 99.999%以上)，运行压力高，电解槽体积小、质量轻，结构紧凑，功率调节范围宽、响应速度快等优势，与波动性较大的风电和光伏有很好的适配性，装置集成化程度高，可实现长期稳定运行，启闭操作简单，维护成本低。近年来，PEM 电解水制氢发展迅速，被认为是现阶段最具有应用前景的电解水制氢技术之一。但其成本较高，为碱性电解槽的 3~5 倍，这成为限制其大规模应用的关键因素之一。PEM 电解槽单槽制氢量较小，其最大产氢量常低于碱性电解槽，一般为 0.01~300Nm³/h，这成为大规模制氢时限制其应用的又一缺点。

3) 固体氧化物电解水制氢

固体氧化物电解水制氢技术又称为高温电解水制氢技术，其利用高温水蒸气电解制氢，效率高于碱性电解水制氢技术和 PEM 电解水制氢技术。其温度范围为 600~1000℃(一般为 700~800℃)，在高温下具有更快的电化学反应动力学效应，能源转化效率更高，高温下 SOEC 电解装置对电能的需求量逐渐减小，对热能的需求量逐渐增大。如图 8-6 所示，SOEC 技术是固体氧化物燃料电池的逆过程，其可将电能转换为化学能，利用可再生能源高效合成燃料和高附加值化学品(氨气、甲醛等)。SOEC 电解槽进料为水蒸气，若添加二氧化碳后，则可生成合成气(syngas，氢气和一氧化碳的混合物)，再进一步生产合成燃料(e-fuel，如柴油、航空燃油)。因此 SOEC 技术有望被广泛应用于二氧化碳回收、燃料生产和化学合成品，这是欧盟近年来的研发重点。SOEC 的另一优势是可逆性，即可逆燃料电池用于可再生能源的存储，这也是欧美的一个长期重点研发课题。SOEC 拥有不使用贵金属催化剂、余热温度高、能量转化效率高、共电解性、可逆操作性等优势，可用于制氢、热电联产等场景，是我国"双碳"目标的重要发展方向。

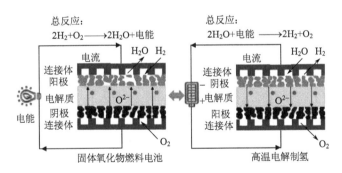

图 8-6　SOEC 和 SOFC 的可逆运行原理

SOEC 电解效率高，吸引大批研究者对其深入研究。该技术近年来得到快速发展，逐渐以其工作温度高、效率高、蒸气水替代液态水、可反向运作充当燃料电池等优势，走出了实验室，目前在国际上已经初步实现了商业化运作，但规模远落后于碱性电解水和 PEM 电解水制氢产业。2023 年 4 月 25 日，国内 SOEC 技术有了突破，上海翌晶氢能科技有限公司研发的国内首条固体氧化物电解水制氢电堆自动化生产线正式下线，年产能可达 100MW，可兼容多型号电堆生产。由于温度较高，SOEC 电解反应动力学过程较快，过电位较低，电能转化效率极高，但是 SOEC 所处的强腐蚀环境对其材料的性能带来巨大挑战：①阴极金属催化剂在高温高湿环境下极易迁移、团聚、挥发，反应气体扩散易导致其浓度差极化升高，电解效率降低；②电解质材料欧姆阻抗较高，导致欧姆极化高，电能损失增大；③高电流密度下阳极材料和电解质层会发生界面层离；④密封元器件在高温下材料力学性能退化，易发生泄漏等危险。

4) 阴离子交换膜电解水制氢

阴离子交换膜电解水制氢，是目前较为前沿的电解水技术之一，当前只有极少数的公司在尝试将其转为商业化运行，相关的应用和示范项目极少，其原理如图 8-7 所示。AEM 设备运行时，原料水从 AEM 设备的阴极侧进入，水分子在阴极参与还原反应得到电子，生成氢氧根离子和氢气，氢氧根离子通过聚合物阴离子交换膜到达阳极后，参与氧化反应失去电子，生成水和氧气。原料水中有时会加入一定量的氢氧化钾或者碳酸氢钠溶液作为辅助电解质，有助于提高 AEM 电解设备的工作效率。

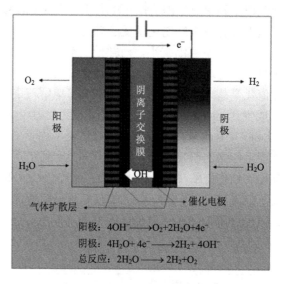

图 8-7　AEM 工作原理示意图

AEM 技术结合了碱性电解水技术和 PEM 电解水技术的优点，具有更高的电流密度和响应速度，能量转化效率更高，电解液为纯水或低浓度碱液，缓解了强碱性溶液对设备的腐蚀，另外 AEM 技术可采用 Fe、Ni 等非贵金属作为电极催化剂，相对 PEM 电解水技术，其装置制造成本显著降低。该技术总体上优于碱性水电解制氢技术，但是目前仍处于试验研究、发展阶段，并未大规模商业化应用，存在亟须解决的关键问题。AEM 电解设备总体产业化程度较低，处于前期研发阶段，全球仅有少数几家企业在尝试将 AEM 技术商业化。Enapter 公司是少数成功生产出商业化 AEM 制氢设备的企业，该公司于 2021 年开始 AEM 生产线的建设，推出了 AEM 电解水制氢系统，具备每月生产 10000 台 AEM 电解水标准化模块的能力，该 AEM 电解水制氢系统由 420 个制氢模块组成，制氢规模为 0.5Nm³/h。目前，国内在 AEM 制氢领域布局的企业相对较少，典型企业有北京未来氢能科技有限公司、稳石氢能科技有限公司、厦门仲鑫达氢能技术有限公司和北京中电绿波科技有限公司。

8.1.3 热化学循环分解水制氢

热化学循环分解水制氢技术并不需要对氢气和氧气进行分离，利用水与中间物料在较适宜的反应温度下发生各种化学反应，最终生成 H_2 和 O_2。循环中每个反应所需温度相对温和，通常伴随高温吸热反应和低温放热反应，能耦合的热源范围广，包括太阳能和核能等。其中，热化学硫碘/碘硫循环水分解制氢利用 3 个简单的热化学反应实现水的分解，可使热分解温度降至 900℃ 以下，制氢热效率高；能在全流态下运行，易于放大和实现连续操作；以硫酸分解作为高温下的吸热过程，可与高温气冷反应堆良好匹配。相比其他制氢方法，硫碘制氢在技术和经济上更易实现，是热化学水分解领域内公认的最具应用前景的制氢方式之一。同时，由于硫碘制氢所需反应环境苛刻，目前该工艺仍未完全成熟，需大量研究。

热化学硫碘/碘硫循环水分解制氢的具体机理如图 8-8 所示，该循环由以下 3 步反应构成。

Bunsen 反应：

$$SO_2(g) + I_2(g) + 2H_2O(l) \xrightarrow{\text{20~120℃}} 2HI(g) + H_2SO_4(aq) \tag{8-5}$$

H_2SO_4 分解反应：

$$H_2SO_4(aq) \xrightarrow{\text{800~900℃}} H_2O(g) + SO_2(g) + \frac{1}{2}O_2(g) \tag{8-6}$$

HI 分解反应：

$$2HI(g) \xrightarrow{\text{300~500℃}} I_2(g) + H_2(g) \tag{8-7}$$

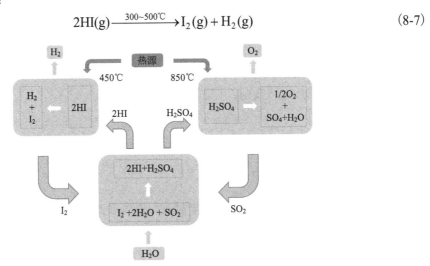

图 8-8 热化学硫碘循环水分解原理

循环过程中，SO_2、I_2 和 H_2O 在 85℃ 左右发生氧化还原反应生成 H_2SO_4 和 HI。随后，H_2SO_4 经纯化后，在 850℃ 下分解为 SO_2、O_2 和 H_2O，SO_2 循环回 Bunsen 反应与 I_2 和 H_2O 发生反应，产物 O_2 则被分离出去。HI 分解步骤较相似，纯化后的 HI 经电解-电渗析（electrolysis-electrodialysis, EED）浓缩后，在 450 ℃ 下被分解为 H_2 和 I_2，H_2 作为产物输出，剩余的混合溶液则循环回 Bunsen 反应。整个循环过程输入热量和 H_2O，输出 H_2 和 O_2，其

他物料循环使用。

为进一步加快硫碘循环制氢，需对循环基础和循环系统进行深入研究：①基础研究。对于 Bunsen 反应部分，传统方法需加入过量的碘和水，后续处理过程复杂。因此，寻求一种能高效分离 Bunsen 反应生成 H_2SO_4 和 HI 的新方法至关重要。对于 H_2SO_4 分解和 HI 分解部分，未来主要的研究方向集中在稳定、高效、低成本催化剂的开发。②循环系统。H_2SO_4、HI 等强酸在高温条件下具有强腐蚀性，对整个系统的耐高温、耐腐蚀提出了极为苛刻的要求。目前迫切需要开发由工业结构材料制成的耐腐蚀和耐热系统，并探究各模块的动态匹配特性，以期实现硫碘循环系统的长期稳定运行。

8.1.4 生物质制氢

部分生物质可被用于产生氢气，根据生物质种类的不同，主要可以分为四类：

(1) 能源作物，包括农作物及其有机残留物、林木和森林工业残留物及水生物等；

(2) 农业废弃物和残留物，包括植物作物废物和动物废弃物等；

(3) 林业废弃物和残留物，包括轧机木材废料、伐木残留物等；

(4) 工业和城市废弃物，包括城市固体废弃物、污水污泥和工业废弃物等。

生物质用于制造氢气，主要的制氢方法有生物质热解和生物质气化。生物质热解是在高温无氧下将生物质转化为液化油、固体炭和气体混合物等，分为快速热解和慢热解，其中，慢热解的主要产物是固体炭，不利于氢气生成，一般不作考虑。快速热解是在无氧的情况下对生物质快速加热，其通用的化学反应式为

$$\text{生物质} \longrightarrow H_2 + CO + CH_4 + \text{其他产物} \tag{8-8}$$

其中，甲烷可以通过蒸气重整增加氢气产量：

$$CH_4 + H_2O \longrightarrow 3H_2 + CO \tag{8-9}$$

并将一氧化碳与水进行反应：

$$CO + H_2O \longrightarrow H_2 + CO_2 \tag{8-10}$$

根据设备大小和生物质种类，生物质热解制氢的成本为 62.09～108.76 元/GJ。

与热解不一样，生物质气化是在有氧情况下进行的。在气化炉中，生物质在高温环境下会发生气化，其局部发生氧化，生成气体和炭，炭进一步转化，最后生成氢气、一氧化碳、二氧化碳和甲烷。利用气化木屑产生氢气，温度和流量分别为 500K 和 4.5g/s，每千克生物质气产量能达到 80～130g。

$$\text{生物质} + \text{水蒸气} \longrightarrow H_2 + CO + CO_2 + CH_4 + \text{烃类} \tag{8-11}$$

8.1.5 制氢技术的发展趋势

化石燃料制氢的技术成熟度最高，易规模化，成本可以得到很好的控制，占据着全世界产氢量的主要份额。但是由于化石燃料储量有限，且制氢过程中产生的含碳副产物无可避免，因此过度发展化石燃料制氢技术不具有可持续性。采用化石燃料制备的氢气相比电解水制氢，氢气中杂质种类和含量较多。

电解水制氢技术是实现氢经济的必然选择。水资源丰富，制氢原料是水，燃烧产物也

是水，因此在氢经济中，水可以看作无消耗的。此外，电解水生产的氢纯度很高。电解水制氢技术中，碱性电解水制氢技术成熟，易实现规模化生产；固态聚合物电解水技术相对成熟，适合小规模制氢，但由于使用贵金属催化剂，成本高；固体氧化物电解水技术是一种新兴的技术，能量转换效率高，经济性和长期服役的综合性能测评还需要进一步验证。电解水的电能供给方式是多样的，随着可再生能源的发展与兴盛，除了常用的化石燃料发电外，人们还在探讨使用清洁的可替代能源的可行性，如太阳能制氢、光催化制氢、核能制氢、风电制氢等。在进行风能发电并网时，利用多余的风电制氢，把可再生能源以氢气的方式储存起来，即 Power-to-Gas。太阳能制氢的转换率低，只有 16%，在经济上没有竞争力。此外，生物质制氢技术与化石燃料制氢技术相似，但由于原材料具有可持续性，也不失为制氢的一种选择方案。其缺点是生物质有限，不能满足人类对能源的需求，但作为辅助制氢技术还是可行的。

8.2　储　氢　技　术

氢在常温常压下以气体的形式存在，且易燃、易爆、易扩散，具有明显的安全隐患，故要实现氢能的有效利用，储氢技术的发展必不可少。对氢能储运系统的要求包括储氢密度大、吸放条件温和、储氢系统的动力学性质要好、储氢系统的成本低、使用寿命长、安全性高。

根据储氢的原理不同，可以分为物理法储氢和化学法储氢两大类。表 8-3 列出了 4 种可逆的储氢方式。

表 8-3　储氢方式对比

储氢技术	体积储氢密度/(mol/L)	氢质量占比/%	环境要求	成熟度
高压气态储氢	4.5～15.6	1～5.7	常温、高压(10～70MPa)	商业化应用
低温液态储氢	35～42	5.7～6	超低温(低于 240℃)	商业化应用
金属氢化物储氢	25～30	2～4.5	常温、常压	研发
有机液体储氢	30～35	5～6	常温、常压	研发

8.2.1　高压气态储氢

高压气态储氢是指在高压条件下压缩氢气，将压缩后的高密度氢气存储于耐高压容器中的存储技术。高压气态储氢技术是国内储氢技术中最为成熟、应用最为广泛的，通常采用储氢罐作为容器，具有设备结构简单、压缩氢气制备能耗低、充装和排放速度快、温度适应范围广等优点。因此，高压气态储氢预计在未来较长的时间内仍将占据氢能储存技术的主导地位。

高压气态储氢技术的核心问题在于储氢罐(储氢瓶)。通过高压压缩，氢气以不同压力被压缩并装入储氢容器中。现已开发并用于氢气运输和储存的容器共有 4 种不同类型，分别为纯钢质金属(Ⅰ型瓶)、钢制内胆纤维环向缠绕(Ⅱ型瓶)、铝内胆纤维全缠绕(Ⅲ型瓶)及塑料内胆纤维全缠绕(Ⅳ型瓶)。表 8-4 详细介绍了这 4 种储氢容器。Ⅰ型瓶是由对氢气有一定抗腐蚀能力的金属构成的，它的优点是制造容易、价格便宜，但由于金属强度有限以及金属密度较大，传统金属容器的单位质量储氢密度较低。Ⅱ型瓶和Ⅲ型瓶可有效提高容器的承载能力及单位质量储氢密度。该类容器中金属内衬仅起密封氢气的作用，而压力载荷由外层缠绕的纤维承担。随着纤维质量的提高和缠绕工艺的不断改进，此类容器的承载能力进一步提高，单位质量储氢密度也随之提高。Ⅳ型瓶采用工程热塑料替换金属材料作为内衬材料，同时采用金属涂覆层提高氢气阻隔效果，缠绕层由碳纤维强化树脂层及玻璃纤维强化树脂层组成，可进一步降低储氢容器的质量。

表8-4　高压储氢容器对比

类型	Ⅰ型瓶	Ⅱ型瓶	Ⅲ型瓶	Ⅳ型瓶
材质	纯钢质金属	金属内胆(钢质)纤维环向缠绕	金属内胆(钢/铝质)纤维全缠绕	塑料内胆纤维全缠绕
工作压力/MPa	17.5～20	26～30	30～70	30～70
储氢密度/(wt%)	≈1	≈1.5	≈2.4	≈4.1
介质相容性	有氢脆、有腐蚀性	有氢脆、有腐蚀性	有氢脆、有腐蚀性	有氢脆、有腐蚀性
重量体积/(kg/L)	0.9～1.3	0.6～1.0	0.35～1.0	0.3～0.8
使用寿命/年	15	15	20	20
成本	低	中等	最高	高
可否车载	否	否	是	是
市场应用	加氢站等固定式储氢		燃料电池汽车	

注：wt%表示单位质量储氢密度。

相比较之下，Ⅳ型瓶质量最轻，适合于车载，是未来车用储氢体系发展的主流技术路线。目前，国内碳纤维产量在逐步加大，为Ⅳ型瓶的生产提供了广阔的发展空间。除了储氢瓶材质的问题，储氢瓶压力也在向高压化转变。

车载储氢瓶一般使用Ⅲ型瓶或Ⅳ型瓶，工作压力一般为35～70MPa，国内车载高压储氢系统主要采用35MPa Ⅲ型瓶，国外以70MPa Ⅳ型瓶为主。国际上主流燃料电池汽车车型均采用70MPa的氢气存储和供给系统。

高压气态储氢遇到的主要问题包括：①体积储氢密度低，国际上研制的800bar复合材料储氢罐的最大体积储氢密度也仅约33kg/m^3；②压缩氢气的能耗大，如果采用机械压缩将氢气压缩到800bar，压缩消耗的能量占氢燃烧热值(低热值)的15.5%；③输出调压(按美国能源部(Department of Energy, DOE)指标，氢气对燃料电池的输送压力约4atm，对氢内燃机约35atm)、安全性(储罐密封及罐体缺陷等情况下)、关键的阀门和传感器等部件仍需进口等。

8.2.2　低温液态储氢

低温液态储氢是将氢气的温度降低至液化温度以下，将氢以液态的形式储存。在各种工业中，氢气以液态的形式生产和运输的历史长达七十余年，美国国家航空航天局(National

Aeronautics and Space Administration, NASA)几十年来在太空计划中一直使用氢气。低温液态储氢技术有如下特点：①相较于高压气态储氢密度 $23.5\sim40kg/m^3$，低温液态储氢密度为 $70.6kg/m^3$，低温液态储氢密度更大；②低温液态储氢在常压下储存，储运安全性较好；③液态储氢储运成本对运输距离不敏感，适合大规模长距离运输。低温液态储氢可实现液氢的大规模储存、运输。氢液化之后，体积储运效力是目前高压储氢效力的 8 倍左右。以液氢槽罐车为例，其容量大约为 $65m^3$，每次可净运输约 4000kg 氢气，储重比(储氢量与储氢系统质量之比)一般可超过 10%，远超目前实际有效氢气运输量仅为 300 多千克的 20MPa 商用氢气运输车。同时，可使氢气的运输距离在目前高压储氢运送 200km 左右的基础上，扩展到 700~800km 的运输范围。

低温液态储氢技术的关键在于低温材料、低温绝热技术以及液氢储罐。由于液氢也存在沸点低、潜热低、易蒸发等特点，因此液氢的存储需使用具有良好绝热材料性能的液氢储罐。液氢储罐有多种类型，根据其使用形式可分为固定式和移动式两种。

固定式液氢储罐通常采用球形储罐和圆柱形储罐，一般用于大容积的液氢存储。美国 NASA 安装在佛罗里达州肯尼迪航天中心的球形液氢储存装置是大容量固定式液化储氢的代表，该球形容器直径达 20m，体积为 $3800m^3$，可装载 250t 液氢。由于蒸发损失量与容器表面积和容积的比值(S/V)成正比，因此储罐的容积越大，液氢的蒸发损失就越小，故而最佳的储罐形状为球形。但是球形储罐加工困难，造价太高，所以目前常用的液氢储罐为圆柱形容器，其常见结构如图 8-9 所示。

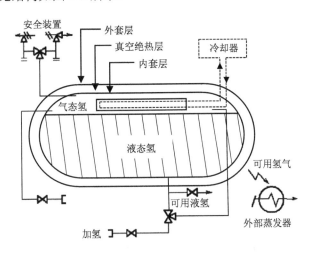

图 8-9　圆柱形液氢储罐结构示意图

移动式液氢储罐由于移动式运输工具的尺寸限制，车用移动式液氢储罐多采用卧式圆柱形结构，对于公路运输来说，直径一般不超过 2.44m。船用液氢罐多采用球罐或集装箱结构，且具有一定抗冲击强度，以满足运输过程中的速度要求。

在储运过程中，部分液氢会不可避免地出现汽化蒸发，导致其蒸发的影响因素有多种，包括氢的正-仲转换(一个氢分子(H_2)由两个氢原子构成，也就有两个原子核，每个原子核都存在自旋。根据氢分子中两个原子核旋转方向一致还是相反，定义了两种氢分子，即氢的异性体。两个原子核旋转方向一致的氢分子称为正氢(orth-hydrogen)，两个原子核旋转方向相反的氢分子称为仲氢(para-hydrogen)。当温度低于氢气的沸点时，正氢会自发地转化为仲氢，该过程为放热反应)、漏热、热分层、晃动以及闪蒸等。液氢储罐的绝热效果直接影响液氢在储运过程的损耗率。宏观上，低温绝热技术可以分为被动绝热和主动绝热两大类，两者的区别在于外界有无主动提供冷量输入。主动绝热技术由于结构复杂、能耗大以及成本高等因素限制，虽绝热效果更好，但应用场景相对有限。目前，被动绝热技术已广泛运用于各种低温设备中，主要包括堆积绝热、高真空绝热、真空粉末绝热和真空多层绝热等。

目前，德国林德集团、美国 Gardner Cryogenics 公司、美国 Chart 公司、日本川崎重工业株式会社和俄罗斯深冷机械公司 Cryogenmesh 等企业代表了低温液态储氢产业前沿。随着国内氢能产业的发展，中集安瑞科控股有限公司(简称中集安瑞科)旗下张家港中集圣达因低温装备有限公司(简称中集圣达因)、国富氢能技术装备股份有限公司(简称国富氢能)、北京中科富海低温科技有限公司、中国航天科技集团公司第六研究院 101 所、四川蜀道装备科技股份有限公司(简称蜀道装备)、厚普清洁能源(集团)股份有限公司(简称厚普股份)和长春致远新能源装备股份有限公司(简称致远新能)等公司开始涉足液氢储罐研发生产。中集安瑞科在液氢容器制造行业具有很强的实力，典型应用案例是中国文昌航天发射场的 300m³ 高真空多层缠绕绝热液氢储罐，占地面积小、安装方便、结构紧凑、运行平稳、操作简单、绝热性能优异。2023 年 3 月，中集安瑞科旗下中集圣达因正式开工建造国内首台民用液氢罐车；2023 年 6 月，中集安瑞科首台 40ft(1ft=3.048×10⁻¹m) 液氢罐箱成功下线。国富氢能目前已针对液氢工厂和液氢加氢站推出了相应的液氢容器系列产品。其中用于齐鲁氢能(山东)发展有限公司氢能一体化项目中的液氢储存容器，已于 2022 年 3 月开始建造。该液氢储存容器设计容积为 $200m^3$ 以上，储氢量超过 14t；在液氢移动运输方面，国富氢能推出了多式联运的 ISO 液氢罐式集装箱，已完成建造并通过了低温性能试验，液氢的静态蒸发率每天不超过 0.7%，可以确保 15 天以上的储存和不排放维持时间。

8.2.3 吸附储氢

利用部分高比面积的轻质材料通过吸附作用储存氢气，即吸附储氢技术。吸附储氢技术介于物理储氢和化学储氢之间，但是，由于大部分吸附剂与氢之间的相互力(范德瓦耳斯力)较小，且大部分吸附的氢没有分解，一般将吸附储氢技术归类为物理储氢。吸附储氢效率取决于吸附剂的性质，包括其比表面积、孔隙结构和孔隙大小。理想的吸附剂材料空隙直径在 1nm 以下，过大的孔体积会增加孔直径，导致储氢容量下降。研究表明，储氢容量随着比表面积的增加而增加，且大致呈线性规律。

目前，用于吸附储氢的材料主要有沸石、碳基储氢材料和金属-有机骨架(metal-organic framework，MOF)材料等。

沸石，在三维空间里，硅和铝的四面体以共享氧原子的形式构成其基本骨架，在骨架结构中含有大量的微小孔洞，可以对气体分子进行选择性吸附，是一种水合结晶硅铝酸盐，又称为分子筛。沸石的微小框架对于氢气吸附的吸附焓较小，且孔隙尺寸与氢气分子尺寸接近，适合氢气吸附。但是其储氢容量限制了其发展，如超大孔分子筛 ITQ-33(微孔体积为 $0.37cm^3/g$，假设将其全部以液态氢来填充，其质量分数仅达到 2.5%，难以达到商业运用的需求。沸石是水合铝硅酸盐晶体，是由硅氧和铝氧的基本骨架四面体相结合的三维空间结构。在常规空间环境结构与分子大小孔隙相对较大的内部表面积和微孔体积，从而表现出各种特殊性能。同时，沸石具有合成简单、稳定性好、价格低廉等优点。有望应用于储氢领域。虽然目前商用沸石还达不到储氢材料的标准，但其丰富多样的结构特性将为未来的储氢提供广阔的发展空间。

Chung[3]研究了不同孔隙性质的 MOR 沸石脱铝氢吸附的影响。结果表明微孔沸石上的氢吸附等温线在氢压力为 50bar 时达到最大值，USY(7)沸石的氢吸附量最大为 0.4%。随着硅铝摩尔比的增加，MOR 沸石上的氢吸附量增加，且氢吸附量会随着孔隙体积的增大而增大。因此沸石对氢的吸附程度主要由沸石的比表面积和孔体积决定。

为了提高储氢能力，Isidro-Ortega 等[4]研究了采用金属锂原子修饰飞沫模板碳(ZTC)纳米结构凸面对其储氢容量的影响。结果表明，当锂原子吸附在纳米结构 ZTC 的凸面上时，每个锂原子至少可以吸附 6 个 H_2，相应的重量储氢容量为 6.78%。韩斌等[5]基于密度泛函理论对掺杂过渡金属原子(Sc、Ti 和 V)的沸石模板碳(ZTC)体系进行了深入的研究，结果表明，通过在 ZTC 中掺杂 Sc、Ti、V 原子，可以得到比掺杂锂原子的 ZTC 能量更稳定、氢结合能和吸附距离更高的复杂体系。期望能够通过多位点掺杂过渡金属原子增加氢容量，实现大量安全储氢。

碳基储氢材料主要有活性炭和碳纳米管。活性炭储氢具有储氢密度高、氢吸附速率快的优点，而储氢密度随着活性炭的比表面积的提高而提高。超级活性炭具有较高的比表面积(3000m^2/g)，在室温下的储氢密度为 0.4wt%(6MPa)，而在温度下降至 196K 时储氢密度上升至 5wt%(3MPa)。碳纳米管是一种由石墨原子单层绕同轴缠绕而成的管状物，可以用作储氢的容器。在-140℃、6.7×10^4Pa 的条件下，未纯化的单层壁碳纳米管的储氢密度为 5wt%。提纯碳纳米结构的超高成本仍然是这种储氢技术实用化的主要障碍，目前约为 530 元/kg。

金属-有机骨架材料是过渡金属离子或金属组装而成的具有周期性网络结构的晶体材料，其中含有氮氧多齿有机配体，又称为多孔配位聚合物，具有比表面积高、孔结构和容积均一及晶体结构丰富等优点，用于氢的金属-有机骨架主要有 MOF-5、网状金属-有机骨架材料和多孔金属-有机材料等。最早合成的 MOF-5，比表面积为 3362m^2/g，空容积为 1.19m^3/g，孔径为 0.78nm，具有较高的储氢容量。MOP-177 是另一种新型的氢吸附材料，在 0.1MPa、-196℃的时候，吸附量为 1.62wt%(比表面积为 4500m^2/g)，但其在室温下(压强为 0.67MPa)时的吸附量低于 0.2wt%，不利于低温工作。

8.2.4 金属氢化物储氢

利用氢与部分材料的反应，生成含氢化合物并储存，这种技术称为化学储氢，目前常用的化学储氢技术主要有金属合金储氢、配位氢化物储氢和有机液体储氢等。

一些金属具有很强的与氢气反应的能力，在一定的温度和压力条件下，这些金属形成的合金能够大量吸收氢气。储能合金吸氢后，原子态的氢占据了合金晶格的四面体或八面体间隙，形成金属氢化物。将这些金属氢化物加热或者降低氢气压力后，金属氢化物发生分解，将储存在晶格间隙的氢释放出来。其反应方程式如下：

$$M + xH_2 \Longrightarrow MH_{2x}$$

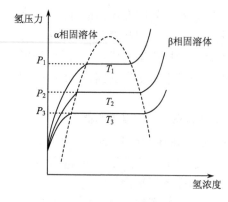

图 8-10　金属与氢反应的 PCT 曲线

M 和 H 两个元素之间通过化学键连接。在氢化物中，H 原子占据由一定数量的毗邻 M 原子组成的间隙位置。在释氢阶段，氢原子则离开上述间隙位置而重组成氢气分子。

金属与氢的反应平衡可以从压力-浓度-温度(pressure-concentration-temperature, PCT) 曲线得到，如图 8-10 所示，当温度不变时，随着氢气压力的增加，金属会吸收氢气，并形成含氢固溶体(α 相)，当氢继续增加，α 相继续反应，并生成金属氢化物(β 相)，在反应过程中，压力保持不变，其浓度即为该温度下有效储氢容量。通过调节系统温度和压力，可以实现氢气的储存和释放。

金属合金材料的储氢量较大，安全性高，对其研究较集中。根据分子不同，按照结构和热动力学性质的不同，可以将它们分成几种类别。着重关注以下四类，因为它们在接近环境温度、中等压力(一般为 1～10bar)的条件下，生成低温氢化物的反应是可逆的。

$LaNi_5$(六角形结构)，通常是可充电电池电极的重要组成部分，如 NiMH 电池(镍氢电池)。$LaNi_5$(理论储氢密度为 1.4%)及由置换形成的衍生物在适用性上较好，也已在多种不同的应用系统中进行了测试。这其中包括用于质子交换膜燃料电池系统的几百千克级储氢系统，美国混合动力汽车的推进系统(接近 300km 的续驶里程需要规模达 400kg 的储氢系统)，作为质子交换膜燃料电池集成系统的小型储氢容器。但实际上，可逆的储氢系统的密度只有 1%左右，而且这种性能卓越的氢化物的另一个缺点是金属的成本太高，较大的重量也不适宜于交通应用。

FeTi 及其衍生物(结构类型如 CsCl)：FeTi 类化合物在实际应用中并未表现出最佳的性能(储氢密度小于 1%)。不过，钢铁行业生产的铁钛基合金的低廉价格为其大规模的固定式应用打开了大门，甚至可以应用于交通运输领域，如德国的部分潜艇携带 160t 这种储氢合金，为两台 120kW 的 PEMFC 系统提供氢气。

具有 Laves 相结构的化合物，其分子式为 AB，其中 A 为 Zr、Ti，B 为过渡态金属，具有立方或六角形结构，在某些情况下，也用作电池电极。Laves 相结构合金(分子式为 ZrM，其中 M 为 Mn、Fe、Co、Ni 等，比例不等)因为较好的环境温度适应性和适宜的压力需求而受到关注。其理论比容不超过 2%(在实际应用中则小于 1.5%)，而且经过长期循环之后，有吸氢失效的可能。此外，不同材料的成本问题也限制了它的固定式应用。

BCC 结构，即基于体心立方结构的合金，如 B-Ti、V、Cr 等，与 MgH_2 构成粉末纳米结构，其中掺杂了具有氢化作用的催化剂和富含于镁中的金属间化合物。活性镁和稍弱些的 Mg_2Ni 类化合物的最大储氢密度分别为 7.6%和 3.9%。目前，大量的研究集中于通过球磨工艺使材料获得纳米结构，以期在吸氢、释氢过程中的反应动力性能得到改善。反应热动力性不足表现在：这些氢化物的离解温度较高，当反应平衡压力为 1bar 时，离解温度分别为 250℃和 320℃左右。这意味着，对于 MgH_2 储氢来说，大约 1/4 的能量被用来为氢化物生成反应提供热和热动力。在实际应用中，必须根据具体的应用方式(SOFC 或 ICE)对储氢系统再生热利用等，以实现系统能量的全局优化。目前，通过 MgH_2-石墨复合材料的作用，这种氢化物的热传导参数得到大幅改善。

金属氢化物在近室温、近常压附近工作，条件温和，吸放氢可逆性好，循环使用寿命长。其缺点是有效吸放氢量低，一般不超过 3%(质量分数)，如果用在移动式设备上则显得笨重。

8.2.5 配位氢化物储氢

配位氢化物，如铝氢化物、硼氢化物、氮氢化物和氨氢化物等，是由配位阴离子和轻金属阳离子生成的，储氢容量极高，理论上，$LiBH_4$ 和 $Al(BH_4)_3$ 的理论储氢容量达到 18% 和 17%，但是配位氢化物的有效利用还需要克服可逆性差、操作温度和压力过高、动力性能差等问题。

铝氢化物这类材料由铝和带有正电的碱族元素结合而成，分子式为 $AAlH_4$，其中 A 为 Li、Na、K。它为高储氢密度等级(分别为 10.5%、7.5%、5.7%)的储氢带来了希望。$KAlH_4$ 的吸氢和释氢温度均为 300℃，$NaAlH_4$ 的吸氢和释氢温度分别为 160℃和 130℃。

在铝氢化物中添加经过球磨和纳米结构的催化剂(如钛盐)可以获得良好的活性，但由于铝氢化物很不稳定，易自燃，从目前的情况看需谨慎投入使用。因为在吸氢的过程中需要给氢气加上几十巴，甚至上百巴压力。

这类储氢技术的主要限定是充氢气时所需要的压力，还有就是离解过程的温度，释放全部氧气会达到很高的温度(400~600℃)。此外，这类混合物还要具有化学无害性。

8.2.6 有机液体储氢

通过不饱和液体中的有机物和氢气之间的可逆反应可以实现氢气的储存和释放，储氢量大，安全性高，便于运输，但是操作费用高，存在副反应。目前，常用的有机材料有环己烷、甲基环己烷和萘烷，三者的理论储氢量分别为 7.19%、6.18%、7.29%。

有机液体的加氢反应是一个放热过程，相反，放氢反应是一个吸热过程，且高度可逆，为降低反应条件，需要添加合适的催化剂，如负载型金属催化剂，活性组分有 Pt、Pd、Rh、Ni 和 Co 等，载体为 Al_2O_3、SiO_2 和活性炭等。

Pt 基催化剂可以有效提高放氢反应效率，在 Pt/Al_2O_3 的作用下，可以让脱氢效率接近 100%，但 Pt 为贵金属，使用 Pt 基催化剂会大幅增加使用成本。为了减少贵金属的使用量，可以添加第二组分，如 Ni、Mo、W、Re 和 Rh 等。例如，目前广泛使用的 Pt-Sn/γ-Al_2O_3，在加入了 Sn 后，抑制了催化剂的结焦现象(失活)，提高了催化剂的稳定性，但是催化剂的初始活性降低。双金属催化剂的脱氢加速可能是由于第二金属成分使 C—H 键更容易破裂。

8.2.7 储氢技术总结

通过上述对各种储氢方法的回顾，可以得出几个关于技术成熟度和实用性方面的结论。

高压气态储氢是目前应用最广泛的储氢方式，在成本控制方面具有明显优势，但体积、重量密度较低，安全性能相对较差。低温液态储氢技术的体积储氢密度大，常温条件下安全性较好，但其技术条件相对较苛刻，同时要求催化加氢与脱氢装置配合，因此在大规模推广方面受到制约。基于金属氢化物的固态储氢技术虽然存在重量百分比较低的缺点，但具有体积密度大、安全性能好、成本较低等明显优势，在电网侧规模化储能方面或将具有较好的发展前景，长期来看发展潜力较大。

目前工业上储存氢气的方法主要有两种：①大型储氢罐，氢气储存压力通常在 0.1～0.5MPa，用于大型工业生产中间过程的氢气储存；②小型压力容器，如氢气钢瓶，氢气储存压力可达 20MPa，通常储氢量较小，多用于小规模工业中的氢气储存。

8.3 输 氢 方 式

氢气运输主要有气氢拖车、专属输氢管道、天然气掺氢管道、液氢罐车、有机液氢运输、固态氢运输等几种方式，优劣势对比如表 8-5 所示。在现有的技术输氢方式中，20MPa 气氢拖车是国内最为成熟的技术，但由于道路运输压力限制，制约高压力等级气氢拖车在我国的发展；我国有短距离输氢管道建设案例，如济源-洛阳段，技术可行，且被认为是远距离输氢最高效的方式。但氢气管道建设受制于高成本，利用现有天然气管道掺氢运输或对天然气管道进行改造，解决管道建设成本高昂难题是近年来氢气管道运输的研究热点。氢气的掺入会对管线钢材的断裂和疲劳性能产生显著的影响，掺入的氢会使钢的断裂韧性减小，而在掺氢天然气管道输送时，氢的影响程度与管道操作压力及掺氢的比例等有关，大多数国家和地区设置的掺氢比例不超过 2%，少数设定为 4%～6%，德国虽然规定上限为 10%，但如压缩天然气加气站连接到管网，则该比例大幅下调至 2%以下。我国天然气管道输送相关的标准规范《煤制合成天然气》（GB/T33445—2017）、《进入天然气长输管道的气体质量要求》（GB/T 37124—2018）中，分别规定了混合气体中氢气比例上限不超过 5%和

表 8-5 氢气储运方式对比

储运方式	运输条件	优点	缺点
气氢拖车	常温高压	①运输方便； ②技术简单成熟； ③压缩氢气能耗低； ④充放速度快	①运量少，距离短； ②储运氢效率低； ③气态运输安全性较差
专属输氢管道	常温高压	①连续运输，运输量大； ②运输过程能耗低	①前期投资高，审批困难； ②需保证上游氢源充足
天然气掺氢管道	常温高压	①可利用现有西气东输管道，减少前期投资成本； ②连续运输，运输量大	①国内技术尚不成熟，相关操作参数如掺氢比等不确定； ②氢气的掺入降低管道安全性
液氢罐车	低温常压	①单车运输量大； ②储运氢效率高； ③广泛应用于航空航天领域	①液化能耗大； ②储罐材料绝热要求高； ③液氢装备技术难度大； ④缺乏液氢民用标准
有机液氢运输	常温常压	①储运量大； ②中间体储运安全方便	①反应温度较高； ②脱氢效率较低； ③催化剂易被中间产物毒化
固态氢运输	常温高压	①体积储氢密度大； ②中间体储运安全方便	①质量储氢密度低； ②固态储氢装置充放速度慢； ③放氢过程中有杂质生成

3%[6]。液氢罐车在我国民用液氢领域是空白，但在国外有广泛应用，且由于液氢高纯度的特点，其在高端装备制造中有广泛应用，是储运以及氢能应用的重要方向。有机液氢、固态氢运输尚处于实验室论证阶段，技术尚不成熟。

气氢拖车是目前技术应用最成熟的氢气运输形式，但受运量少、距离短等因素限制。当前国内设计压力为 20MPa，约可充装氢气 $3500Nm^3$，管束内氢气利用率为 75%～85%，45MPa、75MPa 大容积气瓶及其运输装置尚在研制过程中。目前有五种类型的压力容器（Ⅰ～Ⅴ）可用于储存和运输氢气，虽然 Ⅴ 型压力容器是一种比较新的技术，被批准用于储存气体，但还没有经过氢气储存的试验。采用 Ⅰ 型压力容器的管式拖车在 20MPa 的压力下可运输 250kg 的氢气，而Ⅲ型和Ⅳ型压力容器在 50MPa 的压力下可运输 1000kg 的氢气。

液氢储运技术的发展以氢液化装置获得液氢的研究为基础，液氢制备需要采用一定的制冷方式将温度降低至氢的沸点以下，常用的氢液化制冷循环系统有预冷型 Linde-Hampson 系统、预冷型 Claude 系统和氦制冷液化循环。考虑设备及其运行经济性，国际上现存运行的大规模氢液化系统(液化量在 3 吨/天以上)常采用 Claude 氢循环系统，通过氢透平膨胀机的等熵膨胀实现低温区降温液化。由于国外对我国液氢技术的封锁，氦透平膨胀机是当前国产化研究的重点方向。例如，孙郁等[7]进行大功率氦透平膨胀机设计，满足 10kW@20K 制冷机系统要求；蒙彦榕等[8]对氢低温膨胀机叶片进行设计及数值模拟计算和分析，并得到 87.28%的等熵效率；付豹等[9]采用增加旁通低温阀门的方案降低交流损耗，改善氦透平膨胀机性能。当前国内已有中科富海研发出用于 1.5 吨/天氢液化器的 22 万转/分的高速氦透平膨胀机，技术达到国际先进水平。

液氢储运所需能耗大，约占初始 H_2 能量的 25%～40%，且由于液氢易挥发，对储运和运输设施的材料和保冷有较高要求，有较高液化成本和储运成本。对液氢储罐的研究主要以绝热系统优化研究为主，例如，Kassemi 等[10]研究了层流模型和湍流模型对液氢蒸发率的影响；Zheng 等[11]对四种保温方法进行系统的热力学分析以优化液氢储罐的保温系统。液氢储罐在航天上应用更为成熟，Sun 等[12]优化了用于航空长时间液氢被动零蒸发储存系统，可在两年内进行存储而不蒸发；Deserranno 等[13]优化了液态氢储存布雷顿制冷机。液氢储存在航空航天及军事上的应用已经成熟，但是否具有民用的技术经济可行性还有待研究。

国外氢气专属管道建设技术成熟，已经形成了氢气长输管道建设标准，如美国机械工程师协会的《氢用管道系统和管道》（ASME B31.12—2014）、欧洲压缩气体协会的《氢气管道系统》（CGA G-5.6—2005（R2013））和亚洲工业气体协会的《氢气管道系统》（AIGA 033/14）。国内发布了团体标准《氢气管道工程设计规范》（T/CSPSTC 103—2022）、团体标准《城镇民用氢气输配系统工程技术规程》（征求意见稿），但对于长距离输氢管道完整性管理规范等相关国家标准尚不健全，一定程度上影响了长距离输氢的规模化应用。

8.4 氢能的综合利用

氢可以直接以纯净形式使用，或作为合成液态或气态氢基燃料(合成甲烷或合成柴油)以及其他能源载体(氨)的基础，图 8-11 详细展示了氢能的应用领域。目前大多数氢气用于工业领域，直接为炼化、钢铁、冶金等行业提供高效原料、还原剂和高品质热源，有效减少碳排放，长远来看，氢能可以广泛用于能源企业、交通运输、工业用户、商业建筑等领域。既可以通过燃料电池技术应用于汽车、轨道交通、船舶等领域，降低长距离高负荷交通对石油和天然气的依赖；还可以利用燃气轮机技术、燃料电池技术应用于分布式发电，为家庭住宅、商业建筑等供暖供电。

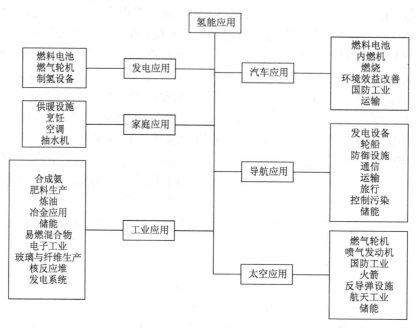

图 8-11 氢能的应用领域

在交通领域，公路长途运输、铁路、航空及航运将氢能视为减少碳排放的重要燃料之一。现阶段我国主要以氢燃料电池汽车为主，根据中国汽车工业协会发布的最新数据，我国氢燃料电池汽车的保有量已超过 1.6 万辆[14]。在相应配套基础设施方面，截至 2023 年，全球累计建成加氢站 1362 座，其中我国建成 428 座，占全球加氢站总量的 31.4%，居全球第一，并呈现出区域集中性的特点。

目前，我国氢能应用占比最大的领域是工业领域。氢能除了具有能源燃料属性外，还是重要的工业原料。氢气可代替焦炭和天然气作为还原剂，可以消除炼铁和炼钢过程中的绝大部分碳排放。利用可再生能源电力电解水制氢，然后合成氨、甲醇等化工产品，有利于化工领域大幅度降碳减排。

氢能与建筑融合，是近年兴起的一种绿色建筑新理念。建筑领域需要消耗大量的电能和热能，已与交通领域、工业领域并列为我国三大"耗能大户"。利用氢燃料电池纯发电效率仅约为 50%，而通过热电联产方式的综合效率可达 85%——氢燃料电池在为建筑发电的同时，余热可回收用于供暖和热水。在氢气运输至建筑终端方面，可借助较为完善的家庭天然气管网，以小于 20% 的比例将氢气掺入天然气，并运输至千家万户。据估计，2050年全球 10% 的建筑供热和 8% 的建筑供能将由氢气提供，每年可减排 7 亿吨二氧化碳。

在电力领域，因可再生能源具有不稳定性，通过电—氢—电的转化方式，氢能可成为一种新型的储能形式。在用电低谷期，利用富余的可再生能源电力电解水制取氢气，并以高压气态、低温液态、有机液态或固态材料等形式储存下来；在用电高峰期，再将储存的氢通过燃料电池或氢气透平装置进行发电，并入公共电网。而氢储能的存储规模更大，可达百万千瓦级，存储时间更长，可根据太阳能、风能、水资源等产出差异实现季节性存储。2019年8月，我国首个兆瓦级氢储能项目在安徽六安落地，并于2022年成功实现并网发电。

8.4.1 氢内燃机

氢是真正的清洁能源，在传统内燃机技术基础上发展氢内燃机被认为是实现氢经济进程中的一种很好的过渡技术，在燃料电池车价格大幅度降低之前，该技术更可能被汽车制造商和用户接受。氢内燃机是以氢气为燃料，将氢气中储存的化学能经过燃烧过程转化成机械能的新型内燃机。氢内燃机的基本原理与普通的汽油或者柴油内燃机的原理一样，属于气缸-活塞往复式内燃机。按点火顺序可将内燃机分为四冲程发动机和两冲程发动机。氢作为内燃机燃料，与汽油、柴油等相比，具有易燃、低点火能量、高自燃温度、小熄火距离、低密度、高扩散速率、高火焰速度和低环境污染等特点。

国内外诸多汽车企业，如宝马、福特、马自达、长安等均已研制出氢内燃机，并能稳定运行。根据氢燃料喷射位置的不同，氢内燃机可以分为缸外喷射式和缸内直喷式两类，后者是国际上该领域的主要研究方向。

宝马汽车公司（BMW）是氢内燃机汽车研发的一个典型代表，该公司自1978年即开始开发以氢气为燃料的内燃机及氢汽车。2004年9月，BMW在6.0LV12燃油内燃机的基础上开发出一款被命名为H_2R的氢内燃机汽车，并创造了9项速度纪录。2006年，BMW推出了宝马Hydrogen7双燃料轿车，如图8-12所示，这是世界上第一款可供日常使用的氢动力汽车，其中燃氢模式提供的续航里程为200km，燃油模式续航里程为500km。

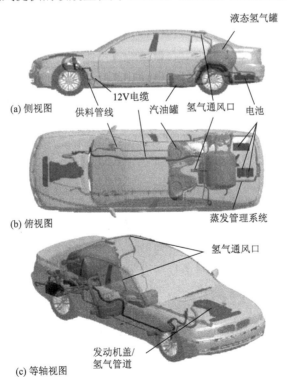

图 8-12 宝马 Hydrogen7 的双燃料汽车内部布置图

北京理工大学也在氢内燃机及其在车辆上的应用进行了尝试,在一款排量 2.0L 的汽油机基础上,重新设计发动机各系统及部件,台架和整车试验结果表明:氢内燃机功率和转矩比相同排量的汽油机下降约 40%,但最高指示热效率和有效热效率分别可达 40.4% 和 35.0%。氢内燃机汽车 CO 和烃类的排放量显著降低,NO 排放仅为 0.057g/km,比国Ⅳ标准低 28.75%,排放性能良好。

氢内燃机技术涉及的最主要的难点是早燃和回火问题。与传统燃油内燃机相比,由于氢的点火能量低、燃烧速率快、可燃范围宽、熄火距离短,以及点燃后缸内的压升率过大,因此早燃在氢内燃机中的问题更突出。当燃烧室中的燃料先于火花被点燃时,即发生早燃现象,会导致整机效率降低。如果早燃在燃油进气阀附近发生,并且火焰返回到感应系统,会发生回火现象。

早燃和回火这两个问题易发生在采用外部混合气形成方式下的氢内燃机上,在高压缩比、高负荷的工况下更易发生。原因是在高压缩比、高负荷时,燃料释放的热量比较多,导致排温升高。此外,高速工况容易使燃烧滞后,也促使排温升高。因此,在进气阀开启后,残余废气还保持较高温度,使氢气在进气行程中被高温的残余废气点燃,从而产生回火现象。

氢内燃机在汽车上的应用是实现氢经济的一条重要的技术路径,与传统内燃机汽车相比,在节能、环保等诸多方面展示出独特的优势。然而,面临的早燃、回火等技术难题限制了氢内燃机的广泛应用,其技术成熟度还有待快速提高。

8.4.2 氢燃料电池

氢燃料电池以氢气为燃料,通过电化学反应将燃料中的化学能直接转变为电能,具有能量转换效率高、零排放、无噪声等优点。燃料电池是氢经济中最重要的应用形式,通过燃料电池这种先进的高效能量转化方式,氢能源有望成为人类社会最清洁、应用最广泛的能源动力。而氢能燃料电池在交通领域的商业化应用是实现氢经济的一个重要标志,燃料电池在电动汽车、船舶等交通领域将占据重要一席。

燃料电池乘用车的典型示例是丰田公司的 Mirai。采用丰田最新燃料电池技术及混合动力电驱动技术的动力系统,具有良好的加速性能和操控稳定性,能实现静音零排放行驶。Mirai 可在−30℃室外停车冷启动,启动 35s 后燃料电池输出功率可以达到 60%,启动 70s 后,输出功率达到 100%;一次加氢续航里程最高可达到 700km。

Mirai 的动力系统技术方案及相关参数如图 8-13 所示,Mirai 的动力系统由燃料电池堆栈(技术核心)、动力电池(辅助电源)、高压储氢罐(2 个,70MPa)、驱动电机、动力控制单元和燃料电池升压器 6 大部件组成。

Mirai 的续航里程比 Tesla Model 3 长约 10%,由于氢燃料电池的能量密度比锂离子电池高 2～3 倍,燃料电池车在长续航能力方面还有巨大的潜力可发掘。两款车型最大的差异在于燃料的补给时间,Mirai 在 3min 内完成氢气加注,Tesla Model 3 常规充满电需要 8h 以上,即使快充也需要至少 4h。从续航能力和燃料补给方面来看,燃料电池车都具有巨大的优势,未来有望成为电动汽车的主流。

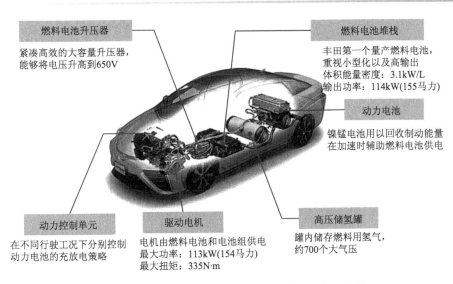

燃料电池升压器
紧凑高效的大容量升压器，
能够将电压升高到650V

燃料电池堆栈
丰田第一个量产燃料电池，
重视小型化以及高输出
体积能量密度：3.1kW/L
输出功率：114kW(155马力)

动力电池
镍锰电池用以回收制动能量
在加速时辅助燃料电池供电

动力控制单元
在不同行驶工况下分别控制
动力电池的充放电策略

驱动电机
电机由燃料电池和电池组供电
最大功率：113kW(154马力)
最大扭矩：335N·m

高压储氢罐
罐内储存燃料用氢气，
约700个大气压

图 8-13　燃料电池车 Mirai 的动力系统技术方案及参数

8.4.3　氢燃气轮机

作为一种清洁可持续的能源载体，氢受到人们的广泛关注。氢具有提高电力系统灵活性水平和平衡间歇性可再生能源输出的能力，但这依赖于燃气轮机提供的可调度电力。因此，氢燃气轮机在未来保障能源安全和减少电力行业对化石燃料的依赖上将发挥重要作用。但回火和 NO_x 排放高等问题仍阻碍着氢燃气轮机的进一步应用。针对这些问题，现有两类氢燃烧室发展方向，分别是改进传统燃烧室和开发新型燃烧室。两者基本都是通过提高流动速度和降低火焰温度的方式解决回火和 NO_x 问题，但是容易引起燃烧不稳定现象。

日本的三菱开发并运营了各种含氢燃料类型的燃气轮机，包括合成气、炼厂气、焦炉煤气和高炉煤气等。这些燃氢燃气轮机中的传统燃烧室多采用向扩散燃烧喷注蒸汽或氮气的方法降低 NO_x。然而由于 NO_x 排放法规的收紧和提高整体效率的需要，最终推动了氢燃烧系统向预混燃烧发展。传统天然气燃烧通过旋流稳燃，使用传统的燃烧室和喷嘴燃烧混合燃料，当含氢量达到 20%时没有回火，但是当含氢量达到 30%时不可避免地出现回火。混合燃料喷嘴通过在旋流器中央部分附加喷射气流，提高喷嘴出口回流区中心流动速度，降低了回火风险，如图 8-14 所示。目前，该方法已经完成了 30%含氢量的燃烧室示范实验，未来将进行燃烧室外辅助部件的开发和燃料混合的运行技术开发。

亚琛工业大学在 20 世纪 90 年代最先开发出微混合燃烧室，并通过连续的两个欧洲国家项目将氢引入航空辅助动力装置。自 2014 年以来，亚琛应用技术大学与川崎重工(KHI)合作，在 2MW 工业燃气轮机上进行应用并逐步实现商业化推广。在传统的燃气轮机燃烧方式中，火焰广泛地分布于整个燃烧室，微混合燃烧室则用大量的小火焰取代了整个大火焰。NO_x 的生成不仅与燃烧反应过程中的温度有关，还与反应物在高温火焰场中停留的时间相关。微混合燃烧室减少了反应物停留时间，显著减少了 NO_x 生成。此外，从混合器出口极小喷嘴喷出的高速射流消除了回火的风险。

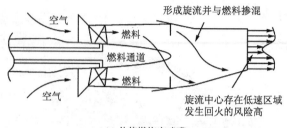

(a) 传统燃烧室喷嘴

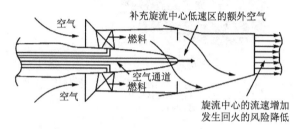

(b) 混合燃料燃烧室喷嘴

图 8-14　传统燃烧室喷嘴和混合燃料燃烧室喷嘴

本 章 小 结

　　氢储能与其他储能方式相比，具有以下 4 个方面的明显优势：①在能源利用的充分性方面，氢能大容量、长时间的储能模式对可再生电力的利用更充分；②从规模储能经济性上看，固定式规模化储氢比电池储电的成本低一个数量级；③与电池放电互补性上，氢能是一种大容量、长周期灵活能源；④储运方式灵活性上，氢储能可采用长管拖车、管道输氢、掺氢、长途输电、当地制氢等方式。但是，我国氢能产业发展依然面临挑战，还存在造价高、整体能效低的问题。在电解制氢环节，制氢效率一般为 70% 左右；在燃料电池发电部分，发电效率约为 60%，制氢-储氢-发电涉及 2 次能量转换，整体效率不高是制约氢储能发展的一个问题。燃料电池发电系统的成本占据氢储能系统成本近 70%，成本造价也是氢储能亟待解决的难题。

习　　题

　　1. 请简述灰氢、蓝氢、绿氢和白氢的特点。

　　2. 氢气运输主要有气氢拖车、专属输氢管道、天然气掺氢管道、液氢罐车、有机液氢运输、固态氢运输等几种方式，请分别说明其应用范围，并解释原因。

　　3. 简述电解水制氢中四种技术的特点。

　　4. 查阅资料，简述光催化制氢技术的原理。

　　5. Mg 的储氢量最高可以达到 7.6wt%，其反应式为 $Mg+H_2 \Longrightarrow MgH_2$（放热反应），该反应释放出 74.5kJ/mol H_2 的热量，放氢则为上述反应的逆过程（吸热反应），请计算存储每千克氢气需要多少质量的 Mg（原子量 24.3），MgH_2 释放 1kg 氢气需要多少热量？

　　6. 简述金属氢化物吸氢过程。

　　7. 简述固态储运氢技术的特点。

8. 请写出 MgH_2 与液态水反应的方程式，并计算 1kg 的储氢材料完全水解可释放的氢气质量。

9. 比较金属氢化物、配位氢化物、物理吸附储氢材料的优缺点。

参 考 文 献

[1] 朱宏伟. 氢能利用中的新材料[M]. 北京:人民邮电出版社, 2022.

[2] 徐硕, 余碧莹. 中国氢能技术发展现状与未来展望[J]. 北京理工大学学报(社会科学版), 2021, 23(6): 1-12.

[3] CHUNG K H. 不同孔隙特性微孔沸石的高压储氢[J]. 能源, 2010, 35: 2235-2241.

[4] ISIDRO-ORTEGA F J, PACHECO-SANCHEZ J H, DESALES-GUZMANA L A. 锂装饰沸石模板碳上的储氢, DET 研究[J]. 国际氢能学报, 2017, 42: 30704-30717.

[5] 韩斌, 吕斌, 孙淑娟, 等. 过渡金属掺杂沸石模板碳储氢性能第一性原理研究[J]. 晶体学报, 2019, 9(8): 397.

[6] 王智镝. 天然气掺氢"潮流"席卷全球, 氢能应用场景被打开[EB/OL]. (2022-06-19)[2024-09-03]. https://www.thepaper.cn/newsDetail_forward_18618016.

[7] 孙郁, 孙立佳, 程进杰, 等. 大功率氦气透平膨胀机的设计[J]. 低温工程, 2015(5): 13-17.

[8] 蒙彦榕, 熊联友, 刘立强, 等. 氦低温透平膨胀机的设计和内部流动特性研究[J]. 低温工程, 2017(4): 46-54.

[9] 付豹, 李珊珊, 张启勇, 等. 周期性大扰动对超导核聚变低温系统氦透平膨胀机的影响分析[J]. 低温工程, 2019(1): 41-45.

[10] KASSEMI M, KARTUZOVA O. Effect of interfacial turbulence and accommodation coefficient on CFD predictions of pressurization and pressure control in cryogenic storage tank[J]. Cryogenics, 2016, 74: 138-153.

[11] ZHENG J P, CHEN L B, WANG J, et al. Thermodynamic analysis and comparison of four insulation schemes for liquid hydrogen storage tank[J]. Energy conversion and management, 2019, 186: 526-534.

[12] SUN X W, GUO Z Y, HUANG W. Passive zero-boil-off storage of liquid hydrogen for long-time space missions[J]. International journal of hydrogen energy, 2015, 40(30): 9347-9351.

[13] DESERRANNO D, ZAGAROLA M, LI X, et al. Optimization of a Brayton cryocooler for ZBO liquid hydrogen storage in space[J]. Cryogenics, 2014, 64: 172-181.

[14] 仲蕊. 氢燃料电池汽车发展再提速[EB/OL]. (2023-10-16)[2024-06-26]. http://paper.people.com.cn/zgnyb/html/2023-10/16/content_26022898.htm.

第9章

燃料电池

"燃料电池"一词，最早由 Mond 和 Langer 于 1889 年提出，燃料电池是一种在等温条件下直接将储存在燃料和氧化剂中的化学能高效(40%～60%)而与环境友好地转化为电能的发电装置，它的发电原理与化学电源一样，是由电极提供电子转移的场所。燃料电池将燃料与氧化剂之间氧化还原所产生的能量以电能的形式释放，不需要进行燃烧，直接将化学能转化为电能和热能，不受卡诺循环的限制，能源转换效率可达 60%～80%。

在几乎所有基于能源的机器中，总有一部分能量以热的形式出现。水力发电或热发电的发动机将机械能或热能转化为电能。受到大量热损失的影响，这些机器的转换效率为30%～60%。燃料电池的工作原理是将化学能转换为电能。这种转换从来不是 100%的，因为在这个过程中会产生少量的热量。如果热量是在放热的化学反应中释放出来的，那么，ΔH^0 就是负值。如果化学反应吸收了热量，那么这种反应被定义为吸热反应，ΔH^0 为正值。燃料电池的效率定义为

$$\eta = \frac{每摩尔燃料产生的电能}{形成焓值的变化} \times 100\% = \frac{\Delta G_f^0}{\Delta H_f^0} \times 100\% \tag{9-1}$$

这个效率有时称为热效率。如果反应中的熵变为零，这个效率可以到 100%。

在 25℃时，氢氧燃料电池每摩尔燃料产生的电能为–237kJ/mol，生成焓变是–285.84kJ/mol。因此，预期效率为

$$\eta = \frac{-237}{-285.84} \times 100\% = 82.9\% \tag{9-2}$$

这意味着，大约 82%的氢气能量被转化为电能。相比之下，整个汽车汽油发动机的转换率约为 20%。换句话说，汽油的 20%的热能被转化为机械功。

此外，燃料电池与可再生能源和现代能源载体(即氢)兼容，可实现可持续发展和能源安全。因此，燃料电池被视为未来的能量转换装置。装置简单实现模块化使其可以应用于便携式、固定式和运输发电等多种场景。简而言之，燃料电池提供了一种更清洁、更高效、更灵活的化学-电能转换。

质子交换膜燃料电池、固体氧化物燃料电池和直接甲醇燃料电池等技术是目前商业化程度较高的技术，本章将对其进行详细介绍。

9.1 燃料电池的分类

燃料电池主要由电极、电解质隔膜和集电器等组件组成，其阳极(燃料)主要有氢气、甲醇和甲烷等。燃料电池是电解水制氢的逆过程，燃料电池的种类很多，其分类方法也有

多种，按电解质的类型可分为碱性燃料电池(alkaline fuel cell, AFC)、磷酸燃料电池(phosphoric acid fuel cell, PAFC)、熔融碳酸盐燃料电池(molten carbonate fuel cell, MCFC)、固体氧化物燃料电池(SOFC)和质子交换膜燃料电池(PEMFC)，如表 9-1 所示；按照离子的传导类型可以分为质子传导型燃料电池、氧离子传导型燃料电池及离子-质子传导型燃料电池；此外，按照燃料类型可以分为间接型燃料电池、直接型燃料电池及再生型燃料电池。下面以氢氧燃料电池为例，按照电解质的不同对燃料电池进行介绍。

表 9-1　燃料电池的主要类型

种类	电解质	工作温度/℃	电化学效率/%	燃料/氧化剂	功率输出/kW	启动时间	应用
碱性燃料电池	KOH	50~200	60~70	H_2/O_2	0.3~5	几分钟	航天、机动车
质子交换膜燃料电池	全氟磺酸膜	60~80	40~60	H_2/空气	0.5~300	<5s	机动车、清洁电站、潜艇便携能源、航天
磷酸燃料电池	H_3PO_4	160~220	45~55	重整气/空气	200	几分钟	清洁电站、轻便电源
熔融碳酸盐燃料电池	$(Li, K)_2CO_3$	620~660	50~65	净化煤气、天然气、重整气/空气	2000~10000	>10min	清洁电站
固体氧化物燃料电池	氧化钇/氧化锆	800~1000	60~65	净化煤气、天然气/空气	1~100	>10min	清洁电站、联合循环发电

9.1.1　质子交换膜燃料电池

质子交换膜燃料电池也称作聚合物电解质膜燃料电池，由通用电气公司在 20 世纪 50 年代末发明，并用于 NASA 的太空任务中。质子交换膜燃料电池工作温度低、输出电流稳定、重量轻、结构紧凑、成本低、寿命长且启动快，采用 PEMFC 作为电源，可以实现从 0.5W 至最高 300kW 的功率供给。这些特点使其特别适合用作车辆的车载系统和各种移动设备的供电电源。9.2.1 节所述的直接甲醇燃料电池便是典型的 PEMFC。

质子交换膜燃料电池的单元构造如图 9-1 所示，包括膜电极组件(membrane electrode assembly, MEA)、气体扩散层(gas diffusion layer, GDL)、双极板、端板等。其中，MEA 由两种催化材料形成，它们充当阳极和阴极催化剂，并由聚合物电解质膜隔开，是保证电化学反应能高效进行的核心，直接影响电池性能，而且对降低电池成本、提高电池比功率与比能量至关重要。PEM 是燃料电池的关键组件，其作用是作为载体提供氢离子(质子)转移通道，且能作为隔膜阻挡气体迁移。催化层是发生电化学反应的场所，用来加速电化学反应。扩散层是支撑催化层，并为电化学反应提供电子通道、气体通道和排水通道的隔层；双极板，又称流场板，主要起输送和分配燃料及氧化剂、在电堆中隔离阳极与阴极气体及收集电流的作用。其反应机理如图 9-2 所示。

阳极反应：
$$2H_2 \longrightarrow 4H^+ + 4e^- \tag{9-3}$$

阴极反应：
$$O_2 + 4H^+ + 4e^- \longrightarrow 2H_2O \tag{9-4}$$

总反应：
$$2H_2+O_2 \longrightarrow 2H_2O \tag{9-5}$$

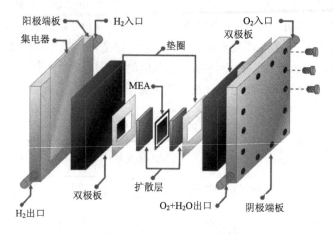

图 9-1 PEMFC 单元构造[1]

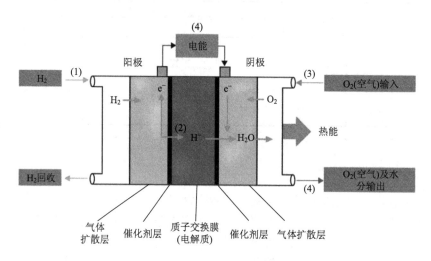

图 9-2 PEMFC 反应机理

质子交换膜是 PEMFC 的电解质，直接影响电池的使用寿命。同时，电催化剂在燃料电池运行条件下会发生 Ostwald 熟化，缩短电池的使用寿命。因此，质子交换膜和电催化剂是影响燃料电池耐久性的主要因素。燃料电池中的成本比例为电催化剂（46%）、质子交换膜（11%）、双极板（24%）等。其中，由于电催化剂大量使用贵金属铂，其成本占据了燃料电池总成本的近一半。质子交换膜和双极板的高成本也同样增加了燃料电池的总成本。因此，催化剂和质子交换膜是 PEMFC 发展的技术难点。为了获得足够的质子传导率，膜的使用温度需控制在 50～80℃，温度升高可以获得更好的质子传导率，但在更高的温度下，很快就会出现膜的机械或化学性能不足的问题。生产这种能有效传导质子的隔板难度很大，现在这类产品中最好的（也是最贵的，400 欧元/m^2）是 Nafion 膜，其寿命超过57000h。对于甲醇燃料电池，甲醇溶液里，甲醇和水能随氢离子的迁移发生渗透，产生淹水现象，降低电池输出电压。阳极催化剂主要以铂（Pt）基催化剂为主，但是存在成本高、阳极反应动力学缓慢、催化剂易中毒失活的问题。如何能获得廉价的非 Pt 催化剂，以及更好地对质子交换膜进行改性，以降低成本、提高性能是现在研究的重点。

9.1.2 固体氧化物燃料电池

固体氧化物燃料电池的电解质为氧化钇和氧化钴，氧化剂为氧气，氧化钇和氧化钴在高温下可以传导氧离子 O^{2-}。和其他燃料电池相比，SOFC 是一种全固态燃料电池，又称为陶瓷燃料电池，其主要优点是不使用贵金属催化剂、运行温度高、燃料适用范围广、余热温度高、适合热电联产，近年来发展速度为各种类型燃料电池之首。SOFC 不但能够对氢能进行绿色高效利用，还能实现对传统化石能源的高效清洁利用，可为实现我国碳达峰碳中和目标做出重要贡献。

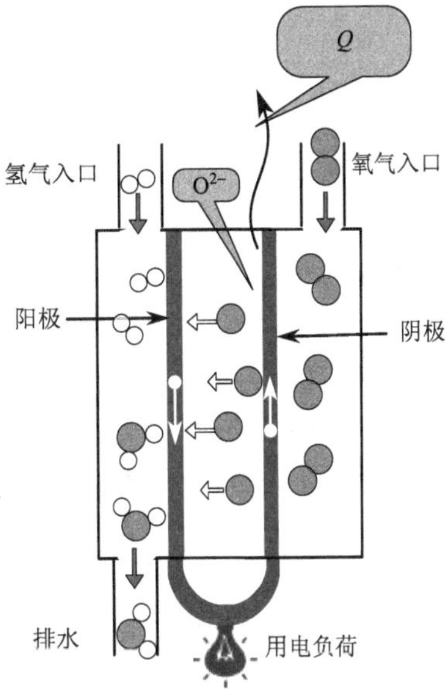

阳极燃料为氢气时，其工作原理如图 9-3 所示，反应方程式如下。

图 9-3 固体氧化物燃料电池原理图

与质子交换膜燃料电池相比，SOFC 不但交换离子不同，生成水的位置也不同，是在阳极气室，而不是阴极气室

阳极反应：
$$2H_2 \longrightarrow 4H^+ + 4e^- \tag{9-6}$$

阴极反应：
$$O_2 + 4e^- \longrightarrow 2O^{2-} \tag{9-7}$$

总反应：
$$2H_2 + O_2 \longrightarrow 2H_2O \tag{9-8}$$

固体燃料电池的结构较多，主要可以分为两类：板式和管式。两种固体燃料的性能比较如表 9-2 所示，虽然管式固体燃料电池相对于板式功率密度低、制造成本高，但是大大缓解了固体燃料电池气密性以及连接板制造方面的困难。目前，国内尚未解决好板式 SOFC 电堆的密封问题，SOFC 系统使用寿命无法保证。

表 9-2 管式和板式固体燃料电池性能对比

性能	管式燃料电池	板式燃料电池
功率密度	低	高
单位体积密度	低	高
高温密封	易	难
启停	快	慢
制造成本	高	低
循环热稳定性	高	低

SOFC 有多种应用场景：①小型家庭热电联供系统。小型 SOFC 家庭热电联供系统能够为家庭住宅提供电能和热水，在节能减排以及电力的削峰填谷方面优势明显。这方面日本已经有了成功的先例，其家用热电联产产品"ENE-FARM"自 2009 年 5 月已经累计销售超过 11 万台。②分布式发电。SOFC 发电效率高、无噪声、无污染排放、功率范围调整

灵活，可以提供百千瓦到几十兆瓦功率的燃料电池系统，特别适合作为分布式发电或者数据中心的备用电源。Bloom Energy 公司开发的产品目前已在苹果、谷歌、易趣等众多公司得到应用。③交通领域。SOFC 作为车辆、轮船、无人机等工具的辅助或者动力电源也得到了推广应用。2016 年，日产发布了世界首辆 SOFC 作为动力源的汽车，SOFC 的燃料是生物乙醇，续航里程可超过 600km。Bloom Energy 公司与三星重工业公司合作，计划将产品应用于船舶电源，预计到 2027 年，将有超过 100 艘邮轮需要超过 4GW 的电池订单。④大型发电站。CO_2 近零排放的大型煤气化燃料电池发电技术(integrated coal gasification fuel cell, IGFC)是将整体煤气化联合循环发电(integrated gasification combined cycle, IGCC)与高温固体氧化物燃料电池或 MCFC 相结合的发电系统，发电效率更高，CO_2 捕集成本低，是煤炭发电的根本性变革技术。三菱日立电力系统株式会社则致力于 SOFC 联合循环大型发电系统研发，2018 年实现商用 250kW 和 1MW 规格的联合发电产品。⑤反向电解制氢。SOFC 正向运行可发电，逆向运行可实现电解，即为固体氧化物电解水(SOEC)。SOEC 可以通过电解水制氢，把与负荷不匹配而浪费的电能储存到氢气中，且电解效率高达 85%～95%，远高于其他电解技术。

美国、欧洲、日本等发达国家和地区在 SOFC 技术方面处于领先地位，目前已经基本实现了 SOFC 的商业化运行，产业规模不断扩大。美国的 SOFC 市场偏向大中型工/商业用供电系统，Bloom Energy 公司开发的 SOFC 主打产品规格为 50kW 模组，通过多模组的组合最大可以做到几十兆瓦的燃料电池系统，其产品目前已应用在苹果、谷歌等多家公司。欧洲市场的主要推广方向是微型热电联供(Micro-CHP)系统，如瑞士 Hexis 公司主要面向电功率小于 10kW 的固定应用，为单户家庭、多户公寓建筑、小型商业应用设计和生产基于燃料电池的微型热电联产装置。目前主打的商业化产品，输出电功率为 1.505kW，电效率为 40%，输出热功率为 2.1kW，系统总效率达到 90%，系统寿命为 10 年。日本的 SOFC 产业在新能源产业技术综合开发机构领导下发展迅速，特别是有政府补助的家用燃料电池热电联供计划，其小型家庭 SOFC 热电联供技术成熟可靠，保有量居世界首位。日本京瓷株式会社从 1985 年开始开发燃料电池，一直挑战小型 SOFC 的技术开发，京瓷的电池堆在 2011 年便安装在日本的家用 SOFC 发电系统中。现在已经实现第三代更小型化的产品，产品发电功率达 700W，实现了 9 万小时连续工作、360 次启停、12 年设计寿命。

中国的 SOFC 研究开发工作主要在科研院所和高校，资金来源主要是国家或地方科技项目支持。中国科学院大连化学物理研究所、中国科学院宁波材料技术与工程研究所、中国科学技术大学、华中科技大学等单位都在长期坚持对 SOFC 的研发，经过几十年的积累，已经初步掌握了从原材料生产、大面积单电池批量生产制备、电堆组装到整个 SOFC 系统的设计开发技术。但是同欧洲、美国、日本的先进水平及商业化应用相比，我国的 SOFC 产业处在工业示范向商业应用的过渡阶段。2023 年 1 月，潮州三环(集团)股份有限公司同广东省能源集团有限公司合作开展的"210kW 高温燃料电池发电系统研发与应用示范项目"，在广东惠州天然气发电有限公司顺利通过验收。本次项目前后安装的 6 台 35kW SOFC 系统，总功率≥210kW，平均交流发电净效率为 61.8%，运行时间最长的机台已超过 5000h，系统热电联供效率高达 91.2%，实现了 210kW SOFC 固定式发电系统的集群研究和应用示范。2023 年 2 月，潍柴动力股份有限公司发布的 120kW 产品是全球首款大功率金属支撑 SOFC，净发电效率超过 60%，热电联产效率达到 92.55%，在大型 SOFC 系统中全球最高。

除上述两家上市企业外，国家能源集团、中国石油天然气集团有限公司、中国石油化工集团有限公司、中国南方电网有限责任公司等央企也在积极布局 SOFC 产业。此外，还有几个初创企业具备较强的技术实力，宁波索福人能源技术有限公司是 SOFC 行业里面技术比较全面的一家，打通了从粉体到系统的技术路线，以平板式的 SOFC 为主，出自中国科学院宁波材料技术与工程研究所，现在最大的系统功率做到了 25kW。浙江臻泰能源科技有限公司采用独特的平管式电池结构，目前最大的电堆功率可以做到 1kW，其反应温度约 650℃，电堆运行稳定性好，也具备做配套系统的能力。

9.1.3 碱性燃料电池

碱性燃料电池（AFC）是首先被开发并得到实际应用的燃料电池。早在 1902 年，AFC 就被成功设计出来，但受限于当时的研究水平，该类燃料电池并未实现商业化。直到 20 世纪 40～50 年代，英国剑桥大学的培根对 AFC 进行了进一步研究，提出了多孔结构的电极概念，从而有效增加了电极反应界面的面积。AFC 的适用范围广、转换效率高、制作成本低，但是在运行中产生的 CO_2 与碱性电解质反应生成碳酸盐，这将降低电能输出效率，并堵塞电极孔道。

AFC 一般采用氢氧化钾（KOH）水溶液作为电解质。图 9-4 给出了其原理示意图。注意到，在图的底部有一个管道，阳极气室生成的水的一半转移到阴极气室，以便生成水的一半回收供给阴极气室。正负极的反应式如下。

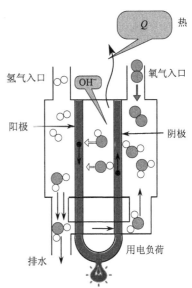

图 9-4　使用氢氧根作为交换离子的
碱性燃料电池原理图
注意阳极室生成水的一半回收供给阴极气室

阳极反应：
$$2H_2+4OH^- \longrightarrow 4H_2O+4e^- \tag{9-9}$$

阴极反应：
$$O_2+2H_2O+4e^- \longrightarrow 4OH^- \tag{9-10}$$

总反应：
$$2H_2+O_2 \longrightarrow 2H_2O \tag{9-11}$$

氧在碱性条件下，其还原反应相较于酸性条件更快，因此碱性燃料电池的功率密度较高，但是，碱性电解质易与二氧化碳发生反应，导致电解质变质。聚合物电解质膜的作用是防止氢氧根与 CO_2 的反应：

$$CO_2 + 2OH^- \longrightarrow CO_3^{2-} + H_2O \tag{9-12}$$

反应中消耗 OH^-，减少溶液中 OH^- 的量，除此之外，碳酸盐的沉淀还会堵塞气体扩散层。

研究碱性燃料电池的关键是聚合物电解质膜，电解质膜的作用是允许阴离子 OH^- 的通过，同时防止气体的扩散，因此需要较高的离子电导率和稳定性。电解质膜的离子电导率需要在 100×10^{-3} S/cm 以上，保证在大电流下的低电阻性。相比 PEMFC 中使用的质子交换膜，该膜的可选择性更大，而且比 Nafion 膜更容易制作。而对于 AFC 来说，这一点是其产业化发展的优势。尽管如此，AFC 却存在一个致命的弱点，碱性环境对电极金属具有极强的腐蚀性，因而 AFC 的寿命有限。

9.1.4 熔融碳酸盐燃料电池

熔融碳酸盐燃料电池(MCFC)一般称为第二代燃料电池,是一种以氢气或天然气等气体作为燃料,熔融碳酸盐作为电解质,氧气或空气与二氧化碳的混合气作为氧化剂的高温燃料电池。MCFC 具有以下优点:①在工作温度下,燃料可在电池堆内部进行重整,这既可降低生产成本,又可提高工作效率;②器件结构相对简单,对电极、隔膜和双极板的制备工艺要求较低,并且组装过程较为方便;③电池反应对催化剂的要求较低,可使用价格低廉的非贵金属类催化剂。然而,MCFC 也存在一些缺点:①熔融碳酸盐电解质的腐蚀性很强,容易腐蚀电极材料,影响电池使用寿命;②在 MCFC 系统中,二氧化碳循环会增加系统的复杂性;③MCFC 的启动时间较长,作为备用电源具有一定的局限性。

MCFC 单电池由阴极、阳极和碳酸盐电解质层共同组成,电化学反应主要发生在气体-电解质-电极材料的界面上,在阴极发生还原反应,氧气与二氧化碳反应,消耗电子,生成碳酸根。碳酸根在电解质中移动至负极,与氢气反应,生成二氧化碳和水,并释放出电子,电子通过外电路做功,其反应以下式表达。

$$\text{阳极反应:} \qquad 2H_2 + 2CO_3^{2-} \longrightarrow 2CO_2 + 2H_2O + 4e^- \qquad (9\text{-}13)$$

$$\text{阴极反应:} \qquad O_2 + 2CO_2 + 4e^- \longrightarrow 2CO_3^{2-} \qquad (9\text{-}14)$$

$$\text{总反应:} \qquad 2H_2 + O_2 \longrightarrow 2H_2O \qquad (9\text{-}15)$$

该反应温度为 650℃,可以用镍作为电催化剂。熔融碳酸盐燃料电池堆由正极、电解质、电解质隔膜、负极、双极板和集流器等组成。其中,隔膜需要具有高强度、耐腐蚀、阻隔气体和导通碳酸根离子等特性,目前普遍采用偏铝酸锂作为电解质隔膜材料。双极板用于分隔氧化气体和燃料气体,构成气体流动通道,并可用于导电,要求具有抗氧化和还原以及抗电解腐蚀的特性,通常由不锈钢板和镍基合金钢制成。

9.1.5 磷酸燃料电池

磷酸燃料电池(PAFC)也称作第一代燃料电池,一般是以磷酸为电解质,以贵金属催化的气体扩散电极为正、负极的中温型燃料电池。其工作温度为 175~200℃,发电效率为 40%~45%。

PAFC 具有电池寿命长、氧化剂和燃料中杂质的可允许值大、成本低和可制造性强等优点,是应用领域广泛且发展迅速的一类电池。磷酸燃料电池在 20 世纪 70 年代已投入商业运用,功率为 100~400kW。其可靠性高和寿命长的优点使其在分散式电站、可移动电源、不间断电源和备用电源等方面具有巨大的发展潜力。

图 9-5 为磷酸燃料电池结构和工作原理。在阳极,氢气发生氧化反应生成氢离子并释放电子,其中氢离子通过磷酸电解质层

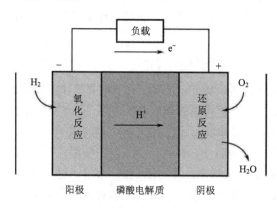

图 9-5 磷酸燃料电池结构和工作原理

迁移到阴极，而电子则通过外电路到达阴极。在阴极，空气中的氧气与分别从电解质和外
电路传递来的质子和电子反应生成水。

主要的反应如下。

阳极反应：$$2H_2 \longrightarrow 4H^+ + 4e^- \tag{9-16}$$

阴极反应：$$O_2 + 4H^+ + 4e^- \longrightarrow 2H_2O \tag{9-17}$$

总反应：$$2H_2 + O_2 \longrightarrow 2H_2O \tag{9-18}$$

磷酸燃料电池工作中存在不可逆损失，包括活化过电位、浓差过电位和欧姆过电位，
相对于碱性燃料电池，磷酸燃料电池克服了二氧化碳的负面作用，降低了氧化剂的需求，
操作温度较低，便于热电联产。但磷酸燃料电池需要贵金属如铂作为电催化剂，造价过高，
导致发电成本过高(3.5 元/(kW·h))，且容易造成一氧化碳和硫化氢中毒。

9.2 甲醇燃料电池

甲醇作为煤化工生产过程中相对充足的下游产品，在转化为高附加值的化工中间体、
缓解未来能源和环境危机方面发挥着关键作用。甲醇燃料电池技术是甲醇作为能源材料的
研究重点。甲醇燃料电池工作过程如图 9-6 所示。甲醇水溶液经气化室进入重整室，转化
成二氧化碳和氢气，其中生成的二氧化碳因无法被燃料电池堆利用，被纯化膜阻隔在外面，
而氢气则通过管道进入燃料电池堆，在催化剂的作用下完成化学能到电能的转化，为驱动
系统和车身附件提供电能。与氢燃料电池汽车相比，甲醇是非常好的液体储氢、运氢载体。
以甲醇为原料，将小型的甲醇重整制氢设备与燃料电池进行高度集成，氢气即产即用，可
实现即时制氢发电，将制氢的环节从工厂转移到了车辆上。这不仅解决了运输问题，并且
在安全和经济方面也有一定的优势，使用过程中没有 NO_x、SO_x 等污染物排出。1L 液氢(需
冷凝到-253℃)只有 72g H_2，1L 甲醇跟水反应可放出 143g H_2，1L 甲醇的产氢量是 1L 液氢
的 2 倍。虽然甲醇燃料电池汽车无需高压储气罐，但是多出了一套重整制氢系统，这也使
得甲醇燃料电池汽车的制造成本与氢燃料电池汽车相当，甚至更高。

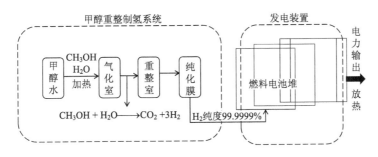

图 9-6 甲醇燃料电池工作过程示意图

甲醇燃料电池包括直接甲醇燃料电池和间接甲醇燃料电池。直接甲醇燃料电池的研究
始于 20 世纪 50 年代，是直接通过甲醇的电化学反应发电，系统简单，但由于用于甲醇电
氧化的贵金属催化剂活性不足，电池效率(<30%)和输出功率较低，目前对其研究主要集

中在催化剂上。间接燃料电池是将甲醇重整为氢气后的氢燃料电池，将甲醇催化、重整后得到高纯度氢气，用于燃料电池发电，即将甲醇作为氢能的载体，其总效率可极大提高至 50%。

9.2.1 直接甲醇燃料电池

甲醇的分子结构简单、能量密度高、来源丰富，甲醇燃料电池成为目前广泛研究的燃料电池之一。直接甲醇燃料电池是一种直接以液态甲醇或蒸气甲醇为燃料的质子交换膜燃料电池，DMFC 结构如图 9-7 所示，电池由阳极、阴极、离子交换膜组成，电池反应如下。

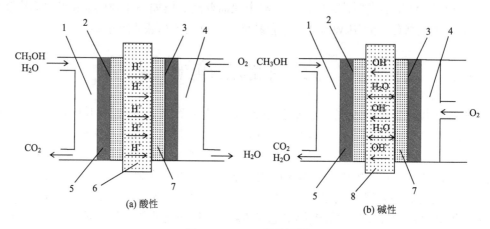

图 9-7   DMFC 结构图[2]

1—燃料室；2—阳极；3—阴极；4—氧化剂室；5—扩散层；6—质子交换膜；7—催化剂层；8—阴离子交换膜

酸性环境下：

阳极：
$$CH_3OH + H_2O \longrightarrow CO_2 + 6H^+ + 6e^- \qquad (9\text{-}19)$$

阴极：
$$\frac{3}{2}O_2 + 6H^+ + 6e^- \longrightarrow 3H_2O \qquad (9\text{-}20)$$

$$CH_3OH + \frac{3}{2}O_2 \longrightarrow 2H_2O + CO_2 \qquad (9\text{-}21)$$

碱性环境下：

阳极：
$$CH_3OH + 6OH^- \longrightarrow CO_2 + 5H_2O + 6e^- \qquad (9\text{-}22)$$

阴极：
$$\frac{3}{2}O_2 + 3H_2O + 6e^- \longrightarrow 6OH^- \qquad (9\text{-}23)$$

$$CH_3OH + \frac{3}{2}O_2 \longrightarrow 2H_2O + CO_2 \qquad (9\text{-}24)$$

在酸性介质中，CH_3OH 在阳极区和 H_2O 反应生成 CO_2、H^+ 和 e^-，CO_2 从阳极出口排出，H^+ 和 e^- 分别通过质子交换膜和外电路转移到阴极区。O_2 与阳极区转移来的 H^+ 和 e^- 在阴极区发生反应生成 H_2O，从阴极出口排出。在碱性介质中，阳极区的 CH_3OH 和 OH^- 反应生成 e^-、CO_2 和 H_2O，从阳极出口排出，e^- 通过外电路转移到阴极区；在阴极区，

O_2 和 H_2O、阳极区转移来的 e^- 反应生成 OH^-，OH^- 又通过阴离子交换膜转移到阳极继续反应。

DMFC 作为一种新型能源转化装置，因其结构简单、能量密度高、携带方便等优点，具有较好的应用前景。德国的 Siemens 公司在直接甲醇燃料电池性能研究方面处于领先地位，其开发的单体电池能够在较高温度(超过 120℃)和压力下操作，但稳定性差；美国加利福尼亚理工学院喷气推进实验室和 GINER 实验室联合研发的直接甲醇燃料电池组样机功率可达 1kW，美国加利福尼亚大学还模拟出 10kW 的直接甲醇燃料电池组，美国凯斯西储大学(Case Western Reserve University)受军方赞助，致力于研究功率在 10~1000kW 的微型直接甲醇燃料电池；中国科学院长春应用化学研究所研制出中国首台百瓦级直接甲醇燃料电池堆，并成功应用在电动自行车上，中国科学院大连化学物理研究所研制的小型单电池性能也达到了国外先进水平。

直接甲醇燃料电池作为新型的绿色能源，可以满足大到汽车、航天仪器，小到微型电子产品对能源的需求，在新能源汽车、移动电源以及便携式电子设备等领域有广泛的应用前景，是当前改善环境污染和缓解能源危机的有效途径。

9.2.2 间接甲醇燃料电池

根据甲醇重整器相对于质子交换膜燃料电池的位置，可以将间接甲醇燃料电池分为外置重整甲醇燃料电池(ERMFC)(图 9-8)和内置重整甲醇燃料电池(IRMFC)(图 9-9)。

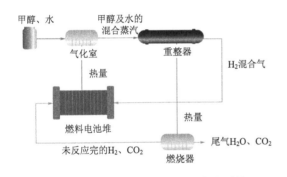

图 9-8　外置重整甲醇燃料电池集成系统

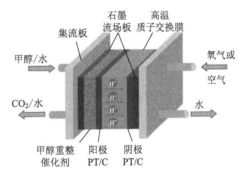

图 9-9　内置重整甲醇燃料电池配置[3]

1. 外置重整甲醇燃料电池

在外置重整甲醇燃料电池系统中，甲醇重整器位于高温燃料电池电堆的外侧。燃料箱中的甲醇溶液通过气化室加热变成甲醇水蒸气，之后进入重整器中被分解为富 H_2 的高温重整气(240~300℃)；高温重整气通过热交换器冷却以达到燃料电池堆的工作温度(150~170℃)后供电堆使用。燃料电池的阴极废气和冷却剂中的废热回收后用于气化室的甲醇溶液蒸发，而阳极废气经过催化燃烧器反应用于重整器的加热，从而通过废热的回收提高系统的总能量效率。

虽然外置重整甲醇燃料电池具有输出功率密度高、燃料运输和存储方便等优点，但甲醇重整器的引入在一定程度上也增添了系统复杂性，因此该系统研究的重点在于甲醇重整器与高温燃料电池的耦合。

甲醇水蒸气重整(MSR)与高温质子交换膜燃料电池(high-temperature proton exchange membrane fuel cell, HT-PEMFC)的热耦合方式包含并联和串联两种拓扑结构，见图9-10。并联的热耦合结构中包含并联的高温(300℃)和低温(160~180℃)两个热循环子系统。高温热循环子系统包含 MSR 和热交换器，而低温热循环子系统包含甲醇蒸发器、HT-PEMFC 以及风冷机。该系统的主热源为燃烧器。开机时，燃烧器在电加热辅助作用下升温，之后燃烧甲醇产热并将热传给两个热循环子系统以维持 HT-PEMFC 和 MSR 的温度。通过调节两个热循环子系统中冷却液的流量从而优化整个系统的能量效率。该系统的挑战在于电堆负载降低时，燃料的供给必须紧随电堆负载的变化而变化，否则燃烧器会因输入的电堆阳极氢气尾气含量的升高而过热，导致甲醇重整催化剂熔化甚至 MSR 损毁。串联热耦合系统为多个热平台的串联，简化了系统设计。在该系统中，燃烧器的温度最高，并将热量传递给 MSR。启动过程中同样需要电加热辅助以启动燃烧器，之后燃烧器则为整个系统提供热能。但该系统的缺点在于多个热平台的串联，因此多个部件都影响了冷却液的温度，导致系统热管理较复杂。

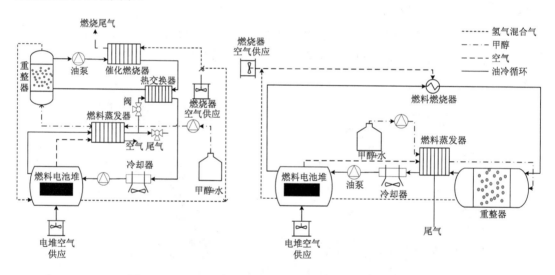

图 9-10 ERMFC 中 HT-PEMFC 和 MSR 的两种热耦合方式

外置重整甲醇燃料电池具有能量密度高的特点，主要应用于小型动力系统，包括小型民用和军用电子设备等便携式电源系统，如图 9-11 所示。丹麦 Serenergy 公司开发了商业化重整甲醇燃料电池系统(H3-350)，其额定输出功率为 350W，21V 时的额定输出电流为 16.5A，可有效地替代离网或移动设备中的发电机组或蓄电池组。与目前应用的直接甲醇燃料电池技术相比，该系统质量比功率(W/kg)和体积比功率(W/L)分别提升了 2 倍和 3 倍。ERMFC 还在军事应用领域具有良好的应用前景。2013 年，UltraCell 公司推出的 XX55 型便携式重整甲醇燃料电池系统，额定功率达 50W(峰值功率密度可达 85W)，使用寿命长达 2500h；该系统还可通过"堆积木"的方式将模块化的 XX55 电池组装成再充电系统，从而提供 50~225W 的连续电力输出，并通过了新西兰国防军战斗实验室在野外演习中部署的评估。我国也于 2016 年开发了军用 30kW 的重整甲醇燃料电池系统静默移动发电车 MFC30，它具有低红外辐射的强隐蔽性突出特征，用于满足军事防护等需求。另外，2018 年德国兰格航空公司联合丹麦 Serenergy 公司开发的世界上第一架以重整甲醇燃料电池为动力的无人机 Antares DLR-H2，输出功率达 25kW，从甲醇燃料箱到动力总成（包括螺旋桨）的驱动系统的总效率在 44%左右，其效率是基于燃烧过程的传统推进技术的两倍。

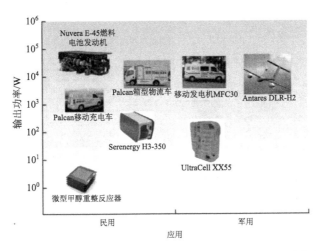

图 9-11　外置重整甲醇燃料电池（ERMFC）在民用和军用领域的应用

需要指出的是，外置重整甲醇燃料电池系统因其工作温度高，需要经过较长时间的预热及调整才能正常工作。另外，当外界功率需求改变时，电池能量转换过程达到新的平衡，需要对甲醇流量、电堆供氧量等做出调整，因此现阶段集成系统的动态响应时间较长。为解决该问题，往往需要搭配超级电容或锂离子动力电池与 ERMFC 系统并联使用，以满足快速启动的应用需求。

2. 内置重整甲醇燃料电池

与外置重整甲醇燃料电池不同，内置重整甲醇燃料电池将甲醇重整过程集成到了电池器件内部，即在阳极室中引入甲醇重整催化剂，使得重整发生在燃料电池内部。通过将重整甲醇功能和催化氢氧化功能同时集成于电池阳极，可在阳极原位生成电池运行所需的氢气，且重整过程中所需的热量也不再依靠燃料燃烧来提供而是由电池本身提供。这种配置无须单独的燃料重整器及额外的热交换器，且避免了重整气冷却导致的能量损失。另外，阳极电催化过程对原位生成的 H_2 的消耗将对重整催化剂的催化活性产生促进作用，这种电化学促进作用在单独的外置重整器中是无法实现的。总的来说，IRMFC 具有以下优势：简化的设计，更高的功率和能源效率，系统质量和体积的最小化以及提高重整催化剂活性。

内置重整甲醇燃料电池的研究关键是在简化的装置中实现外置重整甲醇燃料电池的功能，即电池阳极中的原位制氢能力趋近于外置重整器制氢的效果，使得在简化体积的同时保证稳定的功率输出。目前暂未实现 IRMFC 系统的商业化，但在实验室已经取得了一定的研究成果。Avgouropoulos 等[4]在 2016 年组装并测试了 70W 内置重整甲醇燃料电池系统（图 9-12（a））。整个系统还集成了启动子系统（空气泵、蒸发器和整体式燃烧器）、燃料电池堆、蒸发器装置和数据采集单元（反应物/产物分析、温度控制、流量控制、系统负载/输出控制)等用于支持 IRMFC 堆在 200℃下运行。甲醇水蒸气进入系统后原位生成 H_2 为电池提供燃料。甲醇转化率达到约 98%，MEA 的氢气利用率为 60%~75%，系统可以获得 40W 的功率输出并在短时间内(4h)保持稳定。Papavasiliou 等[5]在 2019 年利用 32 个基于双重整器设计的 IRMFC 单电池集成了 100W 的 IRMFC 堆(图 9-12(b))，获得了高于 98%的甲醇转化率，在 200~210℃下实现了 100.7W 的功率输出(每个电池为 3.14W，功率密度为 0.114W/cm²)，包括绝缘层和外壳在内的 IRMFC 堆的体积功率密度约为 30W/L，在便携式或固定式电源中处于较高水平。

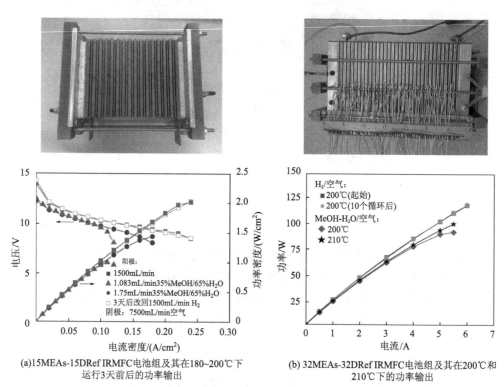

(a)15MEAs-15DRef IRMFC电池组及其在180~200℃下
运行3天前后的功率输出

(b) 32MEAs-32DRef IRMFC电池组及其在200℃和
210℃下的功率输出

图 9-12 IRMFC 电池组的功率输出[4,5]

目前提出的 IRMFC 系统在实验室的测试中都展现出了较好的性能，但长期工作稳定性及启停操作对系统的影响还有待验证。IRMFC 作为一种轻量型高能量密度电池，如果能将其工作温度拓展到更宽的温域，这样甲醇重整不充分带来的一系列问题将迎刃而解，从而在便携式设备、电动交通工具甚至航天工业等领域都有望得到广泛的应用。两类重整甲醇燃料电池的比较见表 9-3、表 9-4。

表 9-3 两类重整甲醇燃料电池系统比较

项目	外置重整甲醇燃料电池(ERMFC)	内置重整甲醇燃料电池(IRMFC)
系统组成	重整器，HT-PEMFC 堆，燃料蒸发器，催化燃烧器，温度控制系统，数据采集与分析诊断系统等	具有双功能阳极的 HT-PEMFC 堆，燃料蒸发器，控制单元

项目	外置重整甲醇燃料电池(ERMFC)	内置重整甲醇燃料电池(IRMFC)
缺点	HT-PEMFC 的工作温度和甲醇重整温度不匹配导致需要复杂的热管理系统来提升能量效率	甲醇中毒,磷酸对重整催化剂的毒化,温度限制了甲醇转化率
应用	车载动力,小型军用、民用电子设备等便携式电源	实验室研究阶段,尚未实现商业化应用

表 9-4 两类重整甲醇燃料电池性能比较

外置重整甲醇燃料电池(ERMFC)		内置重整甲醇燃料电池(IRMFC)	
车载 ERMFC[6]	便携式 ERMFC[5,7,8]	单电池[9]	电堆[5]
额定功率 30kW	最大输出功率 325W	最大功率密度 0.55W/cm(200℃)	最大输出功率 100.7W(200℃)
启动时间≤4min	启动时间 20min	甲醇转化率 90%(100h 内)	启动时间≤20min
总效率 45.5%	比功率 31.25W/kg	氢气供应 9.8mL/min	比功率 50W/kg
使用寿命 2000h	体积功率密度 10.9W/L	稳定性 320h(200℃)	体积功率密度 30W/L
氢气效率 78%	单次使用时间 4h		

9.2.3 高温甲醇燃料电池

高温甲醇燃料电池汽车就是将制氢的环节从工厂转移到了车辆上。在车里自动把甲醇转化成氢气,再用氢在燃料电池中发电,规避了普通氢燃料电池最不容易解决的问题——氢气网络的建设。高温甲醇燃料电池系统主要有 3 类技术路线:第 1 类技术是甲醇重整+除 CO 装置+低温电堆。该技术路线通过催化剂对甲醇重整产生的混合气中的 CO 进行选择性氧化,使之变为 CO_2;再进行降温处理后,以混合气的形式进入低温堆的阳极,氢气参与反应发电,其他气体从阳极排出。整个系统的排放仅有 H_2O 和 CO_2。第 2 类技术是甲醇重整制氢+氢气提纯+低电堆,将获得的氢气(通常含有 H_2、CO_2、CO 及水蒸气)进行提纯,获得 99.99%纯度的高纯氢,氢气降温后再进入低温电堆发电。第 3 类技术是甲醇重整+高温电堆,这类技术是现阶段发展最快的技术路径,已在电动车及其他特殊领域得到了众多成功应用。三种技术路线的主要区别在于系统中的电堆不同,导致对阳极气体的需求差异。

高温甲醇燃料电池系统主要由重整反应器、高温电堆、热管理、水管理、控制单元等几部分构成。图 9-13 是系统工作流程图,属于第 3 类技术路线的高温甲醇燃料电池。甲醇燃料与空气供给重整反应器产出氢气,空气与氢气作为电堆阴阳极的输入,电堆放电经过 DC/DC 配合二次电池输出电能,同时燃料电池系统运行过程中产生热量,可被回收利用。

该系统化学反应主要在燃烧室、重整反应室和电堆中进行。燃烧室的主要作用为:①启动过程中为整个系统提供能量;②为物料的气化提供热量;③为重整腔的重整反应补充一定的能量。其中,燃烧区主要进行燃烧反应:

$$CH_3OH + 1.5O_2 \longrightarrow CO_2 + 2H_2O \tag{9-25}$$

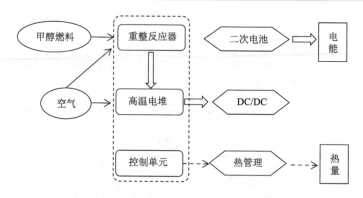

图 9-13 高温甲醇燃料电池系统工作流程

将重整反应器与电堆集成，当启动阶段平稳后，整个反应系统进入稳定运行状态后，系统将电堆中过量阳极氢气作为燃烧燃料返回燃烧室。氢气燃烧的反应为

$$H_2 + 0.5O_2 \longrightarrow H_2O \tag{9-26}$$

重整反应室的主要作用是将气化甲醇转化为氢气，主要进行的化学反应如下：

$$CH_3OH + H_2O \longrightarrow CO_2 + 3H_2, \quad \Delta H = 49.57kJ/mol \tag{9-27}$$

$$CH_3OH \longrightarrow CO + 2H_2, \quad \Delta H = 90.73kJ/mol \tag{9-28}$$

$$CH_3OH + 1.5O_2 \longrightarrow CO_2 + 2H_2O, \quad \Delta H = -675.91kJ/mol \tag{9-29}$$

上述反应中以式(9-27)为主导，所以产氢率高。目前甲醇水蒸气重整技术是甲醇制氢技术中最具有优势和技术最成熟的制氢方法，被认为是最有希望利用在氢燃料电池上的制氢技术之一。

在催化剂的作用下，进入电池阳极的氢气原子分解成质子和电子，其中质子进入电解液中，被氧"吸引"到薄膜的另一边，电子经过外电路形成电流后，到达阴极。在阴极催化剂作用下，质子、氧及电子发生反应形成水分子。反应过程中的排放物只有水。其中两电极的反应分别如下。

阳极(负极)：

$$2H_2 - 4e^- \longrightarrow 4H^+ \tag{9-30}$$

阴极(正极)：

$$O_2 + 4e^- + 4H^+ \longrightarrow 2H_2O \tag{9-31}$$

电堆的工作过程中会同时产生大量的热，燃料电池系统对电堆的产热进行回收，一部分用于液态甲醇的气化，另一部分采用如热电连供等方式进行回收，理论上可以使系统在额定工作输出时的效率达 70%以上。

高温甲醇燃料电池系统的运行过程中，从功能的角度主要分为两个部分：一部分是将液态的甲醇水溶液转化为氢气的过程；另一部分是将高温电堆放电的过程。两者之间并非简单的上下游关系，而是紧密相连，相辅相成的。根据主要的功能，甲醇水溶液储存箱里的燃料经过阀门、液泵和计量传感器之后进入换热器进行气化，气化之后的甲醇水蒸气分为两路：一路供给重整器启动阶段的燃烧使用；另一路供给重整反应产生氢气，氢气随后进入电堆。空气路也分为两部分，分别供给燃烧和电堆。但在实际操作运行中，系统流程较为复杂。

高温工作的特点决定了高温是甲醇燃料电池的一把双刃剑。一方面是优势，根据阿伦尼乌斯方程(Arrhenius equation)$k=Ae^{-Ea/RT}$(k 为速率常数，R 为摩尔气体常量，T 为热力学温度，Ea 为活化能，A 为频率因子)，温度升高，反应的活化分子数明显增加，从而反应速率加快。实际应用中，温度每升高 10℃，电极反应速率通常增加 2～4 倍，电池性能随之提升，而且在 150℃以上，CO 对催化剂的毒化作用大幅降低，同时 PEMFC 中水管理问题也得以解决。另一方面的挑战，在于催化剂和高性能 MEA 的设计开发。高温甲醇燃料电池工作温度为 160～180℃。氢燃料电池的质子交换膜(如 Nafion 膜工作温度通常为 70～90℃)不能在较高的温度下工作。高温非水质子交换膜体系的技术路线有无机强酸(磷酸、硫酸)配合聚苯并咪唑膜或聚酰亚胺薄膜，玻璃化后的工作温度可满足使用要求，又兼具较好的质子传导性，但这个工艺过程需要不断完善。

9.3　燃料电池系统

单体电池是由双极板与膜电极(MEA-催化剂、质子交换膜、碳纸/碳布)组成的。单体电池的电位通常为 0.5～0.8V，对于大多数实际应用来说太小了。因此，将多个单体电池以串联方式层叠组合，将双极板与膜电极交替叠合，各单体之间嵌入密封件，经前、后端板压紧后用螺杆紧固拴牢，即构成燃料电池电堆。当下燃料电池行业的发展迅猛，应用于乘用车的氢燃料电池电堆额定功率已经达到 70kW，电堆寿命超过 6000h，系统额定功率超过 60kW，裸堆成本降低至 2000 元/kW 以内(百台订单)。应用于商用车的氢燃料电池电堆额定功率达到 130kW，电堆寿命超过 10000h，商用车的系统额定功率达到 100kW。

电堆工作时，氢气和氧气分别由进口引入，经电堆气体主通道分配至各单电池的双极板，经双极板导流均匀分配至电极，通过电极支撑体与催化剂接触进行电化学反应。膜电极决定了电堆性能、寿命和成本的上限。膜电极组件由质子交换膜、催化剂和气体扩散层组成。双极板起到均匀分配气体、排水、导热、导电的作用，占整个燃料电池 60%的重量和约 20%的成本。

燃料电池本身具有极佳的电流动态响应能力。可是，燃料电池运行所必需的辅助功能单元(氢气供给回路、空气压缩机、加湿系统、冷却回路等)却未必具备同样的能力。这些辅助系统具有不同的响应时间(从几毫秒到几分钟)，使得燃料电池系统的性能大幅降低。燃料电池系统集成并包括燃料电池本体，还有使其正常工作所需的各种子系统(附属装置)，图 9-14 给出了这种系统的各个组成部分。

为了说明这些附属装置对燃料电池性能的显著影响，以质子交换膜燃料电池为例，说明此燃料电池系统中不同的附属装置的典型能量消耗情况，见图 9-15。首先注意到，从燃料电池端口输出的净电能仅占系统总电能的 65%。其次，在各种不同的附属装置中，氧化剂调节系统功耗最大。紧接着是加湿系统、稳压系统和冷却系统。注意，此处假设在系统的进口处，氢气直接以压缩气体的形式存在。

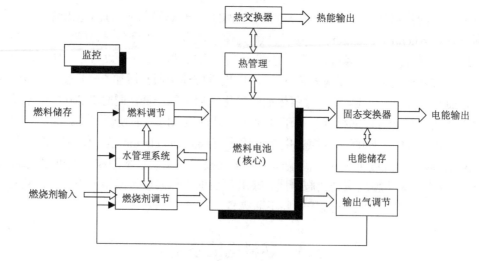

图 9-14　燃料电池系统

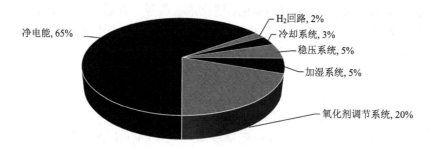

图 9-15　PEMFC 燃料电池系统中的能量产生与消耗分布图

9.3.1　空气供给系统

　　空气供给系统主要由空气滤清器、空压机、中冷器、加湿器、背压阀等部件组成，它们协调工作以提供合适的温度、湿度、流量、压力的氧气进入电堆进行反应。空压机作为空气供给系统的核心部件，动态响应较慢，并且存在显著的时滞。当负载电流突增时，若空气供给不及时，电堆阴极会出现"氧饥饿"现象，容易造成电堆"水淹"，降低电堆输出性能，极端情况下可能对膜产生热点、铂脱落、碳载体腐蚀等，对电堆造成永久性损伤；当空气供给过多时，又会造成"氧饱和"现象，电堆内部的水随过量的空气排出电堆从而使得膜含水量下降，破坏电堆的水平衡，造成膜电阻的增加和离子通过率的下降，最终导致输出功率下降。此外，过高的氧浓度意味着空压机寄生功耗增加导致电堆效率下降，因此在多变的负载电流工况下，有必要快速调整阴极的进气流量以提高燃料电池整体性能并延长其使用寿命。另外，背压阀开度是影响阴极气压的主要因素，而阴极气压也会影响电堆的输出能力。阴极气压增大时，可以促进空气在气体扩散层的传递，促进电化学反应进行，增大电堆输出功率，利于生成的水排出阴极腔避免"水淹"，但会削弱氢气在阳极腔的扩散作用，过大的阴极压力还会造成膜穿孔且不稳定的压力波动会对电堆内部的质子交换膜产生不可逆的损害。因此，对空气供给系统的研究主要集中在控制策略的研发上，特别是对阴极流量和压力协调优化控制。

9.3.2　空气加湿系统

PEMFC 的电解质由聚合物膜制成，对于这种电解质来说，需要确保膜充分的水合作用，以获得良好的离子转移性能。干燥的聚合物膜的离子传导率很低，但经过水合之后，传导率能够快速增长(Nafion 膜几乎可吸收自重 20%的水)。此外，当膜周围存在一层水膜时(每个质子外环绕着 2~5 个水分子)，质子可以在电场力的作用下迁移(继而形成电流)。然而必须保持膜的水量平衡，因为如果水量控制不当，电解质膜就会存在着水淹或者脱水的风险。如果膜发生水淹，反应气体到催化剂界面的路径就会被阻塞，而此时如果有电流需求，就会导致电池外电压迅速且大幅度地下降。如果膜脱水，电解质膜的质子传导率就会下降，甚至不能迁移。此时的电流需求如果仍保持不变就会导致膜电阻增加，电池外电压也相应地下降。电池控制系统的一个主要功能就是通过测量电压(既可以是电堆电压，也可以是单体电压)来防止膜水淹或脱水现象的发生。如果检测到电压过低，则应停止运行以避免系统进一步恶化，PEMFC 燃料电池内部的水循环如图 9-16 所示。

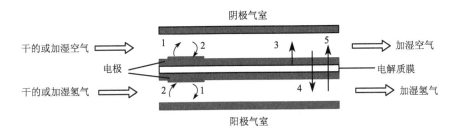

图 9-16　PEMFC 燃料电池内部的水循环

1、2—电极壁处的水蒸发/冷凝；3—阴极侧生成水；4—水扩散；5—电渗透

那么，膜水淹或者膜脱水的风险是如何产生的呢?这应该是电池内部物理、化学演变过程和电池系统运行过程等直接相关的各种因素共同影响的结果。

(1)阴极电化学反应生成水，水量与燃料电池输出的电流有关。

(2)质子从阳极向阴极迁移的过程中，水也转移到阴极，这种现象称为"电渗透"。

(3)由于两气室间水浓度不同，水从阴极向阳极扩散。

(4)为了防止膜脱水，尤其在高温运行时，一般在反应气体中(阴极、阳极或者两侧同时)添加水，但这会造成水平衡发生移位。

(5)电池运行温度和反应气体在电池入口时的温度，同样会造成水平衡的移位，而电池内部也会存在局部的水蒸发或冷凝现象，这取决于其温度和压力条件。

在大于 1kW 的自治运行聚合物膜电池系统中，加湿装置是其供气通路中的第二主要部件。将几种方案分类如下。

(1)利用反应生水的自加湿方案。对于几百瓦以上的系统，除非有回收水的装置，否则只依靠电池内生水来维持电解质膜足够的湿度是很危险的。实际上也确实如此，即使内生水量很充足，仍会有部分水逸出电池，造成水量不足。

(2)燃料加湿方案。在大多数应用中，都会采用外加湿装置加湿进入电池的气体，为电池提供水分。由于反应生产的水在阴极生成，阳极区容易最先缺水，相应区域的膜也容易发生脱水，这也是燃料需要加湿的原因。最重要的是为了控制氢气泄漏的风险，供氢通路必须简化，尽可能减少所用部件的数量。而如果水量过多，电解质膜将不再吸收水分，多余的水量必须经由阳极回路排出，但为了减少氢气的消耗，阳极回路很少开放，大多处于闭合或内部循环模式，所以阳极排水显得更为复杂。

（3）"氧化剂加湿"方案。这是使用最为普遍的方案。它利用阴极间的水浓度梯度，促使水扩散，穿过电解质膜，进而补充阳极水重新达到水平衡。

9.3.3 热管理系统

燃料电池可以工作的最大理论电压受工作温度的影响。较高的温度与较低的理论效率和较低的理论最大电压相关。对于某种类型的燃料电池来说，有一个工作良好且可靠的中等温度范围。因此，在燃料电池系统中，热管理的目的是确保电堆在特定的温度范围内运行。下面以 PEMFC 为例来进行阐述。

燃料电池工作会连续产生热量，如果产生的热量无法及时排出，电堆温度将逐渐升高，一方面，温度升高可提高催化剂活性，提高质子交换膜上的质子传递速度，从而提高电化学反应速度，反应电流升高，电堆性能变好。但燃料电池反应生成的水随反应气体排出的速度也会加快。由于水含量会影响质子交换膜的湿润条件，所以温度过高时，质子交换膜会产生脱水现象，电导率下降，电堆性能变差，另外，由于质子交换膜为聚合物电解质，当温度接近 100℃时，膜的强度将下降，如果不及时降温，膜会出现微孔，氢气通过微孔与空气混合，影响运行安全。当电堆内部温度过低时，催化剂活性下降，输出电压降低，电堆性能变差。因此，维持电堆内部正常电化学反应的最佳工作温度范围应保持在 70～80℃。

燃料电池热管理系统对燃料电池的性能、寿命和安全起着重要作用，所以一个有效的热管理系统可以维持燃料电池在 70～80℃之间安全、稳定、高效运行，燃料电池的热管理，主要是通过冷却液在燃料电池发动机及电堆内部流动，传递热量，对氢气与空气的反应温度进行控制，保持电堆内的热平衡。在工程实际应用中，燃料电池的冷却方式主要是水冷。尤其燃料电池发动机大功率输出时，电堆工作温度与周围环境温度相差不大，通过热辐射方式散去的热量很小，必须采用水冷方式排出大量的热量。

9.3.4 寿命、可靠性和诊断

燃料电池系统从 20 世纪 90 年代发展到今天，其应用范围已扩展到移动式计算、固定式联合电站和车辆等新领域。然而，已有的原理样机存在的主要问题之一是寿命，这也是它们大规模工业化前景不明的主要障碍。电池的寿命与使用条件和电堆尺寸有关，因此燃料电池要想在车载应用领域中发展，对于家用轿车必须具备 5000h 以上的寿命，而对于公共交通则至少需要 20000～40000h。目前，即使表面活性不佳的单体电池也已满足这个标准，但 PEM 电堆的寿命则要短得多，仅为 1000 多小时的量级。

就寿命和可靠性而言，提高电池性能和在测试平台上再现其使用条件的研究仍需继续，例如，与车辆运行时间-速度曲线相关的负载电流动态特性的复现，振动对电池机械性能的影响，运行问题和冷启动挑战。

从系统观点看，主要目标是研究和确保电池处于最佳运行状态，使电池系统级具有更高的效率、更高的系统可靠性和更长的寿命。基于这种想法必须评估和修正各种必要的辅助功能环节(反应器调节装置、电力电子逆变器、能量储存单元等)的技术方案,以尽可能地使电池处于最佳运行状态。当运行条件发生不利变化时,多种失效方式可能会出现在单体电池内部,也同样可能会出现在外围部件上。这需要研发新的实验性诊断方法,以判断系统失效或故障的原因。此外,更全面和系统的诊断方法,故障预测和预警机制,是必不可少的。

1. 故障及其原因

燃料电池电堆层面的故障可以有多种不同的分类方式,可以按照引起性能衰减现象的物理属性分类(如机械、热、电化学等),也可以按照性能衰减的严重程度来分类(干扰系统性能稳定性的可逆的性能衰减或是不可逆的性能衰减以及由非法操作所导致的电池系统可靠性问题)。性能衰减的速度也是划分故障类型的一个依据。不过在本节的分析中,将只考虑发生在电堆层面的最常见的故障形式。

正如前面提及的,PEM 电池的水管理是一个复杂而关键的问题,它是电池获得高且稳定性能的重要环节。膜水淹一般出现在局部的几个单体电池中,阻碍参加反应的气体到达化学反应界面。由此会引起单体电压波动,以及单体间电压的差异,而经常突然出现的、不可预测的波动,本质上就是电池性能不稳定的表现,这在高电流密度下尤为严重。一般来说,水淹是可以恢复的,通过调整系统运行参数可以使系统再次获得水淹前的性能,即降低反应气湿度(或者利用电池和体加湿器间的温差,或者利用额外的反应气体清洗气路几秒钟)或者改变阳极和阴极之间的压力梯度。然而,反复水淹可令系统运行在亚化学计量状态,即使发生在局部,中、长期水淹对单体组件也会产生很大影响,加速其性能衰减。

反之,反应气体湿度不足或者电池温度过高将引发膜脱水,降低膜的传导率,假如膜脱水时间不是太长,而且不会再发生,则当膜水分恢复正常状态之后,其性能通常可以重新恢复。不过,在恢复的过程中所产生的机械应力和膜电极上形成的热点会缩短电堆寿命。控制膜电极水量的系统参数和控制水淹时的参数是一样的。

至于反应气体的纯度及其杂质,如一氧化碳(最大容许值为 10~50ppm,1ppm 表示 10^{-6} 量级),是改善电堆寿命和性能所必须考虑的另一个重要因素。杂质过多会减少膜电极的电活性表面,进而降低催化剂活性,不过采用合适的冲洗机理可以抑制这种影响。

如果 PEMFC 燃料电池发生故障,通常都与系统的架构和控制相关。例如,如果阳极和阴极之间的压力梯度控制不好,则可能会导致膜的机械性损坏。膜的厚度(25~100um)决定了它是一个脆弱的系统。反应气体的输送、调节不当,会导致系统工作在亚化学计量状态。而电池的小电流密度短暂运行,甚至根本就没有电流输出(处于开路状态,开路电压(open circuit voltage, OCV))都对寿命有影响。当燃料电池系统动态循环时(输出电流、气体流量、温度和压力梯度),尤其需要精细化掌握和控制各物理参数。

运行在额定和稳定状态下的电池也受到元件层面老化的影响,即扩散层、电极、膜和各种接头。耐久性测试表明,从双极板到反应界面,与反应物传输相关的性能都存在降低现象,包括运行过程中催化剂活性降低,金属双极板存在腐蚀现象,阳极-阴极-冷却回路气室间的气密性也会发生损坏。

需要着重强调的是,目前燃料电池系统的原型样机,其辅助装置成为系统功能障碍的主要因素。实际上,系统突然中止运行或者一段时间后不能使用,不仅仅只是膜电极故障引起的，系统发生故障远不止这一种原因。

物理参数对电池性能降低、发生故障、单体和系统老化的影响，必须通过一系列能够描绘燃料电池系统性能特征的实验方法、系统的测试方法和适宜的诊断方法来分析判断。

2. 燃料电池性能的实验方法

最常用的研究燃料电池性能特征的实验方法是极化曲线、阻抗光谱法，以及电池动态需求响应分析的伏安测量法。

极化曲线(电池电荷的电流与电压关系曲线)描述了燃料电池的整体静态性能，但无法清晰展示系统内部的电压降。这些电压降源自各种损耗，主要包括活化、反应气体透过电解质膜的传导、欧姆电阻、反应物在膜电极中的扩散等。因此，可以用其他的分析电池性能的方法和诊断手段来更好地研究不同物理现象对电池电压的影响。

阻抗光谱法一般用来估计膜的水合状态，分析电池内与反应气体传输相关的问题。这种方法通过给一个稳定系统(在此为电池)强加一个周期的输入量(如电流)，并分析相应的输出量(恒电流下的电压)。分析燃料电池性能特征所采用的典型频率区间从 30kHz 到几毫赫兹，测定膜阻的频率一般为 $1 \sim 10$kHz，而电荷(电子、质子)的传输和扩散现象则采用更低的频率段。阻抗光谱法已被用于系统性能衰减机理的深入研究。在电化学领域，这种方法被电化学专家大量采用，尤其是在一次电池、二次电池和燃料电池的研究中。对于燃料电池而言，通常集中在小面积活化膜(几平方厘米级别)系统的研究，甚至包括某些部件(如阳极或阴极)的分析。然而，关于由多个单体构成的电堆的研究相对较少。阻抗光谱法在电堆研究中备受关注的一点是测得的阻抗值是各单体的平均值，而电堆内部是具有不均质性的(温度、流体分配等)。考虑到目前的加工工艺，各单体在性能上存在着不可忽视的差异性。研究单体电池对方波电流的动态响应，是鉴别电压骤升背后不同原因的一种可行方法。

伏安测量法是实验室中用来研究燃料电池性能特征的又一种方法。例如，可以用来测定电极的活性表面，也可用来评估随反应物迁移到膜另一面的渗透电流。

3. 诊断方法和策略

对燃料电池性能特征的详细分析需要将实验步骤基准化，同时也必须要有面向具体应用的明确的诊断工具。一些特征分析的详细方法可以用于或部分用于对固定或车载电池的监控。在这种情况下，有必要制定有效而简洁的专门实验步骤进行电池内故障定位、故障原因测定，并给出要采取的措施(停止装置，启动操作以恢复性能或者额定运行)。阻抗光谱法的优势在实验室中很明显，但很难用于真实系统，尤其是车载式应用。电力电子变换器可以调节并使用燃料电池发出的电，其电流的变化可以用以测定阻抗，尤其是膜阻抗，甚至可以控制加湿系统以使电解质维持足够的水量。还有一种应用案例，通过检测反应气流或者阳极-阴极压力的微小变化，结合对单体电池空载电压的监控，进而定位电堆中的故障单体。

目前，燃料电池系统原型样机采用的诊断方法，一方面依赖于对各种被认为重要的参数的监测(如电池温度、电堆入口处气体压力等)，另一方面也要实时观测每个单体电池的电压响应，以此评估其运行状态(健康状态)。系统的每个参数都有确定的运行区间，并通过对关键阈值的设定来控制系统运转(例如，最小电压阈值用来控制电堆输出电压的水平)。例如，如果发现单体电压下降，可以认为是一氧化碳中毒导致的，也可以认为是膜脱水导致的，还可以认为是单体发生水淹的结果等。随后控制系统被激活，通过操纵不同的辅助功能单元(燃烧处理子系统、冷却回路或加湿器等)或者启用不同的程序(降低负载电流、启用空气清洗等)来补偿上述问题。这种控制方法的主要问题在于,通过收集到的信息往往无法分辨故障源头,而且对异常情况也缺乏足够的判断力。

为了解决上述问题,一种解决方法是在燃料电池系统中植入更多的传感器以便探测到实际运行状况与正常运行之间的差异。然而,这种方法从单体到整个系统都给设计带来了问题(增加了系统成本,而且结构更复杂,由此必然降低系统可靠性,而可靠性是系统应用的最主要因素)。因此,必须另辟蹊径,考虑其他的诊断方法。一种方案是建立系统的物理模型或行为模型(采用一系列静态和动态的实验方法,包括正常和降额两种运行模式),将这些模型输入计算机,并实时运行,比较模型输出值(如单体电压)和真实系统的运行值。使用以数学形式表述现象的物理模型的益处在于,即使是复杂的系统,也能明确地理解模型内各变量之间的因果关系。这种方法的诊断过程可以简化,不过模型却变得复杂。行为模型(黑箱)无疑很容易建立,因为它与系统的实验测试结果直接相关。然而,在这种情况下,由于模型各变量之间缺乏明确的因果关系,故障定位成为一个更为复杂的问题。

9.4　燃料电池的应用

燃料电池的模块化、静态性质和燃料电池类型的多样性特征使得其在交通运输领域、固定式和便携式方面具有多种应用场景,如图 9-17 所示。启动速度快、热电循环特性好、运行温区低的燃料电池(AFC、PEMFC)既可以固定式应用,也可以作为交通运输领域中的移动式应用。相反,运行在较高温区的燃料电池(MCFC、PAFC、SOFC),不足以应对快速的温度上升,因而需要较长的启动时间,同时对热循环的过程也比较敏感,因此,它们只能用于固定式场合。尽管 SOFC 高温燃料电池(典型运行温度为 800℃)存在热管理困难,但其电解质是固态的,这使其成为交通应用的一种选择方案。

图 9-17　燃料电池的应用

9.4.1　交通运输领域应用

交通运输业是清洁能源技术发展的主要动力之一,燃料电池成为当前内燃机未来的理想替代品。燃料电池在交通运输领域有多种应用:辅助动力装置(auxiliary power unit, APU)、轻型牵引车辆(light tactical vehicle, LTV)、轻型燃料电池电动汽车(light-duty fuel cell electric vehicle, L-FCEV)、重型燃料电池电动汽车(heavy-duty fuel cell electric vehicle, H-FCEV)、航空领域和船舶领域[10]。交通领域的大部分努力都集中在 APU 和 L-FCEV 上。

1)辅助动力装置

APU 用于在任何车辆中产生非推进动力。与可在休闲车、船只等上使用的便携式发电机不同，APU 内置于车辆中。APU 为任何车辆中的空调、制冷、娱乐、供暖、照明、通信以及任何电器提供电力。目前，PEMFC、DMFC 和 SOFC 是针对 APU 应用开发的燃料电池类型，以纯氢、天然气、液化石油气、汽油、甲醇和柴油作为潜在燃料。其他能源密集型车辆，如商用飞机和货船，需要具有高能量等级的 APU，而高温燃料电池(SOFC 和 MCFC)成为更好的选择。

2)轻型牵引车辆

燃料电池在 LTV 上的应用以物料搬运车辆最为成功，尤其是叉车。据相关统计，截至 2022 年，美国市场氢燃料电池叉车保有量已近 4 万辆，位居世界第一。燃料电池叉车通常在 5～20kW PEMFC 上运行，少数型号运行在 DMFC 上，并配有超级电容器以提供瞬时功率响应支持。PlugPower 公司是美国燃料电池的龙头公司之一，其主要产品为以氢燃料电池为动力的叉车，服务于包括沃尔玛在内的北美和欧洲各大企业。该产品用氢燃料电池完全代替传统叉车使用的铅蓄电池，可在–30℃工作。只要有氢燃料，燃料电池动力系统即可全速运行，而铅蓄电池使用一半的电量后，动力会降低 14%。燃料电池无须充电和更换，传统电池用完电需要换下来充电，其更换需要 15min，而加氢仅需 2min。如此计算，如果叉车每天加氢三次，一年可净节约 234h 用于正常运行。

3)燃料电池电动汽车

由于 PEMFC 相对于其他燃料电池类型具有固有的优势(与动态响应、工作温度、系统尺寸等相关)，在 L-FCEV 研究、开发和示范工作中，氢燃料电池是最常用的燃料电池。而对于 L-FCEV，PEMFC 和 PAFC 是最常用的电堆类型，高压电池用于再生制动能量回收和更好的动态响应。

目前，燃料电池汽车市场尚处于早期阶段，2022 年，全球范围内共销售了 2 万辆燃料电池汽车，较 2021 年增长 6%，占 2022 年全球电动汽车销量的 0.2%。截至 2022 年底，全球燃料电池汽车的累计销量为 7 万辆，其中轻型燃料电池汽车占 82%，重型燃料电池汽车占 18%。2022 年北京冬奥会有 140 辆丰田第二代 Mirai 提供服务，与同级别燃油车相比，每百公里可减少二氧化碳排放 18.79kg，利用车辆前后轴间的空间，配备 3 个储氢罐，氢气搭载量高达 5.6kg，充氢气 3min，可行驶 781km。

4)船舶动力

在船舶领域，燃料电池潜艇的技术研发也趋于成熟。其中，PEMFC、SOFC 和 MCFC 在船用燃料电池市场中最具潜力。潜艇的多数工作时段在水下，因此需使用不依赖空气的动力推进(air-independent propulsion, AIP)系统，如使用燃料电池(FC)作为动力源，构成 FC/AIP 系统。在高速航行时，以柴油发电机系统作为潜艇的动力源；在低速航行时，以 FC/AIP 系统作为动力源。FC/AIP 系统由燃料电池模块构成的电堆、氢源、氧源、辅助系统和管理系统组成。燃料电池推进系统因工作原理简单、无污染、隐身性好、模块化设计、转换效率高、免维护、消耗成本低等优点受到各国海军的青睐，目前，在德国、俄罗斯、美国、日本等国家，燃料电池已成功应用于潜艇 AIP 系统，我国也启动了相关技术的研发。

其中，德国燃料电池潜艇的研制在世界上一直处于领先地位，其 212A 型、214 型和 216 型潜艇代表着 FC/AIP 系统的最高水平。

以 212A 型首舰为例，由 9 组 PEMFC 单元、两个 14t 的液态储氧罐以及氢储存容器组成，每组 PEMFC 单元可输出 34kW 功率，9 组 PEMFC 的总功率达 306kW，使 U-31 号能以 5kn 以下的低速在水下连续潜航 2～3 周。氢储存容器采用低压固态储氢技术，储氢介质为钛铁储氢合金，质量储氢量可达 1.8%。固态氢储存容器能在 10h 内完成 80% 的充氢，25h 内完成 100% 的充氢。液态氧由低磁性钢材制造的储氧罐来充装，置于燃料电池之上、氢储存容器之下。采用弹性基座固定以抗震，液态储氧罐周围设置泡棉以形成中性浮力，确保在操作期间不会改变重量。

5）航空领域

此外，燃料电池在空中也有一席之地，其中小型无人机（unmanned aerial vehicle, UAV）是航空领域推进燃料电池的主要焦点。由于无人机具有隐身性，并且对人类生命没有风险，其主要用于测量、监视和侦察。随着军事和商业领域对无人机的兴趣日益浓厚，开发更耐用、更可靠的推进系统是必要的。燃料电池（主要是 PEMFC，另外还有少量的 SOFC）显然正在成为为未来无人机提供动力的理想选择。燃料电池的静态运行和低散热性促进了无人机的隐身特性，这是与内燃机无人机相比的两个优势。与电池驱动的无人机相比，燃料电池重量更轻、能量密度更高，可实现更长的任务航程和续航时间。此外，燃料电池的模块化使得它们有望用于无人机等小型应用。美国海军研究实验室（Naval Research Laboratory, NRL）一直致力于小型长航时燃料电池无人机的研制[11]。2005 年，研制了小型研究型燃料电池无人机 Spider Lion，这款无人机采用正常式布局，翼展 2m，总质量 2.5kg；采用 Protonex 公司 100W 的质子交换膜燃料电池和 34MPa 高压气态氢气，并于同年 11 月飞行了 3h19min。2006 年开始 XFC 无人航空系统（UAS）项目，无人机翼展 3m，总质量 9.1kg，采用 Protonex 公司的 300W 质子交换膜燃料电池，携带 4L 氢燃料可飞行 6h，采用 550W 燃料电池系统可持续飞行 7h。2009 年该实验室完成了"Ion Tiger（离子虎）"无人机项目的研制，无人机采用常规式布局，翼展 5.2m，总质量 15.9kg；采用 Protonex 公司 550W 轻型燃料电池，携带气态氢气航时创造了 26h 的飞行纪录。国内相关研究起步较晚，2014 年，武汉众宇动力系统科技有限公司开发了"天行者"燃料电池无人机，并在 2015 年首飞 12h 创造了国内燃料电池无人机最长航时纪录。

9.4.2 便携式应用

燃料电池的便携式应用主要集中在两个市场。一个是便携式发电机市场，专为露营和登山等轻型户外个人用途、便携式标牌和监控等轻型商业应用以及紧急救援工作而设计。另一个是电子设备市场，如笔记本电脑、手机、收音机、摄像机以及任何传统上使用电池运行的电子设备。便携式燃料电池的功率范围通常为 5～500W，微型燃料电池的功率输出小于 5W，而要求更高的便携式电子设备则达到千瓦级。与固定式燃料电池不同，便携式燃料电池可以由个人携带并用于多种应用。燃料电池的模块化和高能量密度（能量密度比典型可充电电池高 5～10 倍）使其成为未来便携式个人电子产品的有力候选者。此外，便携式军事设备是便携式直接甲醇燃料电池、改良甲醇燃料电池和质子交换膜燃料电池的另一个不断增长的应用，因为与当前基于电池的便携式设备相比，它们运行无噪声、功率和能量密度高、重量轻。便携式领域其他快速增长的市场包括便携式电池充电器以及 Horizon 和 Heliocentris 等制造商生产的微型演示和教育遥控车辆、玩具、套件和小工具。

其中，以氢燃料电池作为便携式电源，是各大公司研究的热点。美国 UltraCell 公司 2005 年为美国陆军研制了一种专用产品 XX25 型 RMFC，该系统质量仅为 1.14kg，输出功率为 25W，配备 16.8kg 的燃料筒，可连续供电 28 天。美国 Ball 公司为美国陆军提供了功率为 50W 和 100W 的 PPS-50 和 PPS-100 便携式 PEMFC，主要用于为军用电池充电以及作为通信基站电源。2012 年，瑞典 myFC 公司推出的燃料电池充电宝 PowerTrekk 分为 3 个功能区，包括制氢、发电和储电。它使用了一种固体材料硅化钠(NaSi)作为燃料，该物质本身不含氢，一旦与水接触即可发生水解反应释放氢气，制得的氢气进入 PEM 燃料电池中发电；另外还配置了一个 1500mA·h 的锂离子电池储电。PowerTrekk 外观尺寸为 68mm× 127mm×43mm，重 241g，燃料包重 43g，便携性较好。浙江高成绿能科技公司开发的 MINEK100 便携式 PEMFC 发电系统，质量约 15kg，系统体积为 36.9L，额定功率为 70W，峰值功率为 150W，可作为电子装备供电电源。上海攀业氢能源科技股份有限公司推出了便携式 200W 的 PEMFC 系统，在野外环境用电需求情况下，可在 20～200W 的功率区间内供电。北京氢璞创能科技有限公司推出了系统质量为 1kg 左右、输出功率为 20W 的 NowoGen S20 型便携式 PEMFC 系统。

9.4.3　固定式应用

燃料电池在住宅、商业和工业固定式发电领域发挥不可或缺的作用。它们可用于独立电网和并网辅助供电。固定式燃料电池发电可应用于移动通信基站、家庭或者楼宇供电系统、野战医院、自然灾害应急电源等领域。不同类型的燃料电池均被尝试应用于固定式燃料电池发电系统，包括质子交换膜燃料电池(PEMFC)、固体氧化物燃料电池(SOFC)、磷酸燃料电池(PAFC)等。

以移动通信基站为例进行简单介绍。当前，多数移动通信基站采用柴油发电机和铅蓄电池作为备用电源。柴油发电机存在安装条件受限及环境污染等问题；而铅蓄电池能量密度过低，且因含重金属铅和硫酸，在制造和回收过程中也会造成污染，因此均不适合用于基站备用电源系统。燃料电池电源系统被认为是移动通信基站备用电源的理想选择。按照当前移动通信基站分布的密集程度，功率 3～5kW 的燃料电池即可完全满足基站备用电源的需求。

以 2011 年报道的德国第三大移动通信供应商 E-Plus 联手诺基亚西门子网络公司(Nokia Siemens Network, NSN)建立的新型自给式移动通信基站为例。该基站一方面使用光伏和风力发电，降低 CO_2 排放；另一方面，不依赖于远距离输电线路，降低了运营成本，并通过一套远程监控、辅以故障检测系统来降低偏远地区的移动通信基站的维修、维护成本。

该基站在德国城市费尔斯莫尔德(Versmold)西北部的郊区进行了系统的试点试验。其供能系统包含光伏发电设备、风力发电设备、燃料电池发电系统和蓄电池储能系统等。当太阳能和风能发电量不足，且蓄电池的充电状态降低至低于配置值时，发电系统启动氢燃料电池设备发电，因此氢燃料电池作为备用能源来保障移动通信基站持续可靠的运行，PEMFC 和 DMFC 是主要选择的燃料电池类型。

　　总体而言，移动通信基站采用燃料电池电源系统发电是未来的一个发展方向，其高效率、高能量密度、小型化、低维护率、低运营成本等优势吸引了电信运营商的高度关注。

本 章 小 结

　　与传统的发电、储能技术相比，燃料电池技术展现出众多优势，能量转换效率高、组装和操作方便灵活、安全性高、环境友好、噪声低、种类多。其在交通运输领域、便携式应用和固定式应用等方面有广阔的应用前景，但也存在较多的瓶颈，尤其是在价格和技术上。Pt 基催化剂是目前催化氧化效果最佳、商业化程度最高的催化剂，但价格昂贵、储量低、催化活性低及易使人 CO 中毒等问题严重阻碍着燃料电池商业化的道路。而将催化剂负载到载体表面或者探索新的非 Pt 催化剂是可行的方法，但仍面临不小的挑战。质子交换膜作为 MEA 关键组分，制作难度大，生产成本高，现在这类产品最好的(也是最贵的，400欧元/m²)是 Nafion 膜，其寿命超过 57000h。此外，对燃料电池的热管理和水管理也是很有挑战的工作，其严重影响燃料电池的耐用性。为实现燃料电池的大规模商业化应用，应进一步提高能量密度、功率密度、电池效率和使用寿命。

习　　题

　　1. 燃料电池系统主要由哪几部分组成？燃料电池膜电极由哪些关键材料构成？

　　2. 燃料电池根据电解质类型的不同可以分为哪几类？简述它们的工作原理，并思考它们存在哪些优点和不足，以及它们的应用场景。

　　3. 在 PEMFC 中流场板的作用是什么？

　　4. 除催化剂外，限制甲醇燃料电池发展的关键技术是什么？可以从哪些方面来进行改善？

　　5. 对燃料电池进行严格的热管理的目的和意义是什么？

　　6. 与锂离子电池、铅蓄电池等相比，燃料电池的特点是什么？

　　7. 在燃料电池系统中，是如何保证膜良好的离子传导性的？

　　8. 燃料电池的热力学效率能否大于1？请解释原因。

参 考 文 献

[1] CRUZ-MARTÍNEZ H, TELLEZ-CRUZ M M, GUERRERO-GUTIÉRREZ O X, et al. Mexican contributions for the improvement of electrocatalytic properties for the oxygen reduction reaction in PEM fuel cells[J]. International journal of hydrogen energy , 2019, 44:12477-12491.

[2] 丁鑫，张栋铭，焦纬洲，等. 直接甲醇燃料电池阳极催化剂研究进展[J]. 化工进展, 2021, 40(9): 4918-4930.

[3] 严文锐，张劲，王海宁，等. 重整甲醇高温聚合物电解质膜燃料电池研究进展与展望[J]. 化工进展, 2021, 40(6): 2980-2992.

[4] AVGOUROPOULOS G, SCHLICKER S, SCHELHAAS K P, et al. Performance evaluation of a proof-of-concept 70W internal reforming methanol fuel cell system[J]. Journal of power sources, 2016, 307: 875-882.

[5] PAPAVASILIOU J, SCHÜTT C, KOLB G, et al. Technological aspects of an auxiliary power unit with internal reforming methanol fuel cell[J]. International journal of hydrogen energy, 2019, 44(25):

12818-12828.

[6] BOWERS B J, ZHAO J L, RUFFO M, et al. Onboard fuel processor for PEM fuel cell vehicles[J]. International journal of hydrogen energy, 2007, 32(10/11): 1437-1442.

[7] UltraCell redesigns XX55 military RMFC portable system[J]. Fuel cells bulletin, 2013(10): 5.

[8] THAMPAN T, SHAH D, COOK C, et al. Development and evaluation of portable and wearable fuel cells for soldier use[J]. Journal of power sources, 2014, 259: 276-281.

[9] JI F, YANG L L, LI Y H, et al. Performance enhancement by optimizing the reformer for an internal reforming methanol fuel cell[J]. Energy science & engineering, 2019, 7(6): 2814-2824.

[10] SHARAF O Z, ORHAN M F. An overview of fuel cell technology: fundamentals and applications[J]. Renewable and sustainable energy reviews, 2014, 32: 810-853.

[11] 刘莉, 曹潇, 张晓辉, 等. 轻小型太阳能/氢能无人机发展综述. 航空学报, 2020, 41(3): 623474.

第10章

电化学储能

为减少化石燃料用量，早日实现碳中和，需要大力发展太阳能、风能等可再生资源。根据国家能源局数据，2022 年，我国风电、光伏发电新增装机突破 1.2 亿千瓦，连续三年突破 1 亿千瓦，再创历史新高。风电、光伏发电量首次突破 1 万亿 kW·h，达到 1.19 万亿 kW·h，同比增长 21%，占全社会用电量的 13.8%。然而，太阳能和风能具有时间、地域分布不均匀的特性，并不是稳定可靠的能源。例如，我国西北地区太阳能、风能资源丰富，但我国的用电单位主要集中在东部地区；太阳能只在白天产生，当云层经过时，太阳能的能量会发生变化。为了消除可再生能源生产的间歇性，低成本的电能存储将成为必要。储能系统可以将太阳能、风力所产生的电力储存起来，再按照并网要求输出到电网，实现太阳能、风能的高效利用。因此，储能系统成为实现碳中和的核心技术之一。在前面的学习中，我们了解到储能系统是将不同能量进行转换、存储、输出的系统，并且学习了利用机械能、电能、热能之间的转化进行储能的系统。在本章，将学习新的储能系统——电化学储能系统。

电化学储能是通过电化学反应完成电能和化学能的相互转换的一种储能技术，以储能电池为主，如铅蓄电池、锂离子电池、钠离子电池、高温钠硫电池、液流电池、水系锌离子电池等。电化学储能具有设备机动性好、响应快、能量密度高和循环寿命长等优势，是目前各国储能产业研发创新的重点领域和主要增长点。电化学储能技术在未来能源格局中将发挥重要作用：①在发电侧，解决风能、太阳能等可再生能源发电不连续、不稳定的问题，保障其可控并网和按需输配；②在输配电侧，解决电网的调频调相、削峰填谷、智能化供电、分布式供能问题，提高多能耦合效率，实现节能减排；③在用电侧，支撑电动交通、智慧家居等用能终端的电气化，进一步实现其低碳化、智能化等目标。以电化学储能技术为先导，在发电侧、输配电侧和用电侧实现能源的可控调度，保障可再生能源大规模应用，提高常规电力系统和区域能源系统效率，成为未来 20 年我国落实"能源革命"战略的必由之路。

10.1 电化学储能基本原理和特点

10.1.1 电化学储能基本原理

电化学储能系统是一种将电能转换为化学能，并在需要时再次将其转换回电能的系统。这种储能系统基于化学能和电能的相互转换来构建。

化学能转换为电能的例子在生产生活中很常见，例如，煤炭发电过程通过煤炭的燃烧将煤炭中的化学能转换为热能、机械能，最后转换为电能。由于能量在各转换过程中的损失，煤炭转换为电能的效率一般低于40%。燃料电池利用化学反应将燃料(如氢气、甲醇、乙醇等)和氧气(通常是来自空气)中的化学能直接转换为电能，转换效率一般高于40%，被应用在电动汽车、家庭储能等领域。世界上第一块电池——伏打电池将几对交替的铜(或银)和锌盘之间用浸泡在盐水中的布或硬纸板隔开。当顶部和底部的接触通过一根导线连接时，电流就会通过伏打堆和连接导线流动，将化学能转化为电能。

电能转换为化学能的例子包括电解水制氢气、氯碱工业、金属精炼等。例如，氯碱工业生产过程中，通过电解饱和食盐水生产氯气、氢气和氢氧化钠。在电解过程中，氯离子和水分别失去、得到电子产生氯气和氢氧化钠。由此，电能转换为化学能。金属精炼在电解槽中进行，阳极通常由待精炼的金属或其氧化物构成，而阴极则是一种可导电的材料。这两个电极被浸泡在电解质溶液中，该溶液通常含有能够促进金属离子传输的化学物质。当外部电源施加电流到电解质中时，金属阳离子从阳极向阴极移动。在阴极表面，电子从外部电源流入并与金属离子结合，使其还原为金属原子，从而在阴极上形成金属沉积层。同时，在阳极上，金属原子释放出电子并转化为阳离子，溶解到电解质中[1]。

化学能与电能相互可逆转换的器件包括二次电池、赝电容电容器。这些器件基于电极材料的氧化还原反应，在充电过程中将电能转换为化学能，在放电过程中将化学能转换为电能，可以实现电能的储存与释放。例如，以锂离子电池为例，锂离子电池通常以过渡金属层状氧化物(如 $LiNi_{1-x-y}Co_xMn_yO_2$、$LiCoO_2$)为正极，以碳材料(如石墨)为负极，以含锂盐的有机溶剂为电解质。在充电过程中，锂离子从正极脱出，经过电解液，移动到石墨负极，同时外部电路中的电子移动到负极，进行电荷存储，将电能转换为化学能；在放电过程中，锂离子从负极移动到正极，同时向外部电路释放出电子，实现化学能到电能的转换(详见第11章)。基于此，锂离子电池可以完成电能的存储与释放，实现基本的储能场景。

电化学储能器件基于具有不同化学势的电极材料构建。化学势为 1mol 物质所具有的化学能，也即摩尔吉布斯自由能。具体而言，电极材料中存在着离子键、共价键、金属键、范德瓦耳斯力等键合作用力，这些作用力构成化学势能。以锂离子电池为例，正极与负极存在电化学势差，这个差值决定了电池电压，也决定了锂离子由正极向负极流动。当锂离子在负极嵌入时，正负极之间的电势差缩小。此工作原理与水库发电有相似之处，高处的水有较大的势能，在水往低处流动过程中，势能减少，带动发电机组发电。对于电化学储能过程中发生的氧化还原反应，可以由反应物、生成物的吉布斯生成能计算出反应的吉布斯自由能，进而计算出电池相关参数。具体而言，对于电化学反应式(10-1)，可以根据式(10-2)或式(10-3)计算出反应的吉布斯自由能。在恒温、恒压、恒容且只有电功的条件下，根据能斯特方程(10-4)可以计算出电化学反应的热力学平衡电压。对于给定的电极材料，根据每摩尔电极材料转移的电荷数，可以计算出电极材料的理论比容量(式(10-5))。通过热力学手册可查找到标准状态下材料的吉布斯生成能，进而计算出吉布斯自由能。

$$\alpha A + \beta B \longrightarrow \gamma C + \delta D \tag{10-1}$$

$$\Delta_r G = \gamma \Delta_f G_C + \delta \Delta_f G_D - \alpha \Delta_f G_A - \beta \Delta_f G_B \tag{10-2}$$

$$\Delta G = \Delta U + P\Delta V + V\Delta P - T\Delta S - S\Delta T \tag{10-3}$$

式中，U 指代内能；P 指代压强；V 指代体积；S 指代熵；T 指代温度。

$$\Delta G = -nFE \qquad (10\text{-}4)$$

式中，n 指代每摩尔电化学反应转移的电子数；F 指代法拉第常数；E 指代热力学平衡电压。

$$\text{Capacity} = nF/(3.6M) \qquad (10\text{-}5)$$

式中，Capacity 指的是电极材料的理论比容量，单位为 $mA\cdot h\cdot g^{-1}$；M 指的是电极材料的摩尔质量。

需要注意的是，上述讨论和实际情况有所差别。例如，很多电极材料是晶体材料。上述讨论基于理想晶体。在理想完整的晶体中，原子按一定规律周期性排列在相应空间位置。但在实际的晶体中，由于晶体形成条件、原子的热运动及其他条件的影响，原子的排列不可能那样完整和规则，往往存在偏离了理想晶体结构的区域，即缺陷。缺陷种类包括点缺陷(如空位、杂质原子、间隙原子、溶质原子等)、线缺陷(各类位错)、面缺陷(如表面、晶界、亚晶界、相界、孪晶界等)、体缺陷(如孔、洞等)等。图 10-1 展示了缺陷的情形。缺陷导致各种缺陷能(表面能、界面能等)的存在，使实际材料的吉布斯生成能偏离理想的吉布斯生成能，进而导致实际材料的物理化学性质与理论产生差别。例如，磷酸铁锂正极材料的克容量理论值为 $170mA\cdot h\cdot g^{-1}$，但实际应用的磷酸铁锂材料比容量通常在 $160mA\cdot h\cdot g^{-1}$ 左右。缺陷是其实际容量偏离理论值的重要原因之一。

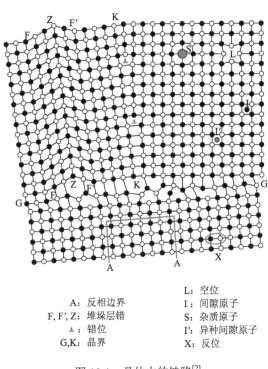

A：反相边界	L：空位
F, F', Z：堆垛层错	I：间隙原子
⊥：错位	S：杂质原子
G,K：晶界	I'：异种间隙原子
	X：反位

图 10-1　晶体中的缺陷[2]

除电极材料外，电解质是储能器件的重要组成部分。在电化学储能领域，界面处传质是高能量密度电化学储能器件所面临的重要科学问题之一。电极材料/电解质界面是其中的研究重点。当电极材料与电解质接触时，两个相之间会出现一个共同的边界，该界面称为双电层。Helmholtz 第一个意识到浸泡在电解质溶液中的带电电极会排斥相同电荷的离子，而吸引反离子到其表面。据此，他于 1853 年提出了第一个双电层模型。如图 10-2 所示[3]，Helmholtz 双电层模型包括两个具有相等但相反电荷的平行平面，一个平面为表面电荷层，由因化学相互作用而吸附到物体上的离子组成。另一个平面由受表面电荷层的库仑作用力吸引而聚集的异种电荷离子组成。这两个平行平面之间的间隔与异种电荷离子的半径相当。据此，双电层模型预测的界面电容与实际测量值的数量级相当，因此在实际应用中它经常作为一个有用的经验法则。这个模型在描述界面方面有很好的基础，但它对电极-电解质界面的微观细节提供的信息很少，例如，离子在溶液中的扩散/混合、吸附到表面的可能性，以及溶剂偶极矩和电极之间的相互作用。1910 年，Louis Georges Gouy 首次描述了电极材料附近离子物种的不均匀分布，电势和离子浓度会影响界面电容。随后，Chapman 使用泊松-玻尔兹曼理论进一步阐述了界面处离子的分布。Gouy-Chapman 模型通过引入双电层的扩散模型作出了重要改进。在这个模型中，离子的电荷分布随着距离金属表面的增加而变化，解释了界面电容的变化。但是，Gouy-Chapman 模型预测在电位差极大处，界面电容值趋近于无穷大，不符合实际情况。这是因为 Gouy-Chapman 模型将电荷抽象为一个点，当电势差很大时，抽象为点的电荷会无限接近电极表面的位置，导致正负电荷的距离趋近 0，使界面电容无限大。Stern 在 Gouy-Chapman 模型的基础上将电极材料与电解质接触的区域划分为两层，包括紧密接触的 Stern 层和远离电极的扩散层。其中，Stern 层又分为存在离子特异性吸附的内亥姆霍兹层(IHP)和与电极有溶剂间隔的外亥姆霍兹层(OHP)。在 Stern 模型中，离子是有尺寸的，这就解决了 Gouy-Chapman 模型产生的问题[4]。Gouy-Chapman-Stern 模型已成为广泛采用的双电层结构模型。然而，该模型也存在一些无法解释的现象。例如，界面处存在吸附力大于静电力而使同种电荷吸附在界面上的现象。在实际的储能器件中，由于电极材料复杂的微观结构，双电层的结构和性质更加复杂，这使得界面仍是当今储能科学的研究热点。

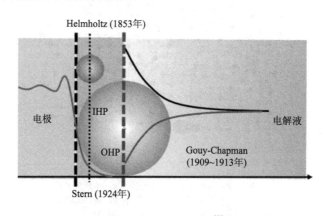

图 10-2　双电层模型[3]

二次电池和赝电容电容器是两类重要的电化学储能器件。这两种器件具有不同的储电原理。前面已经以锂离子电池为例简单介绍了电池的储能原理。在了解赝电容电容器的储能原理之前，先来了解一下双电层电容器。双电层电容器并不依赖于氧化还原反应的机制构筑。双电层电容器通常基于碳基电极/电解质界面上离子的快速物理吸附/吸脱来存储/释放电荷。双电层电容器中，介电材料将双导电电极分开。当电容器被施加电压时，性质相反的电荷聚集在两个电极表面。电介质使电荷保持分离,通过分离电荷产生电场,并允许在电容器中存储能量。

在锂离子电池中,电极材料发生氧化还原反应,伴随着锂离子在电极材料中的嵌入和脱嵌。锂离子的运动受扩散控制,运动速度较慢。手机用的锂离子电池使设备在一整天内持续工作,也就是说,它们具有较高的能量密度,但是当电池电量耗尽时,充电可能需要几个小时,说明锂离子在电极材料中的嵌入/脱嵌过慢。双电层电容器通过将离子吸附到电极材料表面来储存电荷不需要氧化还原反应,因此对电位变化的响应没有扩散限制,速度很快,能够提供高功率。然而,电荷被限制在表面上,因此双电层电容器的能量密度低于电池。

在 20 世纪 70 年代, Conway 等认识到,在适当的电极材料表面或附近发生可逆的氧化还原反应,可以具备双电层电容的电化学特性,同时氧化还原过程能够实现更大的电荷储存。最广为人知的赝电容电容器电极材料是 RuO_2 和 MnO_2。最近,随着不同的赝电容机制被发现,这个列表已经扩展到其他氧化物、氮化物和碳化物。基于此种电极材料构筑的电化学储能器件称为赝电容电容器。赝电容电容器具有类似双电层电容器的动力学特征,可以实现快速充放电,同时可实现氧化还原反应,又具有电池的特征。

10.1.2 电化学储能的特点

储能技术可以根据存储时间、响应时间和功能进行分类,可分为机械能(压缩空气、抽水蓄能、飞轮储能)、热化学能、化学能(氢能)、电容储能(电容器)、电化学储能(锂离子电池)、热能(显热储能、潜热储能)。在这些储能技术中,电化学储能占据重要地位。图 10-3 是 2018 年世界上储能系统装机容量最大的 10 个国家储能技术应用情况。其中,机械能储能占据主导地位,这是由机械能储能的历史、容量、技术成熟度、地理条件决定的。在很多国家,电化学储能在储能项目中占据第二位。2018 年,我国电化学储能累计装机功率为 1033.7 MW,占比 3.3%(《2019 储能产业应用研究报告》)。而截至 2021 年底,我国已投入运行的储能项目中,抽水蓄能占 86.3%,电化学储能占 12.5%,其他储能占 1.2%。随

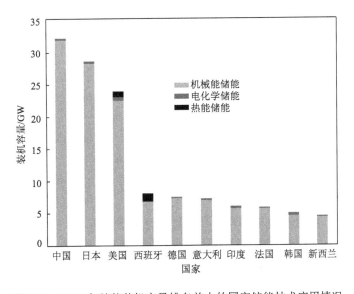

图 10-3 2018 年储能装机容量排名前十的国家储能技术应用情况

着时间的推移,电化学储能在储能项目中的占比不断提高。电化学储能逐步提升的市场份额源于其独特的技术特点。

地理条件限制小:相对于一些储能方式,如水力储能,需要具备特定的地理条件,电化学储能相对灵活,可以在各种地理环境下使用。这使得电化学储能在更广泛的地区和场景中都能够应用,不受地理限制。

建设周期短:相比于一些传统的能源储存方式,如水库和发电厂等,电化学储能的建设周期相对较短。这意味着在能源需求增长或突发情况下,电化学储能可以更快地建设和投入使用,为能源供应提供更快的响应。

可灵活运用于各类场景:电化学储能可以应用于各种场景,从小型便携设备到大型电网储能系统。它可以满足不同规模和需求的能源存储需求,使其适用于家庭、工业、交通运输等各个领域。

响应速度快:电化学储能设备具有快速的响应速度,可以在短时间内释放储存的能量。这使得它们适用于需要瞬时高能量输出或快速响应能源需求的场景,如电力调峰和紧急备用电源。

技术相对成熟:相对于一些新兴的储能技术,电化学储能技术已经相对成熟,并且有多种类型的设备可供选择,如锂离子电池、铅蓄电池和超级电容器等。这使得其应用更可靠和可行,并且在商业和工业领域中得到广泛应用。

高能量密度:电化学储能设备通常具有高能量密度,可以在相对较小的体积或重量下储存大量的电能。例如,基于磷酸铁锂正极材料的锂离子电池能量密度在 $150W \cdot h \cdot kg^{-1}$ 左右,这是其他储能方式不能比拟的,这使得它们在便携设备、电动汽车和可再生能源系统等领域具有广泛的应用。

高效性:电化学储能设备通常具有高能量转换效率,即它们能够有效地将输入的电能转化为化学能,并在需要时以高效率将其转化回电能。这有助于减少能源的浪费,并提高整个能源系统的效率。

环境友好:电化学储能设备通常不会产生直接的尾气排放或污染物,因为它们不需要燃烧燃料来产生能量。这使得它们成为减少空气污染和温室气体排放的可持续能源选择。

10.2 电化学储能器件及系统

10.2.1 电化学储能器件

电化学储能器件是一类能够将电能转化为化学能并在需要时再次转换为电能的装置,常见的电化学储能器件包括锂离子电池、钠硫电池、钠离子电池、液流电池等。它们通过在电化学反应中储存和释放电荷来实现能量的存储和释放。电化学储能器件作为一种灵活、高效的能量储存器件,被广泛应用于各个领域。例如,在电动交通领域,电化学储能被广泛应用于电动汽车、混合动力车辆和电动自行车等交通工具。电池组作为动力源,提供可再生的电能,实现零碳排放和低碳交通,减少对化石燃料的依赖;在储能系统领域,电化学储能在电力系统中可用于平衡电力供需、峰值负荷削峰填谷以及提供备用电源;电化学储能系统被用于家庭和小型商业应用中,实现太阳能系统的自给自足和能量储存。这些系统可以在夜间或能源需求高峰期提供电能，减少对电网的依赖。

　　根据中国能源研究会储能专业委员会不完全统计，截至 2020 年底，全球已投运储能项目累计装机规模 191.1GW，其中，电化学储能的累计装机规模占比 7.5%；在各类电化学储能技术中，锂离子电池的累计装机规模最大，为 13.1GW，占比 92.0%，其次为钠硫电池(3.6%)、铅蓄电池(3.5%)、液流电池(0.7%)和其他电池(0.2%)。图 10-4 比较了各种电化学储能器件与压缩空气、超级电容器、抽水蓄能等储能方式的能量、功率以及放电时间的差别。从图中可以看出，电化学储能器件放电时间显著低于抽水蓄能。相对其他器件，电化学储能器件的功率可在大范围内调节。这也是其广泛应用的基础。本节主要介绍钠硫电池和铅蓄电池两种电化学储能器件。其他电化学储能器件(锂离子电池、钠离子电池、液流电池等)在后续章节进行介绍。

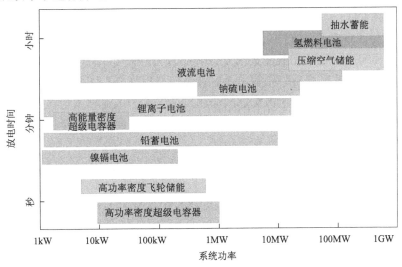

图 10-4　不同储能技术的比较[5]

　　铅蓄电池是最古老的，也是世界上使用最广泛的可充电电化学设备，由法国物理学家 Gaston Planté 发明。铅蓄电池电解液为浓硫酸，正负极分别为氧化铅和铅。其基于在浓硫酸电解质中铅可逆电化学转化为硫酸铅和四价氧化铅可逆转化为硫酸铅的反应来构筑(式(10-6)～式(10-8)，图 10-5)。铅蓄电池的电极通常为在网格状的铅、合金或碳的集流体上涂上一层铅化合物和添加剂的涂层。将集流体设计为网格状的目的是增大比表面积。此外，为使电解液更好地与电极接触，铅蓄电池的电极通常设计为多孔结构以利于电解液进入。

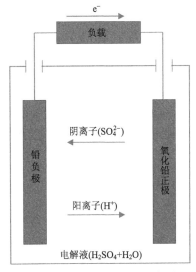

图 10-5　铅蓄电池放电示意图

正极反应：
$$PbO_2 + 4H^+ + SO_4^{2-} + 2e^- \rightleftharpoons PbSO_4 + 2H_2O \tag{10-6}$$

负极反应：
$$Pb + SO_4^{2-} \rightleftharpoons 2e^- + PbSO_4 \tag{10-7}$$

总反应：
$$Pb + PbO_2 + 2H_2SO_4 \rightleftharpoons 2PbSO_4 + 2H_2O \tag{10-8}$$

铅蓄电池有其固有的缺点。铅蓄电池活性物质添加剂、隔板、硫酸电解液中的有害杂质含量偏高，容易造成电池严重的自放电。例如，铜混入电解液，它与铅便可以组成一个小电池自放电；电池活性物质的不断溶解和再沉积，造成了正极和负极形态与微观结构不断变化，导致电极网格受到腐蚀，影响电池的循环寿命和材料利用效率。此外，在铅蓄电池充放电过程中，电极和电解质中的金属与离子杂质促进水的分解，产生 O_2 和 H_2 气体，造成水分减少，促进极板的硫化，充电效率降低，容量下降[6]。

铅蓄电池成本低，可靠性和效率高，被广泛用于不间断电源模块、电网和汽车上，例如，作为独立的 12V 电源，支持启动、照明和点火模块以及关键系统。然而，由于其短循环寿命($500\sim1000$ 次循环)和低能量密度($30\sim50$W·h·kg^{-1})，其在能源管理方面的应用非常有限。由于使用水基电极液，铅蓄电池的低温性能也很差，因此需要一个热管理系统。此外，铅造成的污染也是一个值得忧虑的问题。在锂离子电池技术走向成熟之前，铅蓄电池在一些商业和大规模的能源管理应用中被广泛使用。然而，随着新型储能技术的开发，铅蓄电池技术在储能项目中的占比逐年走低。

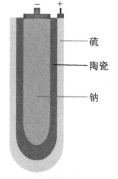

图 10-6　钠硫电池结构示意图

钠硫电池是一种使用液态钠和液态硫电极的熔盐电池(图 10-6)。该电池于 20 世纪 80 年代发展起来，由钠阳极、硫阴极及作为电解液和隔膜的 β-Al$_2$O$_3$ 陶瓷组成。钠硫电池的工作原理是钠与硫发生电化学反应，生成多硫化钠(式(10-9)$\sim$式(10-11))。放电时，负极的金属钠被氧化成 Na$^+$，并通过 β-Al$_2$O$_3$ 陶瓷电解质膜运输，正极的硫得到电子变成 S$_x^{2-}$，并与生成的 Na$^+$ 结合，生成多硫化钠 Na$_2$S$_x$。充电时，反向反应发生，Na$_2$S$_x$ 分解，分别在正极和负极生成 S 和 Na。钠硫电池的工作温度通常在 $300\sim350$℃，此温度下，钠和硫以及反应产物(多硫化物)均以液态存在，保证了电极材料的反应活性。需要指出的是，充放电循环产生的热量足以维持工作温度，通常不需要外部热源[7]。决定钠硫电池性能的主要因素是内阻，液态的钠、硫内阻较小，影响内阻的主要因素是陶瓷电解质。一般而言，β-Al$_2$O$_3$ 陶瓷电解质在 300℃的内阻应在 6Ω 左右。此外，β-Al$_2$O$_3$ 陶瓷电解质要具有低电子转移数和高机械强度。

负极：
$$2Na \rightleftharpoons 2Na^+ + 2e^- \tag{10-9}$$

正极：
$$xS + 2e^- \rightleftharpoons S_x^{2-} \tag{10-10}$$

总反应：
$$2Na + xS \rightleftharpoons Na_2S_x \tag{10-11}$$

钠硫电池基于液态的钠和硫构筑，工作电压在 2V 左右，能量密度是铅蓄电池的 4 倍，使用寿命长(放电深度为 90% 时可循环 2500 次)，且能实现毫秒级的快速响应；使用的原材料钠储量丰富，价格低廉；电池无自放电，库仑效率可达 100%；且电池是密封的，在使用过程中不允许排放，环境友好；电池材料几乎可以全部回收利用，资源友好。钠硫电池优势颇多，在世界各地都得到了广泛应用。

然而，安全性是困扰钠硫电池进一步推广的隐患。高温下，钠和硫发生反应的焓变为 $-420kJ/mol$，极易发生放热反应。当固体电解质破损或开裂时，液态的钠和硫直接接触，电池温度迅速升高，产生安全问题；钠是活泼金属，在高温下其反应活性更高，一旦电芯暴露在含水环境，极易使钠水解产生氢气和火花，引燃单质硫，发生爆炸等危险。钠硫电池在密封部件内运行，但是，熔融硫和多硫化钠对金属具有强腐蚀性，极易对密封材料、集流体等部件造成损害，使钠硫直接接触，产生安全事故。

电化学储能器件主要是电池，应用最广泛的电池是锂离子电池。在 11.1 节将简要介绍锂离子电池的原理。实际应用于储能的电池是什么样子的呢？以锂离子电池为例，单体电池由浸没在电解液中的正极、负极两个电极组成，这两个电极外接导线构成电子传输的路径。这种电能储存的最小单位称为电芯。单个电芯的能量密度、电压有限，为了达到需要的性能指标，需要将电芯串联或并联进行耦合。通过一个外壳框架将多个电芯封装在一起，并由统一的边界与外部进行联系时，就组成了一个电池模组。实际应用中，多个电池模组被电池管理系统(battery management system, BMS)、能量管理系统(energy management system, EMS)、储能变流器等电气系统进行控制管理，组成电池包(图 10-7)。

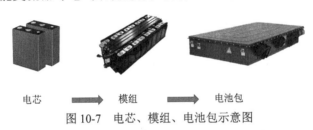

电芯 ➡ 模组 ➡ 电池包

图 10-7 电芯、模组、电池包示意图

目前市场上主流的电芯有三种：圆柱形电芯、方形电芯、软包电芯(图 10-8)。在电芯中，正极和负极彼此缠绕在一起，中间有一个隔膜，并注有电解液，组成了充放电的基本单元。圆柱形电芯、方形电芯通常使用不锈钢外壳或铝制外壳，软包电池多使用更轻更薄的铝塑膜。圆柱形电芯历史悠久，技术成熟度高，电池体积小，散热面积大，但是电池单体能量密度低，为达到所需的能量密度，一个电池包中通常需要包含几千个电芯。不同电芯在充放电时存在细微差别，对几千个电芯同时进行充放电管理，这就对电池包管理系统提出了很高的要求。方形电芯结构强度高，抗形变能力强，易于成组，散热较好，能量密度相对较高，且可根据产品尺寸进行定制化生产，容易实现模块化和标准化，具有诸多优势，得到广泛应用。我国的比亚迪、宁德时代等电池厂商皆采用方形电池路线。方形电芯对安全防爆阀设计要求、生产工艺要求高，且型号较多，工艺难以统一。软包电池重量轻，能量密度在三种电芯路线中最高，且可实现多样化的形状，空间利用率高，软包电芯机械强度较差，成组困难，难以加装防爆装置，在组成大容量电池包时容易发生安全问题。

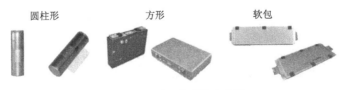

圆柱形 方形 软包

图 10-8 不同类型的电芯[8]

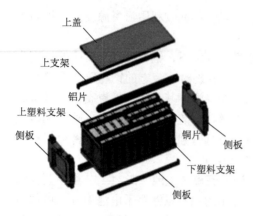

上盖

上支架

铝片

上塑料支架

侧板

铜片

侧板

下塑料支架

侧板

图 10-9　方形电池模组结构[9]

模组是电芯单体与电池包的中间单元（图 10-9），包括串联或并联的电芯及汇集电流、保护电芯、固定电芯、监控等部件。通常情况下，电动车的电池组电压很高，因此需要更多的电池。因此，电池模组通常由串联和并联的电池单体组成。如果一个电池出现问题，将导致整个电池组无法使用，并且在这种情况下更换电池非常麻烦。采用电池模组的设计形式可以有效避免一个单体损坏导致整个电池组无法使用的情况。设计电池组的形式可以模块化和标准化整个电池。它可以有效提高整体结构强度，提高散热效率，并降低热失控的风险。标准化的模块可以方便标准化的生产和安装固定。模块化的生产便于焊接、模块运输，提高生产效率，还可以提高单体之间的结构强度，并具有良好的抗震性能。

10.2.2　电化学储能系统构成

电池包是产品应用的最终形态。将电池模组串联、并联或组合起来，并加装电池管理系统（BMS），组成电池包。电池包中含有电池管理系统（BMS）、能量管理系统（EMS）、储能变流器等模块。下面简单介绍一下这三种模块。

1. 电池管理系统

BMS 是一个微控制器模块，它连接电池模块上监控温度、电压、电流等状态的传感器，监控和管理电池组。它是电化学储能系统中至关重要的组成部分，旨在确保电池组的安全性、可靠性和性能优化。BMS 通过实时监测和控制电池的状态、温度、电压、电流和 SOC（state of charge，电荷状态）等参数，以最大限度地提高电池组的性能并延长其寿命。

BMS 的主要功能包括以下几个方面。

电池监测：BMS 通过传感器和测量电路实时监测电池组的各项参数，包括电压、电流、温度、SOC 和 SOH（state of health，健康状态）等。这些数据对于电池的性能评估和管理至关重要。

电池保护：BMS 负责监测电池组的工作状态，以及检测和保护电池免受潜在的危险情况，如过充、过放、过温和短路等。它会采取相应的措施，如断开电池充放电回路、发出警报或触发安全装置来保护电池和系统的安全。

充放电控制：BMS 通过控制充放电过程来确保电池组的正常运行。它可以根据电池状态和需求控制充电和放电电流，以避免过度充放电及提高电池的效率和寿命。

均衡管理：由于电池组中的单个电池单元之间存在差异，BMS 可以通过均衡管理来平衡电池单元之间的电荷和容量差异。这有助于提高整个电池组的性能，并防止某些电池单元过度充放电。

数据记录和通信：BMS 会记录和存储电池组的各种参数数据，以便于故障诊断、性能评估和历史数据分析。它还能够与其他系统进行通信，如车辆控制系统、能源管理系统或监控系统，以实现信息交换和系统集成。

BMS 的设计和功能会根据不同的应用领域和电池类型而有所差异。例如，在电动汽车领域，BMS 的设计需要考虑充电速度、动力输出和车辆全系统用电等因素；而在储能系统中，BMS 需要具备更高的能量管理和系统调度能力。BMS 在电池组的安全性、可靠性和性能管理方面发挥着至关重要的作用。

2. 能量管理系统

EMS 是能源管理系统的缩写，是一种用于监测、控制和优化能源使用的系统。EMS 广泛应用于各种能源领域，包括建筑物、工厂、电网和可再生能源系统等。

EMS 的主要功能包括以下几个方面。

能源监测：EMS 通过传感器和计量设备实时监测能源的消耗和产生情况，包括电力、燃气、水等。它可以记录能源使用数据，分析能源消耗模式和趋势，以及识别能源浪费和效率低下的问题。

能源控制：EMS 可以根据能源需求和优化目标，对能源设备和系统进行控制。例如，它可以调节照明系统、空调系统和暖通设备等，以提高能源效率和舒适度，并根据需求实施节能措施。

能源优化：EMS 利用数据分析和智能算法，对能源系统进行优化。它可以预测能源需求、优化能源供应计划，以及调整能源设备的运行模式和策略，以最大限度地降低能源成本和减少碳排放。

故障诊断和报警：EMS 能够检测并诊断能源系统的故障和异常情况。它可以通过实时监测和分析能源设备的性能数据，识别潜在的故障或设备退化，并发出警报以及提供故障排查和维修建议。

数据管理和报告：EMS 可以管理和存储能源数据，包括能源使用记录、监测数据和分析结果等。它可以生成能源报告，提供能源使用情况的可视化和分析，以帮助用户了解和管理能源消耗。

集成与通信：EMS 可以与其他能源设备和系统进行集成，并通过通信接口与其进行数据交换和控制，包括与电表、太阳能发电系统、电池储能系统和智能家居系统等的集成，以实现能源的协同管理和优化。

EMS 可以提供全面的能源管理和控制，帮助用户实现能源效率、节能减排和成本节约的目标。通过优化能源使用和供应，EMS 可以提高能源系统的可靠性和稳定性，并促进可持续发展的能源管理。

3. 储能变流器

功率转换系统 (PCS) 是一种用于将电能转换为不同形式或交流与直流之间进行转换的系统。PCS 广泛应用于能源存储系统、电网调度、可再生能源系统以及电动车充电桩等领域。

PCS 的主要功能包括以下几个方面。

电能转换：PCS 可以将电能从一种形式转换为另一种形式，例如，将直流电能转换为交流电能或将交流电能转换为直流电能。这种能量转换通常涉及功率电子器件，如逆变器、整流器和变压器等。

电能调节：PCS 可以对电能进行调节和控制，以满足电网或负载的需求。它可以调整输出电压、频率和功率因数等参数，以实现电能的稳定供应和优化运行。

能量存储：PCS 可以与能源存储设备(如电池、超级电容器或储能系统)结合使用，以管理和控制储能装置的充放电过程。它可以控制储能设备的充电速率、放电速率和能量流动，以实现能量储存和释放的最佳效果。

电网互联：PCS 可以连接到电网中，与电网进行通信和互动。它可以实施对电网的有功和无功功率控制，参与电网频率和电压的调节，以及实现电网调度和配电管理等功能。

过渡和备份电源：在电力系统故障或断电的情况下，PCS 可以提供过渡电源或备份电源。它可以在电网断电时切换到备用电源，短时间保证关键设备的供电稳定性和连续性。

控制和保护：PCS 具备控制和保护功能，可以监测和管理功率电子器件的运行状态，以确保系统的安全性和可靠性。它可以监测电流、电压、温度等参数，并根据预设的保护策略，实施故障检测和故障保护措施。

PCS 在能源转换和电能管理方面扮演着重要角色，它能够实现不同形式电能之间的高效转换和控制，以满足不同应用的能源需求，并促进可再生能源的集成和利用。

10.3　电化学储能产业挑战

10.3.1　电化学储能产业的发展现状

电化学储能在能源存储和转换领域中占据着重要的地位，在可持续发展、能源转型和应对气候变化等方面发挥着关键作用。近十年来，以电池产业为代表的电化学储能产业得到了迅速发展。以美国和中国为例，2013~2019 年，美国电化学储能装机容量从 199MW 增长至 1600MW 以上，在各种储能技术中的占比从 1%增长至 6.62%[10]。美国国家层面发布一系列法案，如《可再生与绿色能源存储技术方案》《储能税收激励与部署法案》，鼓励电化学储能技术的发展。在我国，电化学储能更是发展迅猛，2014~2018 年，中国电化学储能行业市场规模复合增速高达 69%。据国海证券研究所预测，未来数年内，电化学储能市场增速不低于 22%，保持高规模增长状态(图 10-10)。国务院各部委发布的《"十四五"新型储能发展实施方案》《关于促进储能技术与产业发展的指导意见》等政策也推动了电化学储能产业的进一步发展。

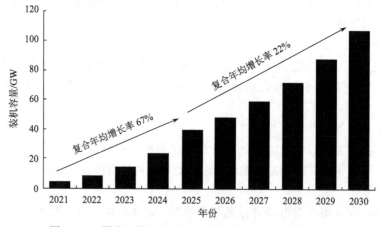

图 10-10　国海证券研究所对电化学储能产业规模的预测

电化学储能产业在需求与政策的推动下已然成为朝阳产业。在政府与市场双重作用机制下，目前已形成由上游企业、中游企业、下游用户共同参与的储能产业链，包括原材料厂商、电池系统集成厂商以及企业和个人用户(图 10-11)。电化学储能器件种类多样，其中锂离子电池占据主流地位。以 2018 中国电化学储能行业市场分析，锂离子电池占据第一位，规模达 758.8MW，铅蓄电池占第二位，规模仅为 291.8MW。因此，下面对电化学储能产业的介绍将围绕锂离子电池储能产业链展开。

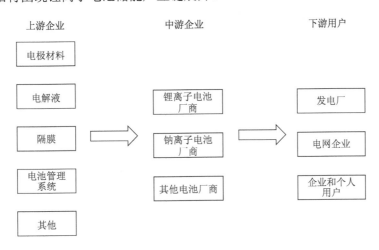

图 10-11　电化学储能产业链相关企业

1. 上游企业

上游企业主要为电池各组件供应商。例如，正负极材料供应商、电解液供应商，隔膜供应商、电池管理系统供应商等。正极材料供应商主要有宁波容百新能源科技股份有限公司、北京当升材料科技股份有限公司、天津巴莫科技有限责任公司、湖南长远锂科股份有限公司、厦门钨业股份有限公司、格林美股份有限公司、Minnesota Mining and Manufacturing(3M)、优美科国际股份有限公司、巴斯夫股份公司、住友金属工业株式会社、户田工业株式会社、田中化学公司等企业。主流的正极产品为钴酸锂、磷酸铁锂、三元正极材料。正极材料的生产工艺主要为高温固相法，即将原材料混合进行高温煅烧获得电极材料。一般正极材料的生产包括投料、混料、烧结、破碎、筛分、除磁等工序，为提高正极材料性能，通常会在生产过程中对其进行掺杂、包覆(图 10-12)。

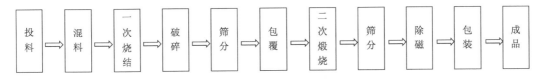

图 10-12　常规正极材料生产工艺

负极材料供应商主要有贝特瑞新材料集团股份有限公司、宁波杉杉股份有限公司、上海璞泰来新能源科技股份有限公司、Group 14、Amprius Technologies, Inc.、Sila Nanotechnologies 等企业。主流的负极材料包括石墨、硅基负极材料(包括硅碳负极、硅氧负极)。石墨负极材料仍占据主导地位。根据东亚前海证券研究所的数据,2021 年,人造石墨出货量占比为84%,天然石墨量出货量占比为14%,硅基负极材料占比为2%。天然石墨的容量高,价格便宜,颗粒大小不一,表面缺陷较多,与电解液的相容性比较差;而人造石墨的各项性能则比较均衡,具有容量高、嵌锂电位低、压实密度高和电解液兼容性好的优势,在负极材料市场占据主导地位。人造石墨原材料为针状焦、沥青焦和石油焦,通过破碎、造粒、碳化、筛分等步骤加工而成(图 10-13)。硅基负极材料被公认为是替代石墨的下一代材料,但现在仍处于发展初期,目前各个厂商制备工艺、性能差距较大。

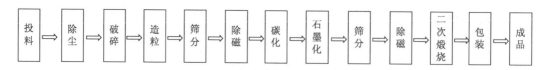

图 10-13　常规人造石墨生产流程图

电解液供应商主要有广州天赐高新材料股份有限公司、深圳新宙邦科技股份有限公司、张家港市国泰华荣化工新材料有限公司、三菱化学集团株式会社、宇部兴产株式会社等企业。电解液公司通常有自己独特的电解液配方。

隔膜供应商主要有上海恩捷新材料科技有限公司、湖南中锂新材料有限公司、苏州捷力新能源材料有限公司、深圳市星源材质科技股份有限公司、旭化成株式会社、东丽株式会社和 SK-Innovation。这些企业通常采取干法隔膜工艺或湿法隔膜工艺生产隔膜。干法隔膜工艺是将高分子聚合物、添加剂等原材料混合形成均匀熔体,挤出时形成片晶结构,再经热处理、拉伸、热定型等工艺获得微孔膜。湿法工艺利用熔融混合物降温过程中发生固-液相或液-液相分离的现象压制膜片,再经加热、拉伸、挥发溶剂萃取等工艺制备微孔膜。干法隔膜安全性较高,且设备投入成本小;湿法隔膜厚度更薄、孔隙率高,力学性能好、透气率较高。两种方法各有优势。商业化锂电池隔膜主要为聚乙烯隔膜、聚丙烯隔膜以及聚乙烯和聚丙烯复合多层隔膜。目前,隔膜的重要发展方向是对其进行涂覆改性,增强性能,例如,在隔膜表面涂覆一层 Al_2O_3、SiO_2 或其他无机物陶瓷颗粒,提高隔膜的耐高温性能和穿刺强度,增强电池的安全性。

电池管理系统通常由电池厂商根据生产的电池设计,例如,弗迪电池有限公司、宁德时代新能源科技股份有限公司、特斯拉有限公司、华霆(合肥)动力技术有限公司、联华电子股份有限公司等企业,绝大多数都是电池生产商。

2. 中游企业

中游企业主要为锂离子电池制造商。锂离子电池制造产业主要分布在中、日、韩三国。知名的锂离子电池制造企业有宁德时代新能源科技股份有限公司、LG Energy Solution、比亚迪股份有限公司、松下电器产业株式会社、SK On、Samsung SDI、中创新航科技集团股份有限公司、国轩高科股份有限公司、欣旺达电子股份有限公司、孚能科技(赣州)股份有限公司等企业。这些企业根据不同的使用场景生产不同的电池。例如,钴酸锂为正极的电池通常应用于消费类电子产品,如手机和笔记本电脑电池;磷酸铁锂和三元正极材料为正极的电池通常用作电动汽车装备的动力电池;大型储能设备的电池通常使用磷酸铁锂做正极。这是由电极材料的特性决定的。钴酸锂压实密度高、体积比容量高、工作电压高、成本较高；磷酸铁锂循环性能优异、安全性高、成本低。三元正极材料则具有能量密度的优势，成本较低。

中国电池技术在世界上处于第一梯队。宁德时代常年位居锂离子电池出货量榜首的位置。电池技术也在中国电池企业中迎来飞速进步。例如，比亚迪于 2020 年公布刀片电池技术，通过采用长电芯省去了中间模组环节，直接把电芯装到电池系统里面，降低了电池成本，提高了电池的能量密度。2023 年，宁德时代发布凝聚态电池，通过采用凝聚态电解质和高比能的正负极材料，使单体能量密度达到 $500W \cdot h \cdot kg^{-1}$，约相当于松下 2170 圆柱电池的两倍。

3. 下游用户

发电厂、电网、个体用户都是储能产业链的下游用户。国家电网有限公司、南方电网储能股份有限公司、华电国际莱城发电厂、中国联合网络通信集团有限公司(简称中国联通)、中国移动通信集团有限公司(简称中国移动)等企业都进行过储能系统的招标。正是下游用户的需求支撑起了储能产业的发展。

发电厂通常会面临电力产生与需求之间的平衡问题，尤其在可再生能源发电领域，如太阳能和风能发电。这些能源受天气和环境因素影响，产生波动性较大的电力输出。通过锂离子电池储能系统，发电厂可以将多余的电力存储起来，以应对供需峰谷差异，实现电力的稳定输出。这有助于提高电网的稳定性和可靠性。

锂离子电池具有快速响应和高效能量释放的特点，适用于频率调节和提供备用电源。在电网频率发生波动时，储能系统可以迅速注入或提取电力，帮助维持电网频率稳定。同时，在突发事故或电力故障时，储能系统可以作为备用电源提供关键电力支持。此外，电网用电存在峰谷差异，尖峰用电时段需求较高，而谷电时段供电相对充裕。通过在谷电时段储存电力，在尖峰用电时段释放电力，储能系统可以帮助填平峰谷差异，降低尖峰用电时的用电成本。

家庭太阳能发电系统可以将太阳能转化为电能,并将多余的电能储存在锂离子电池中。在太阳能产生的电量超过家庭用电需求时，电池会充电。在太阳能不足或夜间，家庭可以从电池中获取电力，降低对电网的依赖，节约能源费用；家庭电力需求通常存在峰谷差异，白天为需求高峰，晚上为需求低谷。通过在低谷时给电池充电，在高峰时从电池中获取电能，家庭可以更好地平衡用电需求，减少尖峰时段从电网购电，节约电费；在电力故障或停电时，家庭储能系统可以作为应急备用电源，提供关键设备的电力支持，如照明、通信设备、保温设备等，提高家庭生活的安全性和舒适性。

10.3.2 电化学储能产业的技术挑战

电化学储能产业发展至今，取得了一系列成果。然而，仍存在系列挑战。下面以锂离子电池储能产业为例进行阐述。

1. 降低成本

锂离子电池的生产离不开锂资源。然而，锂资源在地球上储量较低(地球上锂元素含量仅约为 17ppm，而钠元素含量为 23000ppm，钾元素含量为 15000ppm)，73%的锂资源分布在北美洲和南美洲，尤以智利、阿根廷和玻利维亚等国家储量丰富。美国地质调查局数据显示，截至 2021 年，全球锂储量为 2200 万吨。其中，智利锂储量为 920 万吨，占比为

41.8%；阿根廷锂储量为 220 万吨，占比为 10%，两国锂储量超过 50%。相比之下，中国锂储量仅有 150 万吨，占比为 6.8%。从锂矿产量看，2021 年，全球锂矿产量为 10 万吨。其中，阿根廷产量为 0.62 万吨，智利产量为 2.6 万吨，两国合计占全球锂矿产量的 32.2%。而中国锂矿产量为 1.4 万吨。随着储能市场的迅速发展，对锂资源的需求急剧增加，叠加锂有限的储量、不均匀的分布，生产锂离子电池的含锂前驱体价格居高不下。例如，碳酸锂价格常年在 20 万元/吨以上，最高突破 60 万元/吨。这导致锂离子电池的成本在众多电化学储能器件中偏高。为降低成本，锂离子电池电极材料所用的其他前驱体需尽可能廉价。与碳基、硅基负极材料相比，由金属元素组成的正极材料价格更高。在正极材料降价方面的研究主要围绕三元正极材料展开。三元正极材料能量密度较高，且多种元素的组成为调控提供了可能。相比铝、锰、镍等元素，含钴元素的前驱体价格高昂。例如，2023 年 7 月，电池级硫酸锰价格为 6000～6300 元/吨，而电池级硫酸钴价格为 45500～46500 元/吨。为降低成本，需在三元电极材料中降低钴含量，这是高镍三元正极材料得以发展的重要原因之一。然而，随着钴含量的降低及镍含量的提高，电池的热稳定性、结构稳定性、空气稳定性逐步下降。如何在降低成本的同时保持正极材料的稳定性是当今的研究热点。此外，如何利用其他廉价元素前驱体降低锂离子电池成本也是锂离子电池降低成本的重要挑战。

2. 提高能量密度

高能量密度是储能技术一直在追求的目标。现今提高能量密度的主要方案如下。

高比能电极材料：通过使用具有更高比容量的正极材料和负极材料来提高锂离子电池的能量密度。例如，采用高镍三元正极材料和硅基负极材料等可以提高电池的能量密度。然而，高镍三元正极材料的低稳定性、表面残碱，硅基负极材料巨大的体积膨胀仍是亟待解决的问题。

新型电解质：采用具有更高离子传导性和较宽电压窗口的新型电解质，可以提高电池的能量密度。例如，固态电解质可以替代传统的液态电解质，提高电池的能量密度和安全性。固态电解质被认为是锂离子电池未来发展的方向，但现阶段仍受限于电解质材料筛选、界面问题与新型固态电池生产工艺探索。

电池结构优化：优化电池的结构设计，包括电芯设计、电极的层压结构、隔膜的性能等，可以提高电池的能量密度。例如，降低集流体厚度可提高电池体积比能量。

高压电池：提高电池的工作电压可以提高其能量密度，但高压也带来了安全性和稳定性的挑战，容易造成电极材料结构衰退与热失控，且需要适配合适的高压电解质。

3. 提高循环寿命

和液流电池相比，锂离子电池寿命仍有限。如何提高锂离子电池循环寿命仍是一大挑战。锂离子电池寿命受到诸多因素影响。首先，正负极材料在循环过程中面临的与电解液的副反应、自身结构衰退、固态电解质界面(solid electrolyte interface, SEI)破损、极化增大等问题会使电池材料自身性能降低，进而影响电池循环寿命。其次，锂离子电池设计、生产过程中，正负极之间、电极材料与电解液之间的适配、比例调控等设计问题以及装配工艺车间杂质控制、浆料均匀性、电解液注入方式等装配问题都会影响电池寿命。此外，电池使用过程中，如何管理电芯的充放电状态避免过充过放、如何在电池包中创造利于电池工作的环境、选用何种倍率进行充放电等也会对电池循环稳定性产生影响。由于锂离子电池的复杂性，提高电池循环寿命是系统工程，需要不断探究。

4. 提高安全性能

安全问题频发是制约锂离子电池发展的一大问题。安全问题的产生有如下原因。

电池内部化学反应：电池是通过电化学反应来储存和释放能量的装置。在充放电过程中，电池内部会发生复杂的化学反应，涉及诸多不可控的有害过程，包括电极材料和电解液的副反应、电解液的分解、SEI 膜的破裂、正极侧的析氧问题、锂枝晶的形成等。这些问题极有可能引发安全问题。例如，SEI 膜分解和副反应可能导致电芯温度升高，进而增大活性正极材料释放氧气的风险，而氧气在高温下与易燃电解质的反应将进一步导致电池热失控，甚至起火爆炸。

电池设计和制造缺陷：不合理的电池设计或制造缺陷可能导致电池内部结构不稳定，引发电池短路、过热、着火等问题。例如，电池内部隔膜的破损、电池封装过程中的漏液等问题都可能导致电池的安全性下降。

过充和过放电：电池过度充电的原因有很多。其中一个主要原因是电芯的不一致性。如果电池包中的电池管理系统不能有效监测每个电芯的电压，就会存在过充的风险。由于多余的能量储存在电池中，过度充电是非常危险的。过充会导致电解质分解，提高电池的温度；使大量锂离子在负极沉积，促进锂枝晶生长；加速正极释放氧气，进而使电池发生安全事故。

外部因素：电池安全还受到外部因素的影响，如高温、振动、撞击等。这些外部因素可能导致电池内部结构破损或电池系统失控，发生短路、空气进入电池、无法检测电池状态等情况，增加电池发生安全问题的风险。

不当使用和维护：不当使用和维护电池也可能导致安全问题。例如，使用不合格的充电器、充电线，超过电池额定电流充电，或者长时间暴露在高温环境下等，都可能导致电池失效和安全隐患。

经过对电极材料掺杂、包覆等改性手段的研究，电解液优化，电池生产工艺调控，电芯、电池的合理设计，如今锂离子电池起火爆炸的事故逐渐减少，但是相关隐患仍未完全消除。安全问题仍是锂离子电池面临的一大挑战。

本 章 小 结

本章首先阐述了电化学储能的基本原理，包括电能与化学能相互转换的电化学过程、晶体缺陷、双电层理论等。接着，概述了电化学储能技术的主要特点，如高能量密度、环境友好、地理条件限制小等，这些特点使得电化学储能技术在能源存储和转换领域具有重要应用价值。接着，详细介绍了电化学储能器件的分类，包括常见的锂离子电池、铅蓄电池、钠硫电池等，并探讨了它们的工作原理和性能特点。此外，分析了电化学储能系统的构成，包括能量管理、电池管理、储能变流器等关键组成部分，以及它们在系统集成中的作用和重要性。最后，深入探讨了电化学储能产业所面临的挑战，评估了电化学储能产业的发展现状，包括市场规模、主要参与者以及当前的产业布局；讨论了技术挑战，如降低成本、提高能量密度、确保安全性和环境可持续性等，这些都是推动电化学储能技术进步和产业应用的关键因素。

通过本章的学习，我们对电化学储能的原理、器件、系统构成以及产业发展的挑战有了全面的认识。电化学储能技术作为推动能源转型和实现可持续发展的重要途径，其研究和应用前景广阔。面对产业和技术的双重挑战，需要跨学科的合作、政策支持和持续的技术创新，以实现电化学储能技术的优化和产业的健康发展。

习 题

1. 请阐述电池和双电层电容器在工作原理上的区别？这种区别导致了它们具有什么样的特点？请列举一些电池和双电层电容器的应用场景。

2. 电极材料中存在缺陷，一定会对材料的电化学性能造成不良影响吗？为什么？

3. 石墨是常见的锂离子电池负极材料。6mol 石墨可以容纳 1mol 锂离子的嵌入。请计算石墨的理论比容量。

4. 请思考电化学储能系统在实际应用中的局限性。

5. 消费电子类产品多使用软包电池。请思考原因。

6. 请列举至少三种电化学储能器件。阐明其原理并理解其优势与劣势。

7. 请阐述电化学储能系统的组成部分，并说明各部分是如何相互协作，共同完成能量存储与释放的。

8. 请查阅资料，说明正极材料的生产工艺步骤，并阐明该步骤的目的。

9. 请查阅资料，列出一项近年来储能系统的重要技术进展。

10. 请查阅资料，说明我国储能产业的优势与劣势。

参 考 文 献

[1] 李泓, 吕迎春. 电化学储能基本问题综述[J]. 电化学, 2015, 21(5): 412-424.

[2] REYNAUD M, SERRANO-SEVILLANO J, CASAS-CABANAS M. Imperfect battery materials: a closer look at the role of defects in electrochemical performance[J]. Chemistry of materials, 2023, 35(9): 3345-3363.

[3] WU J Z. Understanding the electric double-layer structure, capacitance, and charging dynamics[J]. Chemical reviews, 2022, 122(12): 10821-10859.

[4] XIE J L, YANG P P, WANG Y, et al. Puzzles and confusions in supercapacitor and battery: theory and solutions[J]. Journal of power sources, 2018, 401: 213-223.

[5] PING M, ZHEN Y A O, JOHN L, et al. Current situations and prospects of energy storage batteries[J]. Energy storage science and technology, 2020, 9(3): 670.

[6] POSADA J O G, RENNIE A J R, VILLAR S P, et al. Aqueous batteries as grid scale energy storage solutions[J]. Renewable and Sustainable Energy Reviews, 2017, 68: 1174-1182.

[7] OSHIMA T, KAJITA M, OKUNO A. Development of sodium‐sulfur batteries[J]. International journal of applied ceramic technology, 2004, 1(3): 269-276.

[8] BELINGARDI G, SCATTINA A. Battery pack and underbody: integration in the structure design for battery electric vehicles—challenges and solutions[J]. Vehicles, 2023, 5(2): 498-514.

[9] SAARILUOMA H, PIIROINEN A, UNT A, et al. Overview of optical digital measuring challenges and technologies in laser welded components in EV battery module design and manufacturing[J]. Batteries, 2020, 6(3): 47.

[10] EDISON ELECTRIC INSTITUTE. Energy storage trends & key issues[R]. Washington: Edison electric enstitute, 2020.

第11章

锂离子电池

11.1 锂离子电池简介

锂离子电池在现代社会中扮演着至关重要的角色。作为一种高效、可靠且可重复充电的能源储存器件，锂离子电池广泛应用于各个领域，从智能手机、平板电脑到笔记本电脑，锂离子电池为这些设备提供了持久的电力供应，便利了人们的生活；锂离子电池作为电动汽车的核心能源储存装置，提供了可靠的动力支持，帮助人们实现绿色出行的目标；锂离子电池还在可再生能源领域发挥着重要作用。太阳能和风能等可再生能源具有间歇性和不稳定性的特点，而锂离子电池可以作为能源存储设备，将多余的电力储存起来，以备不时之需。这为可再生能源的大规模应用提供了可行性，加速了清洁能源的普及和可持续发展。

了解锂离子电池有助于把握当代前沿储能科技。本节将从原理、组装、发展历史、部分重要概念等方面对锂离子电池进行简介。

11.1.1 锂离子电池基本原理

锂离子电池由两个电极(即正极和负极)、电解质和隔膜组成(图 11-1)。正极材料通常使用含有锂离子的金属氧化物(钴酸锂、镍锰酸锂、三元正极材料等)；负极通常由碳基、硅基材料制成；而电解质则是锂离子的载体，通常是一种离子传导性较好的液体或固体；电解液主要由锂盐、溶剂、添加剂三部分构成。锂盐包括磷酸锂盐(如 $LiPF_6$)、硼酸锂盐($LiBF_4$)、高氯酸锂盐($LiClO_4$)等不同种类的锂盐，溶剂包括环状碳酸酯(碳酸乙烯酯(ethylene carbonate, EC)、碳酸丙烯酯(propylene carbonate, PC))、链状碳酸酯(碳酸二乙酯(diethyl carbonate, DEC)、碳酸二甲酯(dimethyl carbonate, DMC)、

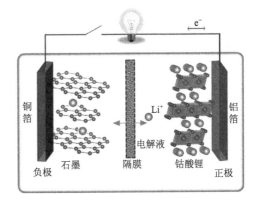

图 11-1 锂离子电池充放电示意图

碳酸甲乙酯(ethyl methyl carbonate, EMC))；羧酸酯类溶剂(甲酸甲酯(methyl formate, MF)、乙酸甲酯(methyl acetate, MA)、乙酸乙酯(ethyl acetate, EA))等不同种类，添加剂包括成膜添加剂、导电添加剂、阻燃添加剂、过充保护添加剂等，能对电解液进行相应改性。例如，实验室中常用的锂离子电池电解配方为1M $LiPF_6$溶解在由 EC、DMC、DEC(1∶1∶1 vol%)组成的混合溶剂中；隔膜为具有微孔结构的功能膜，是不导电的，起着分隔电池的正、负

极，防止两极接触短路，使电解质离子通过的作用。商品化锂电池隔膜材料主要采用聚乙烯、聚丙烯微孔膜。一般而言，聚乙烯微孔膜强度较高，加工范围宽；聚丙烯微孔膜熔点高，孔隙率、透气率、抗冲击性能高。在充放电过程中，锂离子电池内部反应如下。

(1) 充电过程。

当锂离子电池充电时，外部电源会向电池施加电压，锂离子从正极脱嵌，并通过电解质迁移到负极，与电子结合，并在负极上发生嵌入反应。式(11-1)~式(11-3)描述了充电过程中在正负极发生的反应。

正极：
$$LiCoO_2 \longrightarrow Li_{(1-x)}CoO_2 + xLi^+ + xe^- \tag{11-1}$$

负极：
$$6C + xLi^+ + xe^- \longrightarrow Li_xC_6 \tag{11-2}$$

总反应：
$$LiCoO_2 + 6C \longrightarrow Li_{(1-x)}CoO_2 + Li_xC_6 \tag{11-3}$$

(2) 放电过程。

当锂离子电池放电时，负极释放锂离子并放出电子，这些锂离子通过电解质传输到正极。在正极中，锂离子被嵌入金属氧化物中，同时接受电子，从而恢复其原始形式。在这个过程中，电子通过外部电路，从负极流向正极，完成电池的供电。放电过程在正负极发生的反应与充电过程相反。

这样，通过充电和放电过程，锂离子在正负极之间来回迁移，实现了锂离子电池的可充电特性。

为使读者加深对锂离子电池的了解，下面介绍实验室中制备锂离子电池的流程，主要包括以下几个步骤。

(1) 原材料准备。

电池的主要组成部分是正极、负极和电解质。首先需要准备所需的原材料，包括正极活性材料、负极活性材料、电解质溶液以及导电剂等。

(2) 打浆。

打浆是制备电池正负极的关键步骤。在打浆过程中，正极和负极活性材料与导电剂（如活性炭）、黏结剂（如聚偏二氟乙烯（polyvinylidene fluoride, PVDF）、聚四氟乙烯（polytetrafluoroethylene, PTFE））和溶剂（如 N-甲基吡咯烷酮（N-methyl pyrrolidone, NMP）、水）等混合，形成一种类似糊状的混合物，称为浆料。打浆的目的是将活性材料均匀地分散在电极的集流体（如铜箔或铝箔）上，以确保最大化的电化学反应表面积。正极材料集流体通常为铝箔，负极材料集流体为铜箔。铝箔具有价格优势，但是铝与锂在 0.1 V (vs. Li/Li$^+$) 以下形成合金，故负极集流体不能用铝。

(3) 浆料涂覆。

浆料涂覆是将打浆得到的混合物均匀地涂覆在电极的集流体上。这一步通常通过使用涂布机来实现，涂布机会将浆料均匀地涂覆在集流体上，并在后续的工序中将其干燥。这样，正负极的活性材料就牢固地黏附在集流体上。

(4) 干燥和切割。

涂覆后的电极需要进行干燥，以去除其中的溶剂，使电极成为干燥的坚固片状。干燥的温度和时间要严格控制，以确保电极在后续的组装过程中不会出现问题。干燥的电极片需要切割成适当的尺寸，利于后续组装。

(5) 组装。

在组装阶段，正负极片、电解质、隔膜会按照一定的层次和结构叠放在一起，并在必要的位置加入电解质液体。然后，将整个叠层结构封装在电池壳体中，最终组装成电池。

11.1.2 锂离子电池发展历史

锂离子电池中，锂离子在电极材料中的嵌入/脱嵌，实现充电、放电过程。这种客体离子在固体中的插层反应可追溯到 Schauffautl 的发现。1841 年，Schauffautl 发现硫酸根离子可以嵌入到石墨中，这启发了各种插层反应的研究。锂具有低分子量($M_{Li}=7g/mol$)，低密度($\rho_{Li}= 0.534g/cm^3$) 和极低的标准电极电位($E_{0, Li}$: $-3.04V$，标准氢电极)，使其成为插层反应中客体离子的最佳选择之一。然而，锂金属过于活泼，易与水反应，在当时普遍研究的水系电解液中无法应用。

1958 年，W.Harris 发现锂在非质子溶剂中可以稳定存在，并基于此提出用有机溶剂作为一次锂电池的电解液的主要成分，加速了锂离子电池的发展。

1976 年，Whittingham 和 Exxon 公司的同事发现锂离子可以在层状结构的 TiS_2 晶体中嵌入/脱嵌，并基于此以 TiS_2 为正极，锂金属为负极，制备了电压在 2.5V 的可充电锂离子电池，这成为第一个真正意义上的锂离子电池。

1976 年，J.O.Besenhard 对锂在石墨中的嵌入进行了研究。石墨具有高电导、高容量、低电势的优点，是当下最重要的锂离子电池负极材料之一。然而，当时使用的电解液为 PC 基电解液，而电解液中的 PC 分子会随着锂离子插层进入石墨结构中，导致电池循环稳定性差。随着对锂离子电池的研究逐步深入，科学家发现锂金属在一些有机电解液中可以在表面形成一层钝化层，因此展现出很好的稳定性，1979 年，Peled 将这层钝化层命名为固态电解质界面膜并阐释了其对电极动力学的影响。

1980 年，Armand 进一步全面讨论了插层材料的物理化学性质，并提出了一种新的可充电电池电芯设计，创造了"摇椅电池"的概念，它建立在两个具有不同电位的插层电极上，通过将 Li^+ 从一侧可逆地转移到另一侧实现充放电，并避免锂枝晶的形成。现在的锂离子电池正是建立在 Armand"摇椅电池"概念的基础上。锂离子在充放电过程中在正极和负极之间进行插入和脱离，就像一个摇椅来回摇动一样，因此得名"摇椅电池"。同年，Goodenough 教授报道了层状结构材料 $LiCoO_2$，层间可以供锂离子嵌入/脱嵌。

基于对 MoS_2 正极的研究，1985 年，加拿大的 Moli Energy 公司推出了广泛应用的商业化的锂离子电池，该电池以 MoS_2 为正极，以锂金属为负极，该电池比能量超过100W·h·kg^{-1}，并可进行多次充放电。然而，由于不断积累的锂枝晶刺穿隔膜，Li-MoS_2 电池发生短路爆炸，这导致了 Moli Energy 公司的破产。

1991 年，由 Yoshino 和索尼公司开发出第一种现代化的锂离子电池。该电池正极为钴酸锂，负极为硬碳，电解液为 PC 基电解液，该电池奠定了现代化锂离子电池的基础。由于采用 PC 基电解液，拥有诸多优势的石墨负极没有被应用。这是因为 PC 会嵌入石墨层间结构中，且在嵌锂电位约 0.7V 下发生不可逆的持续的还原分解，最终使得石墨结构坍塌，无法正常嵌脱锂。而 EC 可以分解形成一层稳定的固体电解质界面膜(SEI 膜)，从而抑制电解液在更低电位的分解，使得锂离子可在石墨材料中正常地嵌入/脱嵌。

20 世纪 90 年代初，Fujimoto 和他在 SANYO 的同事试图用石墨作为锂离子电池负极，这就必须要替换掉可以剥离石墨结构的碳酸丙烯酯(PC)基电解液。经过详尽的筛选,发现碳酸乙烯酯(EC)基电解液可实现 LiC_6 几乎所有的理论容量。为了降低 EC 的高熔点和高黏度,他们将其与其他线性碳酸酯(如碳酸二甲酯(DMC)和碳酸二乙酯(DEC))混合,由此产生了现代锂离子电池最常用的电解液配方: $LiPF_6$ 溶解在 EC 等有机溶剂中。他们于 1991年 11 月申请了专利,定义了现代 LIB 电解质的基础配方: $LiPF_6$ 溶解在 EC 和线性碳酸酯(碳酸二甲酯(DMC)、碳酸二乙酯(DEC)或碳酸甲乙酯(EMC))的混合物中。基于 EC 基电解液的开发,石墨负极——现代锂离子电池最常用的负极材料,走上历史舞台。

1992 年,Jeff Dahn 开始研究 $Li_xMn_yNi_{1-y}O_2$,掀起了三元正极材料研究的热潮。2022年 6 月,宁德时代发布麒麟电池,据称搭载该电池的汽车可以实现 1000km 续航里程。该电池电芯使用的就是三元正极材料。三元正极材料的优点是能量密度高,缺点是安全性低。

1996 年,Goodenough 发现磷酸铁锂优异的储锂性能。磷酸铁锂由此进入业界。虽然比容量有限,但磷酸铁锂优异的安全性能仍使它成为许多车企的首选。2020 年 3 月 29 日,全球新能源汽车领导者比亚迪宣布正式推出"刀片电池",实现了电池技术的又一重大突破。"刀片电池"采用的便是磷酸铁锂正极材料。

1997 年,李泓首次提出高容量纳米 Si 负极材料。硅负极具有极高容量,是石墨最有可能的替代者,得到了广泛研究。2023 年 3 月,荣耀手机发布全新的 Magic5 系列手机,该手机搭载的电池采用硅碳负极,使得该机型成为市售唯一厚度 8mm 以下、5000mA·h 以上的旗舰手机。

上述介绍尚不足以概括锂离子电池的发展历史,一些锂离子电池的重要成果,譬如水系电池、黏结剂、凝胶电解质等,受限于篇幅,并未介绍。但由上述介绍,可以看到,基础科学研究对锂离子电池产业的推动作用,也看到了 Goodenough、Whittingham 和 Yoshino 等在其中的贡献。有兴趣的读者可以查阅更多资料,把握锂离子电池发展历史,可以更清晰地了解困扰锂离子电池发展的问题。

11.1.3　锂离子电池部分的重要概念

1. 锂枝晶

锂枝晶是锂离子电池中的一种现象,指的是在电池的充电和放电过程中,电极上出现的锂的细小枝状结构。锂枝晶的形成可能会导致电池内部短路,增加了电池的安全风险,并降低了电池的循环寿命和性能。

锂枝晶的形成是由于电池充放电过程中,锂离子在电解液中的移动和沉积。在充电过程中,锂离子从正极通过电解液迁移到负极上,其中一部分锂离子会在负极表面沉积并形成金属锂。然而,由于电池内部的不均匀性和电化学反应的非均匀性,锂金属可能会以非均匀的方式沉积,形成细小的枝状结构。

这些锂枝晶在电池的使用过程中会渐渐增长,最终可能穿透电解液和隔膜,与正极发生反应,导致电池短路和温度升高,甚至引发火灾和爆炸等安全事故。此外,锂枝晶的形成也会导致电池内部容量损失和循环寿命衰减,降低电池的性能和可靠性。

为了解决锂枝晶问题,研究人员提出了一系列的解决方案,包括使用电解液添加剂或表面涂层来抑制枝晶的生长,设计合适的电解液和电池结构以减缓枝晶的形成,以及采用固态电解质等技术来代替液态电解质。这些措施旨在减少或消除锂枝晶,提高电池的安全性和循环寿命。

　　锂枝晶是锂离子电池需要解决的一个重要问题，尽管有一些解决方案，但目前仍需要进一步的研究和技术改进来克服锂枝晶带来的困难。这将有助于提高锂离子电池的性能和可靠性，推动电动车辆和可再生能源储存等领域的发展。

2. 固态电解质界面膜

　　固态电解质界面膜(SEI 膜)通常是指锂离子电池中形成的一种在负极表面的界面膜。SEI 膜的形成是由于锂离子电池在初始充放电过程中，负极上的有机溶剂电解液被电解反应分解生成固态化合物。

　　SEI 膜起着多重作用。首先，它能够提供一种电解质界面，使得离子可以在负极和电解质之间传输，从而实现电池的充放电过程。其次，SEI 膜还能起到一定程度的隔离作用，防止电解液中的活性物质直接与负极发生反应，减少电池的容量衰减和循环寿命的损耗。此外，SEI 膜还能够提供一定的机械支撑和稳定性，保护负极免受应力和电解质等因素的影响。然而，SEI 膜的形成也会消耗活性锂离子，进而导致库仑效率降低；同时，增加了界面阻抗。

　　SEI 膜的组成非常复杂，通常包含有机溶剂电解液分解产物、电解质盐、负极材料的氧化产物等(图 11-2)。SEI 膜的成分和性质会随着电池的循环次数和使用条件的改变而发生变化。SEI 膜通常是一种非均匀、多孔、多层次的结构，由于其特殊的组成和形态，SEI 膜的研究一直是锂离子电池领域的热点之一。

　　对 SEI 膜的研究旨在改善其稳定性和电导性能，以提高电池的循环寿命、安全性和能量密度。一些研究方向包括优化电解质配方、控制电池充放电条件、表面修饰负极材料等。此外，研究人员也在探索新型固态电解质材料，以替代传统有机溶剂电解质，从而改善 SEI 膜的性能和稳定性。

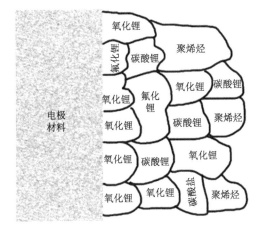

图 11-2　固态电解质膜组分示意图[1]

　　总而言之，SEI 膜在锂离子电池中扮演着重要的角色。对 SEI 膜的研究对于提高锂离子电池的性能和安全性具有重要意义。

3. 电极材料的典型反应机制

1) 插层反应机制

　　插层反应机制即锂离子进入、离开层状材料的层间，实现锂离子的存储、释放。大多数插层反应机制依赖于客体和主体之间的反应或相互作用，包括离子交换、酸碱反应、氢键、氧化还原反应和电化学反应。例如，锂离子在石墨中的嵌入/脱嵌就是典型的插层反应机制。石墨由层状的碳原子构成，每一层都由六角形的碳原子构成，形成了平面的排列。这些碳层之间通过弱的范德瓦耳斯力相互堆叠，使石墨具有层状结构。锂离子在石墨中的插层是由电化学反应驱动的。电子由外部电路进入石墨负极，同时锂离子嵌入石墨层间。

2) 相转变机制

在锂离子嵌入/脱嵌的过程中，反应物直接连续地从初始相转变为另一相，实现充放电，该机制为相转变机制。例如，$LiFePO_4$ 在充电过程脱出锂离子，转化为 $FePO_4$，放电过程中，$FePO_4$ 嵌入锂离子，转化为磷酸铁锂（式(11-4)、式(11-5)）。除了 $LiFePO_4$ 这种两相转变的机制，在锂离子嵌入/脱嵌过程中，电极材料可能经历一系列相变。以 Si 为例，在锂离子嵌入过程中，Si 进行合金型反应，经历一系列相变，形成一系列 Li-Si 合金。当相转变形成明显的新结构相时，反应物和生成物的吉布斯生成能不发生变化，各相变反应的开路电压曲线将保持不变，呈现出一个平台。需要注意的是，许多相转变反应受限于动力学因素，Li^+ 嵌入/脱嵌速度受限，导致巨大的极化，使电化学反应不完全。此外，合金化反应的相转变过程中，电极材料会发生巨大的体积形变，可能会导致材料破损，电池性能降低。

充电：
$$LiFePO_4 \longrightarrow Li_{(1-x)}FePO_4 + xLi^+ + xe^- \tag{11-4}$$

放电：
$$Li_{(1-y-x)}FePO_4 + xLi^+ + xe^- \longrightarrow Li_{(1-y)}FePO_4 \tag{11-5}$$

3) 转化机制

转化反应即活性材料被锂还原成金属，同时生成含锂化合物。例如，氧化钴的转化反应如式(11-6)所示：

$$Co_3O_4 + 8Li \rightleftharpoons 3Co + 4Li_2O \tag{11-6}$$

过渡金属氟化物、硫化物、氮化物、磷化物和氢化物、聚阴离子化合物中均可观察到转化反应的反应机制。转化反应可以利用氧化还原循环中化合物的所有可能的氧化态，因此具有高容量的特征。例如，MgH_2 做负极，电极材料的可逆容量可达 $1480mA\cdot h\cdot g^{-1}$（理论比容量为 $2062mA\cdot h\cdot g^{-1}$）[2]。然而大多数转化反应在充放电过程中存在循环稳定性差、电压滞后严重、极化高、初始库仑效率低等问题。

11.2 锂离子电池关键材料

11.2.1 锂离子电池正极材料

1. 层状结构正极材料

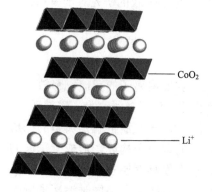

图 11-3 钴酸锂晶体结构

1) 钴酸锂

$LiCoO_2$ 具有 α-$NaFeO_2$ 型层状结构（图 11-3），其中氧原子排列在立方密排框架中，Li^+ 和 Co^{3+} 离子排列在 R-3m 空间群的交替 (111) 平面中，晶胞参数为 $a = 2.44$ Å 和 $c = 14.05$ Å。通常将其标记为 O3 型 $LiCoO_2$，其中，O 表示锂离子占据氧原子组成的八面体中心位置，八面体为氧原子组成的八面体，3 表示氧原子堆叠形式为 ABCABC。钴酸锂的理论比容量为 $274mA\cdot h\cdot g^{-1}$，工作电压为 3.9 V，截止电压为 4.45V 时，能密度约为 $720W\cdot h\cdot kg^{-1}$，价格较为昂贵[3]。

在 Li_xCoO_2 中，$0.07 < x \leqslant 1$ 时，其开路电压(OCV)为 3.9～4.7V。虽然理论上 $LiCoO_2$ 中的所有 Li 都可以电化学去除，但通常在 $LiCoO_2$ 和 $Li_{0.5}CoO_2$ 之间的成分范围内脱嵌锂离子。当锂离子脱嵌过多时，晶格中的氧会参与氧化还原反应，导致结构失效。为了避免锂离子电池容量的快速衰减，从 $LiCoO_2$ 中只提取 0.5mol Li^+(即截止电压为 4.2V)，锂离子电池的比容量约为 140mA·h·g^{-1}。为了满足 3C 产品对高能量密度锂离子电池日益增长的需求，学术界和工业界都在努力提高 $LiCoO_2$ 的容量。最有效的方法是从 $LiCoO_2$ 中提取更多锂离子，相当于更高的容量。例如，如果充电到 4.5V，比容量可以增加到 185mA·h·g^{-1}。

如图 11-4 所示，当从 Li_xCoO_2 中脱出锂离子时，在 $0.45 \leqslant x \leqslant 1$ 区域的结构变化包含一个固溶反应过程和三个弱一阶相变。$x = 0.75 \sim 0.93$ 处的第一次相变一般归因于 Li_xCoO_2 的电子离域，此时材料结构从 O3(Ⅰ)转变为 O3(Ⅱ)，仍为六方相结构。另外两个相变区发生在 $x = 0.5$ 附近，依次经历六方相(O3(Ⅱ))、单斜相和六方相(O3)。进一步从 Li_xCoO_2 中去除 Li($x < 0.45$)导致 O3 转变为 H1-3 和 O1。H1-3 相为 O1 和 O3 结构的混合体。当结构由 O3 向 H1-3 转变时，O-Co-O 层随着锂离子重排发生位移，导致内应力产生和结构破坏。在高截止电压下，表面结构由层状相衰退，转变为尖晶石相和岩盐相，钴在电解液中的溶解增强，电化学活性降低。伴随着层间滑动，也会发生氧气损失。这可能导致内部应变的出现，并诱发裂纹的形成和颗粒的粉碎。晶格氧损失产生的 O_2 具有高度氧化性，加速电解液在钴酸锂表面不断分解，导致电解液失效，表面阻抗变大。其放电曲线如图 11-5 所示，主放电平台位于 3.94 V 附近。

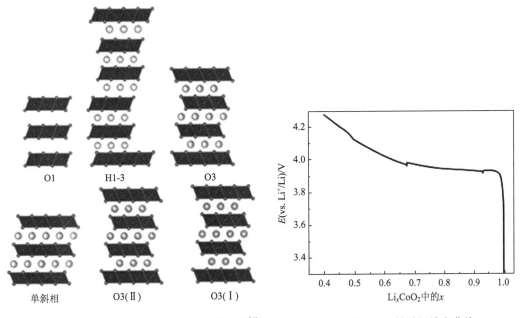

图 11-4　钴酸锂在充放电过程中的结构变化[4]　　　　图 11-5　钴酸锂放电曲线

2)三元正极材料

三元正极材料指的是化学式为 $LiMO_2$(M 为 Ni、Co、Mn 或 Al)的正极材料。三元指的是 M 为 Ni、Co、Mn(即 $LiNi_xCo_yMn_{1-x-y}O_2$，记为 NCM)或 Ni、Co、Al(即 $LiNi_xCo_yAl_{1-x-y}O_2$，$x \geqslant$

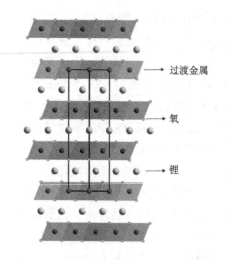

过渡金属

氧

锂

图 11-6 三元正极材料晶体结构示意图

0.85，记为 NCA）三种金属。NCA 通常为高镍含量的材料，如 $LiNi_{0.8}Co_{0.15}Al_{0.05}O_2$。NCM 系列材料中镍含量从低到高可调，例如，科学家已制备了 $LiNi_{1/3}Co_{1/3}Mn_{1/3}O_2$（记为 NCM333）、$LiNi_{0.5}Co_{0.2}Mn_{0.3}O_2$（记为 NCM523）、$LiNi_{0.6}Co_{0.2}Mn_{0.2}O_2$（记为 NCM622）、$LiNi_{0.8}Co_{0.1}Mn_{0.1}O_2$（记为 NCM811）和 $LiNi_{0.9}Co_{0.05}Mn_{0.05}O_2$。其结构如图 11-6 所示。它是六方 α-NaFeO$_2$ 结构，Li、M 和 O 原子分别占据 3a、3b 和 6c 位。M 被 6 个氧原子包围形成 MO_6 八面体结构，锂离子嵌入过渡金属原子与氧原子形成的层状结构中。

NCM 和 NCA 具有三种过渡金属的综合优点，其中，镍可以提供高的可逆容量，而 Co 和 Mn 可以提供层状结构和增强的结构完整性。具体而言，NCM 化合物中 Ni、Co 和 Mn 的主要氧化态分别为+2、+3 和+4，对于 NCA 材料，Ni、Co 和 Al 的氧化态均为+3。Ni 是最重要的活性元素，在 3.6～3.9V（vs. Li/Li$^+$）电位下可由 Ni^{2+}氧化为 Ni^{3+}，再在 3.9～4.4V 电位下氧化为 Ni^{4+}；Co 也具有电化学活性，在 4.6～4.8V 电位下可由 Co^{3+}氧化为 Co^{4+}；Mn^{4+}和 Al^{3+}在电化学循环过程中保持失活状态。随着镍含量的增高，电极材料可逆容量逐渐提高，例如，在 3.5～4.2V 的电位范围内，NCM333 放电容量为 150mA·h·g^{-1}。而高镍（含镍量≥80%）NCM/NCA 具有 200～300mA·h·g^{-1} 的高比容量。

然而，镍含量的增加同时带来系列问题：当 Ni 含量增加时，材料的放热分解温度总是向低温转移，同时产生巨大的热量。特别地，高镍材料在高度衰减状态下，在 150～300℃ 的温度范围内容易发生晶格析氧，热稳定性下降，引发安全问题；高镍三元电极材料对空气敏感，在空气中暴露时容易生成 LiOH、Li$_2$CO$_3$ 等表面残锂物质，不仅阻碍了锂离子的传递，还会促进与电解质、聚合物黏结剂、导电添加剂的副反应和气体的生成，导致电池循环性能下降及安全问题；半径为 0.69Å 的 Ni^{2+}离子与半径为 0.76Å 的 Li$^+$离子半径相似，在充电过程（即 Li/Ni 阳离子混合）中，Ni^{2+}离子很容易扩散到 Li$^+$离子层中，产生锂镍混排问题，高镍三元正极材料的锂镍混排问题尤为严重。Li/Ni 交换后，Ni 原子难以移动，锂离子在放电过程中返回到原始位置，但由于锂离子的部分位置被 Ni 离子占据，只有部分 Li 离子能够进入 Ni 离子的位置，不利于 Li$^+$的输运和循环性能；过渡金属离子进入锂离子空位中会促进尖晶石相和岩盐相的生成，导致相变产生。而无序的类岩盐结构比完全有序的层状结构需要更高的 Li$^+$离子扩散活化能，因为其层间距离更小，Li$^+$离子更难通过。同时，岩盐相也增加了电荷传递阻抗，导致循环恶化；过渡金属的溶解也是导致电池容量下降的原因之一。在三种过渡金属元素中，由于姜-泰勒效应和电解液中痕量 HF 的侵蚀，Mn 是在循环过程中最容易从正极材料中脱离并溶解到电解液中的元素。截止电压越高，正极材料中过渡金属元素的损耗越严重。

2. 尖晶石结构正极材料

1）锰酸锂

$LiMn_2O_4$（LMO）属于 Fd-3m 空间群，具有立方尖晶石结构（图 11-7），其中 O^{2-}按面心

立方(face center cubic, FCC)阵列排列，组成八面体结构的顶点，位于 32e ，Mn 离子位于八面体的 16d 位置，Li 离子位于四面体的在 8a 位点。以 8a 为中心的 LiO_4 四面体与以 16d 为中心的 MnO_6 八面体共角，同时与以 16c 为中心的空八面体共面。共边的 MnO_6 八面体组成了锂离子传输的三维扩散通道，利于锂离子传输，故锰酸锂材料具有较好的动力学性能。锂离子传输时，跃迁路径为从 8a→16c→8a 跳跃。锰酸锂的充放电曲线中有两个电压平台，一个电压平台约为 4V，另一个电压平台约为 3V。锂离子在 8a 位点的嵌入发生在 4V 左右的平台，3V 左右的平台代表锂离子在 16c 的嵌入(图 11-8)。

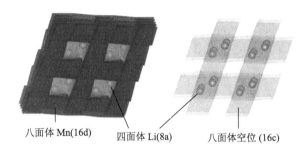

八面体 Mn(16d)　　　四面体 Li(8a)　　　八面体空位 (16c)

图 11-7　锰酸锂晶体结构[5]

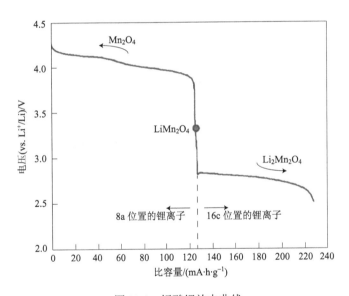

图 11-8　锰酸锂放电曲线

LMO 循环稳定性较差，原因有多种，其中锰溶解最为突出。在电解质中存在微量(ppm 水平)H^+ 的情况下，Mn 从晶格溶解到电解质中，这是由于酸性环境中 Mn^{3+} 歧化到 Mn^{4+} 和 Mn^{2+}(式(11-7))。在这种歧化过程中，Mn^{4+} 被保留在固体中，而 Mn^{2+} 被浸出到溶液中。锰溶解是含锰活性物质的固有问题，在高温和高压下更为明显。此外，锰的溶解及其向负极的迁移可严重损害石墨阳极，限制了锂离子电池的循环寿命。

$$2Mn^{3+} \longrightarrow Mn^{2+} + Mn^{4+} \tag{11-7}$$

锰酸锂理论比容量为 $148mA \cdot h \cdot g^{-1}$，0.1C 下在 3～4.3V 的放电区间中的可逆比容量约为 120mA·h·g^{-1}，工作电压为 4.1V，价格较低。能量密度约为 490W·h·kg^{-1}。尽管与层状正极材料、聚阴离子型正极材料相比，LiMn$_2$O$_4$ 的容量和能量密度更小，但锰的价格较低且无毒，并且锰具有更坚固的晶体结构和快速的扩散动力学。在实际使用中通常将其与层状正极混合以降低成本，增加结构和热稳定性，提高倍率性能。

2) 镍锰酸锂

相对于 Li$^+$/Li，高压尖晶石 LiNi$_{0.5}$Mn$_{1.5}$O$_4$ 的工作电压约为 4.7V。镍锰酸锂理论比容量为 147mA·h·g^{-1}，0.1C 下在 3.5～4.9V 的放电区间可逆比容量约为 125mA·h·g^{-1}，工作电压为 4.7V，价格较低。能量密度约为 590W·h·kg^{-1}。高压尖晶石型镍锰酸锂分子式为 LiNi$_{0.5}$Mn$_{1.5}$O$_4$（记为 LNMO）。其晶体由边缘共享的 MO$_6$ 八面体（M 为 Mn 或 Ni）组成。煅烧镍锰酸锂的前驱体可以得到结晶的镍锰酸锂。该材料的晶体结构对温度敏感。当煅烧温

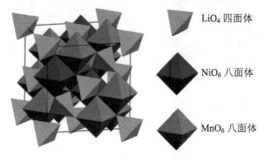

图 11-9　有序镍锰酸锂晶格结构示意图[6]

度在 700℃左右时，Mn^{4+} 和 Ni^{2+} 具有良好的阳离子有序性，形成具有高度有序的 P4332 结构的立方相 LNMO。在 P4332 结构中，Li$^+$ 位于 8a 位点，O^{2-} 位于 24e 和 8c 位点。Mn 和 Ni 分别位于八面体的 12d 和 4b 体位置（图 11-9）。煅烧温度为 800℃时，LNMO 的结构变得无序，具有面心立方 Fd-3m 结构。Mn^{4+} 和 Ni^{2+} 以随机分布的方式占据 16d 位置，Li$^+$ 位于四面体 8a 位点，O^{2-} 占据 32e 位置。

无序 Fd-3m 结构的电化学行为如图 11-10（a）所示。在约 4.0 V 处有一个小的放电平台，对应于 Mn^{4+}/Mn^{3+} 氧化还原反应。Ni^{4+}/Ni^{3+} 和 Ni^{3+}/Ni^{2+} 分别在 4.8 V 和 4.6 V 左右产生两个主要的连续放电平台。对于有序的 P4332 结构（图 11-10（b）），没有 Mn^{4+}/Mn^{3+} 对应的反应，Ni^{4+}/Ni^{3+} 和 Ni^{3+}/Ni^{2+} 对的反应在约 4.7V 下合并成一个长而平坦的平台。根据机理研究，当 $x < 0.5$ 时，无序 Li$_x$Ni$_{0.5}$Mn$_{1.5}$O$_4$ 在 Ni$_{0.25}$Mn$_{0.75}$O$_2$（岩盐相）和 Li$_{0.5}$Ni$_{0.5}$Mn$_{1.5}$O$_4$ 之间发生两相反应。当 x 大于 0.5（$0.5 < x < 1$）时，无序 Li$_x$Ni$_{0.5}$Mn$_{1.5}$O$_4$ 发生固溶反应。另外，有序 Li$_x$Ni$_{0.5}$Mn$_{1.5}$O$_4$ 在 $0 < x < 1$ 的范围内发生两相反应。两相反应过程中，原始的晶格结构转化为新相结构，同时伴随着成核、晶粒长大和晶界移动，不利于锂离子的传输。有序结构 LNMO 的电导率通常较低。

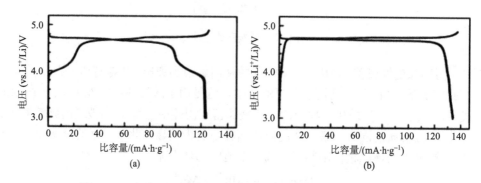

图 11-10　无序结构镍锰酸锂和有序结构镍锰酸锂的充放电曲线[7]

使用高压尖晶石阴极的锂离子电池存在循环寿命短和容量退化快的问题。产生这些问题的原因如下：当锂离子不断在材料内部嵌入/脱嵌时，会在材料内部产生贫锂和富锂区域，从而产生应力集中区域，使材料循环性能降低，甚至颗粒粉碎化；同锰酸锂一样，LNMO 内部也存在 Mn^{3+}，容易发生歧化反应生成 Mn^{4+} 和 Mn^{2+}，导致锰溶出，活性组分减少；在较高的工作电压下，脱锂的 LNMO 将催化加速电解液分解，在表面产生界面层，导致电解液减少及阻抗增加，材料性能下降。

3. 磷酸铁锂正极材料

$LiFePO_4$ 属于橄榄石家族，在 Pnma 空间群中具有正交晶格结构。晶格参数为 $a = 10.33$Å，$b = 6.01$Å，$c = 4.69$Å，$V = 291.2$Å^3。该结构由角共享的 FeO_6 八面体和平行于 b 轴的共享边的 LiO_6 八面体组成，它们由 PO_4 四面体连接在一起(图 11-11)。在锂离子脱嵌后，在不改变橄榄石框架的情况下得到 $FePO_4$。而 $FePO_4$ 的晶格常数为 $a = 9.81$Å，$b = 5.79$Å，$c = 4.78$Å，$V = 271.5$Å^3，晶格体积减小 6.77%，c 增大 1.9%，a 和 b 分别减小 5% 和 3.7%，体积变化较小。

$LiFePO_4$ 已被选为电动汽车应用的主要电池材料之一。与其他正极材料相比，$LiFePO_4$ 的主要优点是电压平坦，充放电平台在 3.45V 左右(图 11-12)，材料成本低，材料供应丰富，环境兼容性好。$LiFePO_4$ 的缺点包括理论容量相对较低，密度低，电子导电性差，离子扩散率低。磷酸铁锂理论比容量为 170mA·h·g^{-1}，在 0.1C 放电倍率、2.5～4.2V 的放电区间的情况实际放电比容量大概为 160mA·h·g^{-1}，工作电压为 3.8V，价格低廉。能量密度约为 510W·h·kg^{-1}。

图 11-11　磷酸铁锂晶体结构[8]

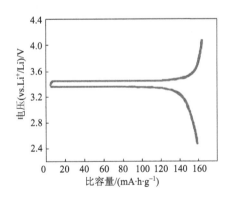

图 11-12　0.5C 倍率下磷酸铁锂/碳充放电曲线

由于氧原子与 Fe 和 P 原子紧密结合，$LiFePO_4$ 的结构在高温下比 $LiCoO_2$ 等层状氧化物更稳定。$LiFePO_4$ 在 400℃时稳定，而 $LiCoO_2$ 在 250℃时开始分解。高晶格稳定性使得 $LiFePO_4$ 具有良好的循环性能和操作安全性。然而，强共价键也导致离子扩散率低和电子导电性差，使电极材料的倍率性能较差。通常将其与碳进行复合来实际应用。

当在铁酸锂中插入锂离子时，颗粒表面的锂通过固体晶格输运到内部，类似于插层电极中的过程。当少量锂插层到晶格中后，进一步的插入导致相分离，形成一个新的富锂相，由于锂化反应发生在颗粒表面，靠近其表面的区域将具有更高的锂浓度，因此新的相将作为一层壳沿外周形成。这层富锂层覆盖着一个贫锂层的核心。随着电极的进一步放电，更多的锂被插入晶格中，这些锂通过壳层区域输运到贫锂核心。然后在相界面处进一步发生相分离，导致贫锂核心收缩，富锂壳层减少。随着放电的继续，核心完全消耗，整个颗粒现在由单一的富锂相构成。进一步放电导致锂完全插入晶格中，并将颗粒转化为完全锂化的形式。

11.2.2 锂离子电池负极材料

1. 石墨负极

石墨具有成本相对较低、丰度高、能量密度高、功率密度高、循环寿命长等优势，是当下应用最广泛的负极材料。石墨是由 sp^2 杂化石墨烯层组成的，层间距离为 3.35Å，锂离子插入后，层间距离会增加约 10%。石墨烯层之间由弱范德瓦耳斯力连接。这种层间的弱相互作用使得离子很容易嵌入石墨中。石墨烯的堆积方式主要有三种，分别为 AA、AB、ABC 堆积，不同的堆积方式导致不同的能带情况与电子、空穴密度，进而导致不同的性质。

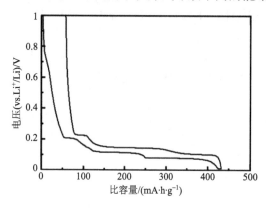

图 11-13　石墨首圈充放电曲线

在实际的石墨产品中，这三种堆叠方式皆存在。当锂离子在层间插入时，堆叠方式会发生变化。石墨主要有两种晶体结构：一种是六方相（$a=b=0.2461\text{nm}$，$c=0.6708\text{nm}$，$\alpha=\beta=90°$，$\gamma=120°$，P63/mmc 空间群）；另一种是菱方相（$a=b=c$，$\alpha=\beta=\gamma\neq90°$，R-3m 空间群）。在石墨晶体中，这两种结构皆存在，不同石墨材料中，二者的比例有所差异。当 LiC_6 形成时，石墨的理论比容量为 372mA·h·g^{-1}。工作电位低且平坦，为 $0.1\sim0.2\text{V}$（vs. Li/Li$^+$）（图 11-13）[9]。

当在石墨中嵌入锂离子时，石墨会发生如图 11-14 所示的转变。首先进行层间的随机嵌入形成固溶体（阶段 1L，L 代表锂离子在层间的随机分布）。随后，从阶段 1L 到阶段 2 发生一阶相变，随着放电电压下降过渡到阶段 3，再发生阶段 3 到阶段 4L 的转变。此过程的机制目前尚不明晰。从阶段 4L 开始，每层插层中的锂离子逐渐增多，有序性增强，石墨结构最后演变为阶段 1 所示的结构，形成 LiC_6。

2. 硅负极

Si 被认为是锂离子电池最具吸引力的负极材料之一，因其具有高质量比容量（4200mA·h·g^{-1}）和高体积比容量（2400mA·h·cm^{-3}），且储量丰富、廉价、环保。当放电时，锂离子嵌入硅负极中，发生式（11-8）~式（11-10）所示的电化学反应。在首次放电过程中，会在 0.1V 左右出现代表两相反应的平台区域（图 11-15）。在平台区，晶体 Si 在第一次锂化过程中变成非晶态锂硅合金，高度锂化的非晶态 Li_xSi 在 60mV（vs. Li/Li$^+$）左右形成 $Li_{15}Si_4$。当充电时，锂离子从 $Li_{15}Si_4$ 中脱嵌，出现另一个两相反应的平台。最终产物为无定型的硅和部分未转换完全的 $Li_{15}Si_4$。若要避免 $Li_{15}Si_4$ 的生成，充放电电压区间可设置为大于 70mV。在第二次充放电循环中，当锂离子与非晶硅发生反应时，两相区消失，出现倾斜的电压平台，为单相区。

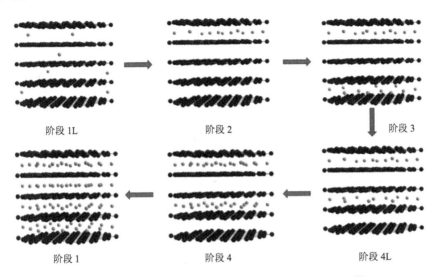

阶段 1L　　　　　阶段 2　　　　　阶段 3

阶段 1　　　　　阶段 4　　　　　阶段 4L

图 11-14　在石墨中插入锂离子后石墨结构变化示意图[9]

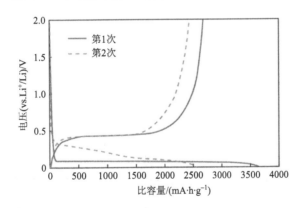

图 11-15　硅在不同循环次数的充放电曲线[10]

$$放电：Si(结晶态) + xLi^+ + xe^- \longrightarrow Li_xSi(非晶态) \tag{11-8}$$

$$Li_xSi(非晶态) + (3.75-x)Li^+ + (3.75-x)e^- \longrightarrow Li_{15}Si_4(结晶态) \tag{11-9}$$

$$充电：Li_{15}Si_4(结晶态) \longrightarrow Si(非晶态) + yLi^+ + ye^- + Li_{15}Si_4(结晶态) \tag{11-10}$$

由于充放电过程中硅体积变化很大（≈280%），Si 的循环稳定性很差。巨大的体积变化导致内部巨大的应力变化，进而导致材料粉化，颗粒粉碎，硅颗粒与电极导电网络之间失去电子接触，甚至从集流体脱落。此外，固体电解质界面膜在硅体积膨胀和收缩过程中不断破损、重组，同时伴随电解质和活性锂的不可逆消耗，导致极低的库仑效率。

11.3　锂离子电池的发展现状

经过多年发展，锂离子电池技术有了长足进步，更成为当今研究热点之一。当下，对锂离子电池的研究主要从以下几个方面进行。

11.3.1   掺杂

元素掺杂即将异种元素掺杂进电极材料中。通过掺杂，可以调整材料的理化性质。例如，半导体带隙、离子位置、电荷分布和晶格参数等。在电极材料中掺入各种元素更是可以调控电极材料的电动势、晶体结构、氧化还原电位、电导率等与电化学性能息息相关的变量，进而改善电化学性能。

掺杂是电极材料常用的改性手段。科学家从掺杂元素、掺杂含量、掺杂位置等方面提出了多种掺杂策略并取得良好效果。例如，在钴酸锂中掺杂特定元素可以抑制相变产生，稳定层状结构，抑制 O 的氧化还原反应，提高工作电压；增大层间距，利于 Li^+ 扩散，进而提升材料的倍率性能。Mg、Al、Ti、F、B、Si、Mn、Ni 等多种元素都曾被研究用来掺杂钴酸锂。例如，2019 年，中国科学院物理研究所的禹习谦、李泓研究团队对钴酸锂进行了微量的 Ti-Mg-Al 共掺杂（图 11-16）[11]。多元素掺杂抑制了相变的产生，改变粒子的微观结构，并在高电压下稳定表面氧，使材料具有 174mA·h·g^{-1} 的高比容量。此外，共掺杂协同提高了 $LiCoO_2$ 在 4.6V 处的循环稳定性，0.5 C 下循环 100 圈后仍保持有 86%的容量。

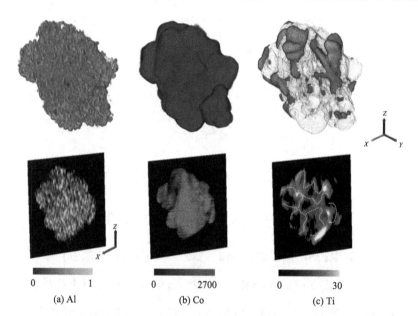

图 11-16   元素的三维空间分布图及在粒子中心的虚拟 X–Z 切片上的元素分布[11]

11.3.2   包覆

电极材料表面比内部反应活性高，对电极材料性能具有重要影响。一方面，在充放电过程中，电极材料-电解质界面会发生不同类型的有害反应。例如，电解液（如 $LiPF_6$）在循环过程中分解产生 HF，腐蚀电极材料，使电极材料性能下降。另一方面，相变、副反应、析氧等对电极材料不利的情况通常从电极材料表面开始发生，向电极材料内部扩展。此外，正极材料中过渡金属离子在高度脱锂状态下具有高活性，容易引发与电解液的氧化还原反应,不仅消耗电解液,还会造成氧气释放和热失控,并且使表面结构衰退,对电极材料产生不利影响。

　　包覆是科学家发明的用来解决表面问题的有效手段,即在电极材料表面包覆另一种物质。近年来,科学家在各种电极材料表面构筑了多种包覆层,包括氧化锆、氧化铝、氧化镁等惰性包覆层,磷酸锂、钛酸锂、聚苯胺等有利于传质的包覆层和氧化钴、氧化锰、氧化铁等具有电化学活性的包覆层。例如,中国科学院化学研究所的曹安民、万立骏研究员团队通过控制沉积物生长动力学过程,在钴酸锂表面构筑了均匀的氧化铝包覆层,大幅提高了钴酸锂的循环稳定性(图 11-17)[12]。总的来说,这些包覆层所起作用如下。

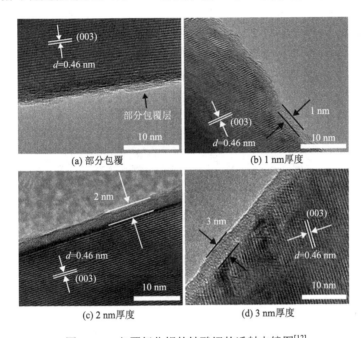

图 11-17　包覆氧化铝的钴酸锂的透射电镜图[12]

　　减小应力:在锂离子电池的正极材料中,包覆层可以有效减小电极材料在充放电循环过程中的应力。循环过程中电极材料的膨胀和收缩可能导致材料疲劳和破裂,而包覆层的存在可以缓解这些应力,有助于延长电极材料的使用寿命。

　　增加液体电解质的润湿性:包覆层可以提高正极材料与电解质之间的润湿性,使电解质更好地渗透和扩散到电极材料的内部结构。这有助于提高电池的离子传导性能,从而增强电池的性能和快速充放电能力。

　　降低界面电荷转移阻力:包覆层可以改善电极材料与电解质之间的界面特性,减少电荷转移的阻力,提高倍率性能。通过降低电荷传输的阻抗,电池的能量转化效率可以得到提高。

　　减少副反应:电极材料在循环过程中可能会与电解质发生副反应,导致电池容量的损失和循环寿命的降低。包覆层的存在可以有效地隔离电极材料与电解质之间的直接接触,减少副反应的发生,从而维持电池的长循环寿命。

11.3.3　形貌调控

电极材料的形貌指的是其微观结构特征，包括颗粒形状、尺寸、表面形态等。这些微观结构决定了电极材料的导电性、离子传输性、表面积和电化学活性，从而直接影响电池的性能。例如，与纳米级电极材料相比，微米级的电极材料通常具有更高的振实密度，在实际应用时能够实现更高的体积比容量。而纳米材料具有较短的离子扩散路径，具有更优异的动力学性能，倍率性能更好。纳米结构能够缓冲体积变化过程中的应力，有效地避免自身结构的坍塌。然而，纳米尺寸的电极材料比表面积大，与电解液的副反应更严重。

优化电极材料的尺寸分布可提升其电化学性能。例如，中国科学院化学研究所的郭玉国研究员团队受西瓜启发设计了具有优异尺寸的 Si/C 负极材料(图 11-18)。Si/C 微球的大小为 3～35μm，具有较广的尺寸分布。这比单一尺寸的微球更有利于提高微球的填充密度，有利于制备高质量负载的致密电极。不同大小的微球可以紧密堆积，提高空间利用效率。Si/C 微球具有 0.88g/cm^3 的高压实密度，具有 2.54mA·h/cm^2 的高比容量[13]。总体来说，形貌对电极材料的性能有如下几个重要影响。

(a) 普通分布的硅碳材料示意图

(b) 优化尺寸分布的硅碳材料示意图

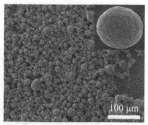

100 μm

(c) 优化尺寸分布的硅碳材料形貌

图 11-18　不同尺寸分布的硅碳负极材料[13]

电子和离子传导：电极材料的形貌直接影响电子和离子在电极内部的传导效率。如果电极材料具有较大的比表面积和开放的孔隙结构，将有利于电子和离子的快速传输，从而提高电极的导电性和离子传输性能。

反应活性：较大的比表面积可以提供更多的活性位点，有利于电化学反应的进行，同时也会增加副反应。

结构稳定性：如果电极材料存在较大的微观缺陷或不稳定的结构，循环过程中可能会导致电极材料的损伤、脱落或剥离，影响电池的循环寿命；一些特殊结构，如空心结构、Yolk-shell 结构可以缓冲电极材料的体积形变，提高电化学性能。

界面特性：电极材料的形貌也会影响电极与电解质之间的界面特性。不同形状和结构的电极材料会导致不同的界面形态和电化学反应，可能影响电极-电解质界面的稳定性和反应动力学。

11.3.4　制备方法

电极材料的制备方法对电极材料的结晶性能、批次一致性、粒径分布、电化学性能具有重要影响。自锂离子电池电极材料出现以来，科学家便不断进行制备方法的探索，溶胶-

凝胶法、球磨法、共沉淀法、高温固相法、气相沉积法、水热法等。下面介绍三种常用的制备方法。

溶胶-凝胶法：在液相中将反应物前驱体混合均匀，并经化学反应或蒸发等物理手段形成溶胶，再将溶胶转化为凝胶并烧结，获得电极材料。该方法操作简单、所得产物元素分布均匀、产物尺寸小、反应过程容易控制。但该方法具有过程中体积变化较大、合成周期长、溶剂在工业场景中难以去除等缺点，通常在实验室中应用。

球磨法：将原材料置于球磨罐中，通过旋转的球磨珠对前驱体进行破碎、混合，再经后处理获得产品。机械球磨是一种低成本、可扩展、高效的材料制备技术，可以显著细化粒度，均匀混料，提高粉末活性，增强颗粒分布均匀性且可以选择液相或固相操作，具有诸多优势。它也存在一定缺陷，如设备噪声问题、粉尘问题、工作能耗高、球磨珠对材料的污染。

共沉淀法：将两种或多种阳离子置于溶液中，加入沉淀剂，发生沉淀反应，获得前驱体，经煅烧等后处理方法获得产品。该方法成本低，可连续生产，通过控制实验条件和反应参数，可以实现对颗粒尺寸、形貌、理化性质的控制，产率较高、所制得的产物粒度小、颗粒均匀、振实密度高，是工厂和实验室中合成电极材料的常用方法。该方法也存在一定缺陷，例如，容易产生杂质，部分沉淀剂价格昂贵，材料易于团聚等问题。

随着材料科学的进步，新的材料制备方法也在不断发展。例如，天津大学的陈亚楠、胡文彬、许运华团队发明了一种利用高温热冲击技术制备电极材料的新方法(图 11-19)。通过快速升温使前驱体反应，在数秒时间内合成数种正极材料(如 $LiMn_2O_4$、$LiCoO_2$、$LiFePO_4$、富锂层状氧化物等)[14]。该方法反应动力学快，避免了高能量和长时间的消耗，合成的产品相纯、粒径小、电化学性能好。例如，使用高温热冲击技术合成的钴酸锂正极材料在 1C 倍率下循环 300 圈后仍保持了 84.6%的容量。与传统的合成方法加热速度慢、反应过程复杂、反应动力学迟缓、能耗高、耗时长的特点相比，高温热冲击技术在合成电极材料上具有广阔前景。

图 11-19　高温热冲击技术合成正极材料示意图[14]

11.4　锂离子电池的技术指标及未来发展线路图

锂离子电池经过多年发展，已经初步建立了较完整的体系。下面是评价锂离子电池的常用技术指标。

开路电压：电池没有任何负载时正负极两端的电压。

工作电压：电池有负载时正负极两端的电压。由于有负载时有极化电阻和欧姆电阻存在，电池的工作电压小于开路电压。

容量：电池在一定充放电条件下所释放的容量。单位通常为 $mA \cdot h$ 或 $A \cdot h$。

比容量：单位质量或单位体积的电极材料在一定充放电条件下所释放的容量。单位通常为 $mA \cdot h \cdot g^{-1}$ 或 $A \cdot h \cdot L^{-1}$。

能量：电池在一定充放电条件下对外做功所输出的电能。单位是 $W \cdot h$。计算公式为能量=电池容量×电压。

能量密度：单位体积或单位质量的电池对外做功所输出的能量。单位是 $W \cdot h \cdot kg^{-1}$ 或 $W \cdot h \cdot L^{-1}$。

功率：电池在一定充放电条件下单位时间内输出的能量。单位是 W。计算公式为：功率=电池容量×电压/放电时间。

功率密度：单位体积或单位质量的电池在单位时间内对外做功所输出的能量。单位是 $W \cdot kg^{-1}$ 或 $W \cdot L^{-1}$。

倍率性能：电池在高倍率下能释放出的容量或能量。充放电倍率指电池在规定时间内放出额定容量所需要的电流值。倍率通常用字母 C 表示。倍率为 1C，表示在 1h 内放完额定容量。例如，钴酸锂的理论比容量为 $274mA \cdot h \cdot g^{-1}$，以 1C 的倍率充放电，则充放电电流为 $274mA \cdot g^{-1}$。

库仑效率：电池的放电容量与充电容量的比值。库仑效率越高，电能和化学能之间的转化效率越高，充电的能量就越被有效利用，电池的寿命一般也会更长久。

循环寿命：指在某一充放电程序下，电池能量下降到某一规定的值时所经历的充放电次数。

对于锂离子电池未来的发展，我国对锂离子设定了具体的指标。《中国制造 2025》要求 2020 年，电池能量密度达到 $300W \cdot h \cdot kg^{-1}$；2025 年，电池能量密度达到 $400W \cdot h \cdot kg^{-1}$；2030 年，电池能量密度达到 $500W \cdot h \cdot kg^{-1}$。《汽车产业中长期发展规划》对锂离子电池目标的设定为 2025 年，电池系统能量密度达到 $350W \cdot h \cdot kg^{-1}$。要实现如此高的能量密度，业界普遍有两种思路：一种是采用能量密度更高的电极材料，即正极用高镍三元正极材料，负极采用硅碳材料；另一种是发展固态电池。固态电池即采用固态电解质的锂离子电池。固态电解质是能快速传导锂离子的固体，可以代替锂离子电池中的电解液和隔膜。使用固态电解质可大幅度减小固态电池的质量，同时直接使用金属锂来做负极，进一步减轻负极材料的用量，提升整个电池的能量密度。众多科学家和机构为锂离子电池设计了发展路线图（图 11-20），从目前来看，大家的共识基本为：锂离子电池下一步的发展方向是采用能量密度更高的电极材料(高镍三元正极材料、硅碳负极材料)，再进一步发展则是电池体系的创新，将现有的液态电解质发展为半固态电解质乃至固态电解质，同时使用能量密度更高的富锂锰基正极材料和锂金属负极。

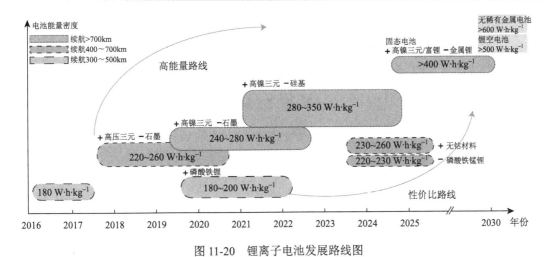

图 11-20　锂离子电池发展路线图

本 章 小 结

本章首先对锂离子电池的基本原理进行了全面介绍，回顾了锂离子电池从早期研究到商业化应用的发展历程，解释了锂离子电池中的部分关键术语和概念，为读者提供了必要的知识背景。接着讨论了锂离子电池的关键材料，包括不同类型的正极材料及其对电池性能的影响、负极材料的特性以及它们在电池充放电过程中的作用。随后评估了当前锂离子电池技术的发展状况，讨论了通过掺杂、包覆、形貌调控来改善电极材料电化学性能的方法，概述了锂离子电池材料的制备方法，包括传统和现代技术。最后展望了锂离子电池的性能指标和未来的发展方向。这一部分强调了能量密度、功率密度、循环寿命等关键技术指标。同时，展示了锂离子电池技术未来发展的线路图。

通过本章的学习，我们对锂离子电池的基础知识、关键材料、当前技术进展以及未来发展趋势有了深入的理解。锂离子电池作为当前最主流的便携式能源存储技术，其不断优化和创新对于满足日益增长的能源需求至关重要。面对挑战，持续的研究和开发将推动锂离子电池技术向更高效、更安全、更环保的方向发展。

习　　题

1. 请阐述锂离子电池的优势及劣势。

2. 请计算磷酸铁锂正极材料的理论比容量。

3. 请分析以钴酸锂为正极的锂离子电池与以磷酸铁锂为正极的锂离子电池的特性和适用场景。

4. 分析温度对锂离子电池性能的影响，并给出改善锂离子电池在极端环境条件下的性能表现的可能方案。

5. 包覆是提升电极材料电化学性能的常用手段，对材料进行包覆操作，一定会提升材料性能吗？请思考影响包覆后电极材料性能的关键因素有哪些？

6. 请阐述 SEI 膜对锂离子电池电化学性能的影响。如果你需要研究 SEI 膜，请列举出至少三种可能用到的表征手段。

7. 请思考何种正极材料、何种负极材料将在未来占据市场主导地位，并阐明原因。

8. 倍率性能是电极材料的重要指标。请思考如何提升电极材料的倍率性能。

9. 请阐述钴酸锂正极材料在电化学循环过程中可能出现的问题，并列举出一些解决问题的手段。

10. 请查阅资料，思考未来锂离子电池的技术路线。

参 考 文 献

[1] PELED E, MENKIN S. SEI: past, present and future[J]. Journal of the electrochemical society, 2017, 164(7): A1703.

[2] OUMELLAL Y, ROUGIER A, NAZRI G A, et al. Metal hydrides for lithium-ion batteries[J]. Nature materials, 2008, 7(11): 916-921.

[3] XU N, ZHOU H B, LIAO Y H, et al. A facile strategy to improve the cycle stability of 4.45V $LiCoO_2$ cathode in gel electrolyte system via succinonitrile additive under elevated temperature[J]. Solid state ionics, 2019, 341: 115049.

[4] CHEN Z H, DAHN J R. Methods to obtain excellent capacity retention in $LiCoO_2$ cycled to 4.5V[J]. Electrochimica acta, 2004, 49(7): 1079-1090.

[5] HOUSE R A, BRUCE P G. Lightning fast conduction[J]. Nature energy, 2020, 5(3): 191-192.

[6] MANTHIRAM A, CHEMELEWSKI K, LEE E S. A perspective on the high-voltage $LiMn_{1.5}Ni_{0.5}O_4$ spinel cathode for lithium-ion batteries[J]. Energy & environmental science, 2014, 7(4): 1339-1350.

[7] MUKAI K, SUGIYAMA J. An indicator to identify the $Li[Ni_{1/2}Mn_{3/2}]O_4$ (P4332): dc-susceptibility measurements[J]. Journal of the electrochemical society, 2010, 157(6): A672.

[8] GOODENOUGH J B, KIM Y. Challenges for rechargeable Li batteries[J]. Chemistry of materials, 2010, 22(3): 587-603.

[9] ZHANG H, YANG Y, REN D S, et al. Graphite as anode materials: fundamental mechanism, recent progress and advances[J]. Energy storage materials, 2021, 36: 147-170.

[10] MA D L, CAO Z Y, HU A M. Si-based anode materials for Li-ion batteries: a mini review[J]. Nano-micro letters, 2014, 6(4): 347-358.

[11] ZHANG J N, LI Q H, OUYANG C Y, et al. Trace doping of multiple elements enables stable battery cycling of $LiCoO_2$ at 4.6 V[J]. Nature energy, 2019, 4(7): 594-603.

[12] ZHANG W, CHI Z X, MAO W X, et al. One-nanometer-precision control of Al_2O_3 nanoshells through a solution-based synthesis route[J]. Angewandte chemie, 2014, 53(47): 12776-12780.

[13] XU Q, LI J Y, SUN J K, et al. Watermelon-inspired Si/C microspheres with hierarchical buffer structures for densely compacted lithium‐ion battery anodes[J]. Advanced energy materials, 2017, 7(3): 1601481.

[14] ZHU W, ZHANG J C, LUO J W, et al. Ultrafast non-equilibrium synthesis of cathode materials for Li-ion batteries[J]. Advanced materials, 2023, 35(2): e2208974.

第12章

其他电池储能

电池储能技术共有上百种，根据其技术特点，有不同的适用场合。其中，锂离子电池一经问世，就以其高能量密度的优势席卷了整个消费类电子市场，并迅速进入交通领域，成为支撑新能源汽车发展的支柱技术。但锂等原材料的价格不断上涨，且高度依赖进口，在不远的将来可能受到限制。与此同时，全钒液流电池技术经过多年的实践积累，正以其突出的安全性能和成本优势，在大规模固定式储能领域快速拓展应用，近年来，我国实施了近 30 项全钒液流电池应用示范工程，并且正在进行数个百 MW·h 级项目的建设。在国内外率先拉开了全钒液流电池产业化和商业化的大规模应用序幕。其他各类电池储能技术，如钠离子电池、锌基液流电池等新兴电化学储能技术也不断涌现，并以越来越快的速度实现从基础研究到工程应用的跨越。此外，金属空气电池的能量密度可达锂离子电池的 3~4 倍，而且可以使用水溶液作为电解液，不会燃烧或爆炸，更为安全。由于性能卓越，未来金属空气电池有望成为大规模应用的储能设备，多个国家都在积极推进这项研究。2015 年 4 月，美国纽约 EOS 储能公司发布了一款锌-空气电池，可以实现高达 2700 次充放电循环而性能没有衰减。

目前，电池储能技术水平不断提高、市场模式日渐成熟、应用规模快速扩大，以电池储能技术为支撑的能源革命时代已经悄然到来。本章主要介绍的电池储能体系包括钠离子电池、液流电池、金属空气电池和镍氢电池技术。

12.1 钠离子电池技术

12.1.1 钠离子电池技术简介

从 1799 年伏特制成第一个电池——"伏特电堆"开始，电池储能技术在不断发展进步，并在人们的生产生活中发挥着重要作用。20 世纪以后，锂离子电池成为最主要的可充电电池，其具有高能量密度、较长的循环寿命和低自放电率等优点。然而，随着能源需求的增加和技术进步，对新型电池技术的需求也日益增加。在长达两百多年的电池发展历史中，也涌现出了许多值得研究的电池技术。在本章，将要学习具有代表性的其他电池储能技术。

钠是地球上含量第四丰富的元素，海洋也可以提供近乎无限的钠。因此，钠离子电池成本较低。例如，钠离子电池的重要原料碳酸钠价格常年在 3000 元/吨左右浮动，而锂离子电池的重要原料碳酸锂价格最高超过 60 万元/吨。这使得钠离子电池变得极具吸引力。钠离子电池技术最初是在 20 世纪 70 年代进行研究的，但由于锂离子电池的开发和商业应用的快速进展，钠离子电池在很大程度上被放弃了。如今随着日益增大的储能市场对低成本储能技术的需求，钠离子电池又重新回到人们的视野。

钠离子电池是一种新型的可充电电池技术，其工作原理类似于传统的锂离子电池，但是使用的是钠离子(Na^+)而不是锂离子(Li^+)。Na^+(1.02 Å)离子半径比 Li^+(0.76 Å)大，这影响了相稳定性、离子传输动力学性质。钠也比锂重(23 $g \cdot mol^{-1}$ 比 6.9 $g \cdot mol^{-1}$)，并且具有更高的标准电极电位(锂的标准电极电位为-3.02V，钠的标准电极电位为-2.71V)，这导致钠离子电池的能量密度低于锂离子电池。

钠离子电池与锂离子电池一样，都由正极、负极、电解质(电解液)、隔膜等组分构成。钠离子电池正极材料可分为氧化物正极材料、聚阴离子型正极材料、普鲁士蓝正极材料等。负极材料主要为碳基材料。电解液由钠盐溶解在有机溶剂中，钠盐主要包括 $NaPF_6$、$NaBF_4$、$NaFSI$、$NaTFSI$、$NaClO_4$ 等，有机溶剂主要包括酯类溶剂和醚类溶剂，如乙二醇二甲醚、二氧戊环、碳酸丙烯酯、碳酸乙烯酯和碳酸二乙酯。为改善性能，通常会往溶剂中添加各种添加剂，如成膜添加剂、阻燃添加剂等。隔膜主要为聚合物高分子隔膜、玻璃纤维隔膜等。

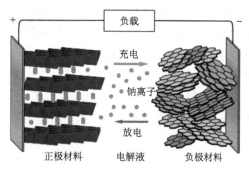

图 12-1 钠离子电池工作原理示意图

与锂离子电池一样，钠离子电池也是"摇椅电池"(图 12-1)。在充电开始时，钠离子电池的正极会释放钠离子，这些离子会在电解质中移动，穿过电解质到达负极并进行嵌入。放电过程与充电过程相反，钠离子从负极脱嵌，同时负极释放电子，钠离子嵌入正极，同时电子从外部电路流入正极，形成闭合回路。

钠离子电池的组装与第 11 章讲解的锂离子电池组装工序基本相同。值得注意的是，由于没有合金化反应，铝可以作为钠离子电池负极的集流体。

12.1.2 钠离子电池电极材料

1. 正极材料

1) 层状氧化物正极材料

钠基层状氧化物正极材料由一层共边的 MO_6(M 代表金属元素)八面体构成。当 MO_6 八面体按不同方式堆叠时，会出现不同的结构。通常可以分为两大类：O3 型和 P2 型(图 12-2)。O3 型的钠离子位于 O 原子组成的八面体的中心位点，P2 型的钠离子位于 O 原子组成的三棱柱的中心位点。

O3 型 $NaMO_2$ 电极材料中，其骨架由立方密堆积的氧原子组成，共享边的 NaO_6 和 MO_6 八面体依次交替排列在垂直于[111]的方向上，共有三种不同的 MO_2 层(AB、CA、BC)，钠离子位于 MO_2 层层间的八面体位点上。这种结构具有 R-3m 空间点群。P2 型的材料通常可以表示为 Na_xMO_2，共享边的 NaO_6 和 MO_6 八面体依次交替排列，其具有两种 MO_6 层(AB 型和 BC 型)，钠离子位于氧原子组成的三棱柱中心位点上。P2 型结构的材料通常具有 $P6_3/mmc$ 的空间点群。当 O3 型和 P2 型的晶格发生畸变时，则将其记为 O3′型和 P2′型电极材料。

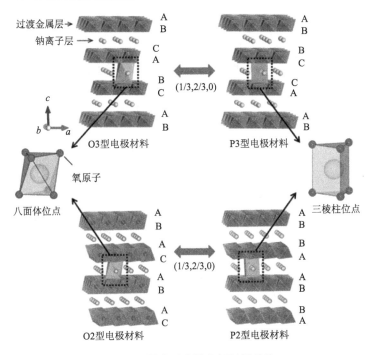

过渡金属层→

钠离子层→

氧原子

八面体位点

三棱柱位点

O3型电极材料

P3型电极材料

O2型电极材料

P2型电极材料

图 12-2 钠离子电池电极材料结构

从 O3 型和 P2 型电极材料中抽取钠通常会引起相变。O3 型电极材料的钠离子最初稳定在与 MO_6 八面体共边的八面体位置。当部分钠离子从 O3 型电极材料提取出来时，在不破坏 M—O 键的情况下，MO_2 层进行滑动，在层间形成三棱柱结构，三棱柱位点上的钠离子更稳定。由此，氧原子的排布由 "AB CA BC" 变为 "AB BC CA"，O3 型电极材料转变为 P3 型电极材料；P2 型电极材料中，MO_2 层间的三棱柱结构依靠体积较大的钠离子支撑。当部分钠离子脱出后，MO_2 层进行滑动，在层间形成八面体结构，变成 O2 相。O2 相中，氧依然是密堆积形式，有 "ABA" 和 "ACA" 两种类型的堆叠方式。下面来看一下实际的 O3 型与 P2 型的电极材料。

$\alpha\text{-}NaFeO_2$ 是一种典型的 O3 型层状结构，其电化学曲线如图 12-3 所示。虽然充电容量（对应于从晶格中提取的钠离子的数量）随截止电压的增加而增加，但当充电超过 3.5V 时，可逆容量明显减少，这是由于在 3.5V 以上，材料会发生不可逆的相变。具体而言，当钠离子离开 FeO_6 八面体后，会在相应位置产生空位，铁离子会迁移到该空位上，造成材料性能的不可逆损失。在 3.4V 的截止电压下，材料的可逆性较好。可逆容量达到 $80mA\cdot h\cdot g^{-1}$，表明大约 0.3mol 的 Na 可从 $NaFeO_2$ 中逆脱嵌。可逆容量小是 $NaFeO_2$ 的一大缺点，此外，当 $NaFeO_2$ 与水接触时，发生 Na^+/H^+ 离子交换，$NaFeO_2$ 转化为 FeOOH 和 NaOH，材料的空气稳定性较差。

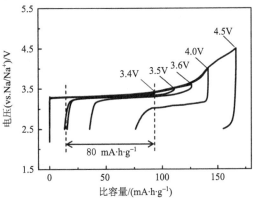

图 12-3 O3 型 $\alpha\text{-}NaFeO_2$ 充放电曲线

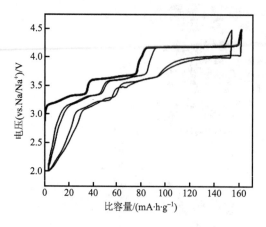

图 12-4　P2 型电极材料充放电曲线

这种 Na^+/H^+ 离子交换通常在 O3 型 $NaMO_2$ 中观察到。

$P2\text{-}Na_{2/3}[Ni_{1/3}Mn_{2/3}]O_2$ 是典型的 P2 型钠离子电池电极材料。这种化合物在潮湿的空气中是稳定的，不会与水分子发生离子交换。其理论容量为 $173mA \cdot h \cdot g^{-1}$，平均工作电压为 3.5V，电化学循环过程中(图 12-4)，+2 价的 Ni 可以被氧化至+4 价，在 2～4.5 V 电压范围内容量约为 $160mA \cdot h \cdot g^{-1}$。在充放电过程中，材料会发生可逆的 P2-O2 相变，即充电时电压在 4V 以上，放电时电压在 3.8V 左右的平台。随着钠离子的脱出，对于 $Na_x[Ni_{1/3}Mn_{2/3}]O_2$ 而言，当 $1/3<x<2/3$ 时，材料为 P2 相；当 $x \approx 1/3$ 时，材料内部出现 O2 相。随着钠离子的逐渐脱嵌，最终得到 O2 相结构的 $[Ni_{1/3}Mn_{2/3}]O_2$。$Na_{2/3}Ni_{1/3}Mn_{2/3}O_2$ 是一种经典的钠离子电池正极材料，几乎不存在电压迟滞，首次效率也很高，特定充放电区间的动力学性能十分优异。然而，该材料也面临一系列问题：一是 P2 到 O2 的相变体积变化较大，并伴随着不可逆的氧释放，导致电池容量和电压迅速衰减；二是 4.0V 以下发生的过渡金属重排，不利于钠离子扩散，使材料在大电流密度下的倍率性能不理想。科学家通常通过元素掺杂提高材料性能，例如，$Na_{0.67}[Ni_{0.2}Mg_{0.1}Mn_{0.7}]O_2$、$Na_{0.7}[Mn_{0.6}Ni_{0.3}Co_{0.1}]O_2$、$Na_{0.67}[Mn_{0.65}Fe_{0.2}Ni_{0.15}]O_2$ 等材料相继被开发出来，并在电化学性能及稳定性上取得了一定进步。

2) 聚阴离子型正极材料

聚阴离子型材料($Na_xM_y(XO_4)_n$，M 指代金属，X 指代 P、F 等电负性较强的元素)具有结构稳定、安全性高的特点，是研究最广泛的钠离子电池正极材料之一。它拥有一系列的四面体单元($(XO_4)^{n-}$)及其衍生单元($(X_mO_{3m+1})^{n-}$)。在这些单元中存在强共价键(如 P—O 共价键)。受益于共价键，聚阴离子型电极材料具有很多优势。首先，它具有很高的热稳定性。例如，层状氧化物材料在温度高于 200℃时会发生析氧，而聚阴离子型电极材料中的共价键抑制了氧析出。其次，聚阴离子型电极材料的工作电压普遍比层状氧化物高。这是由于它分子中存在 M—O—X 的键合作用，削弱了 M—O 之间的共价键。聚阴离子型电极材料的显著缺点是电导率低。在其结构中，MO_6 单元不共享氧原子，$(XO_4)^{n-}$ 四面体共享氧原子，导致电子传输不按照 M—O—M 的方式进行，而是按 M—O—X—O—M 的动力学缓慢的模式进行，进而导致聚阴离子电极材料电导率低。

下面以 $NaFePO_4$ 材料为例，对聚阴离子型材料进行具体阐述。$NaFePO_4$ 具有两种不同的相，即橄榄石相和磷铁钠矿相(图 12-5)。这两种相都是由稍微扭曲的 FeO_6 八面体和 PO_4 四面体构成的。在橄榄石相中，角共享的 FeO_6 单元与 PO_4 连接，沿 b 轴形成一维钠迁移隧道。而对于磷铁钠矿相，邻近的 FeO_6 单元是共边的，然后与 PO_4 以共角的方式连接。钠离子是被间隔开的，因此磷铁钠矿相 $NaFePO_4$ 中没有钠扩散通道，不具有电化学活性。磷铁钠矿相在热力学上比橄榄石相更稳定。480℃以下，橄榄石相的磷酸铁钠是稳定的，在 480℃以上，橄榄石相的磷酸铁钠将会转变为磷铁钠矿相。

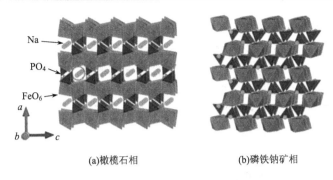

(a)橄榄石相　　　　　(b)磷铁钠矿相

图 12-5　聚阴离子型 NaFePO$_4$ 晶体结构

橄榄石相磷酸铁钠在放电过程中具有两个电压平台(图 12-6)，这是由于其在放电过程中形成中间相。A 点为完全嵌钠的 NaFePO$_4$，C 点为完全脱去钠离子的 FePO$_4$，B 点处为中间相 Na$_{0.7}$FePO$_4$。由于有两个两相反应，故出现两个平台。将其与钠负极组装成电池，磷酸铁钠的工作电压为 2.7V，放电比容量为 125mA·h·g^{-1}，在钠离子电池电极材料中具有较优异的性能。

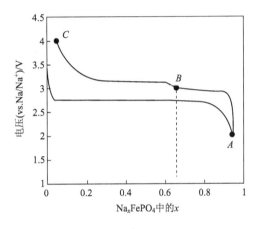

图 12-6　橄榄石相磷酸铁钠充放电曲线

3)普鲁士蓝正极材料

普鲁士蓝(Prussian blue, PB)及其类似物 (Prussian blue analogues, PBA)是一种金属有机框架材料。PBA 的化学式可表示为 A$_x$M$_1$[M$_2$(CN)$_6$]$_y$□$_{1-y}$·zH$_2$O。这里，A 代表单一碱金属或碱土金属，或这些金属的混合物，而 M$_1$ 和 M$_2$ 通常是由 C≡N$^-$ 键结合的过渡金属，M$_1$、M$_2$ 和 C≡N$^-$ 共同形成三维开放结构，使晶体结构内可以容纳 A (图 12-7)。□表示由于 M$_2$(CN)$_6$ 基团的损失以及配位水和间隙水占据而引起的空位。普鲁士蓝具有开放的框架结构、丰富的氧化还原活性位点、结构稳定性强，并可容纳钠离子嵌入/脱嵌，是被广泛研究的一种钠离子电池正极材料。

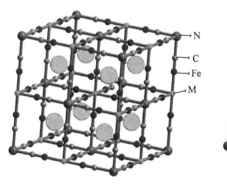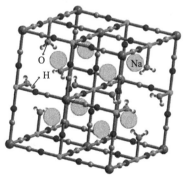

(a) 完整的Na$_2$M[Fe(CN)$_6$]框架，没有结构缺陷　　(b) 缺陷的NaM[Fe(CN)$_6$]$_{0.75}$□$_{0.25}$框架[1]

图 12-7　PBA 框架的晶体结构图

用于钠离子电池正极材料的普鲁士蓝化学式通常为 $Na_xM[Fe(CN)_6]y \cdot zH_2O$，其具有钙钛矿型面心立方结构，通常具有 Fm3m 空间点群。在其结构中，MN_6 八面体与 FeC_6 八面体由氰基桥连，交替排布，形成开放式框架。值得注意的是，其结构中往往会有随机分布的 $Fe(CN)_6$ 空位，这些空位通常会被水分子占据。PBA 化合物含有两种不同的活性位点：$M^{2+/3+}$ 和 $Fe^{2+/3+}$。两者都可以进行完整的电化学氧化还原反应，从而可以使两个钠离子进行可逆的嵌入/脱嵌过程。例如，典型的普鲁士蓝材料 $Na_2FeFe(CN)_6$ 化合物的理论容量约为 $170mA \cdot h \cdot g^{-1}$，对应两个钠离子的嵌入/脱嵌(式(12-1)和式(12-2))。该容量大大高于大多数过渡金属氧化物($100\sim150mA \cdot h \cdot g^{-1}$)和磷酸盐(约 $120mA \cdot h \cdot g^{-1}$)。

$$Na_2M^{II}\left[Fe^{II}(CN)_6\right] \Longleftrightarrow NaM^{III}\left[Fe^{II}(CN)_6\right] + Na^+ + e^- \qquad (12\text{-}1)$$

$$NaM^{III}\left[Fe^{II}(CN)_6\right] \Longleftrightarrow M^{III}\left[Fe^{III}(CN)_6\right] + Na^+ + e^- \qquad (12\text{-}2)$$

与其他钠离子电池正极材料相比，PBA 具有成本低、可逆比容量高、易于生产的优点。例如，普鲁士蓝材料可以通过室温共沉淀法大规模合成，而不需要耗能的高温煅烧或球磨；然而，其也存在库仑效率低、导电性差、结晶水难以除去、过渡金属离子溶解等缺点。科学家通常通过制备方法优化、晶体结构调控、形貌控制、表面包覆等手段提高普鲁士蓝材料的性能。例如，Goodenough 等通过将材料在空气和真空中置于 100℃ 条件下干燥 30h，而从 $Na_2MnFePBA$ ($Na_2MnFe(CN)_6$) 晶格中去除间隙中的 H_2O，得到的材料在 3.5V 电压下，组装的钠半电池可提供 $150mA \cdot h \cdot g^{-1}$ 的可逆容量，在硬碳阳极的全电池可提供 $140mA \cdot h \cdot g^{-1}$ 的可逆容量。在 20C 的充放电倍率下，半电池的容量为 $120mA \cdot h \cdot g^{-1}$，在 0.7C 下，电池在 500 次循环后的容量保持率为 75%，极大增强了材料的循环稳定性及电化学性能。

2. 负极材料

1) 硬碳材料

石墨负极材料是最成功的商业化锂离子电池负极材料，然而，钠离子无法嵌入石墨中，因此必须寻找其他钠离子电池负极材料。通常要求钠离子电池的负极材料的电位相对于 Na^+/Na 在 $0\sim1V$ 范围内，以获得较高的能量密度。直接使用金属钠作为负极材料可能会导致许多问题，如循环性能差、钠的熔点低(97.7℃)、容易短路、枝晶生长。在长期的探索中，硬碳材料、合金材料、金属氧化物/硫化物、有机化合物以及磷基材料等许多新材料被开发出来。在这些材料中，硬碳材料具有容量大、价格低、工作电压低等优点，被认为是最具商业价值的材料。诸多公司，例如，贝特瑞新材料集团股份有限公司、宁波杉杉股份有限公司、可乐丽株式会社等行业龙头企业皆以硬碳作为碳材料负极的开发路线。

与石墨相比，硬碳的碳原子结构无序，即使在 2500℃ 以上也不能石墨化。这种特殊的非晶结构材料表现为短范围有序结构，由纳米级的堆叠、皱褶的片状结构组成。内部有局部类似石墨的短程有序区。硬碳中的储钠位点可以分为四种(图 12-8)[2]：①表面开放孔对 Na^+ 的吸附，该吸附受比表面积的影响，在电化学曲线上一般表现为倾斜区的容量；②石墨片层缺陷位点(如边缘、杂原子、空位)对 Na^+ 的吸附，在电化学曲线上一般也表现为倾斜区的容量；③Na^+ 在类石墨层层间的嵌入/脱嵌，在电化学曲线上一般对应平台区容量；④Na^+ 在硬碳闭合孔和一些开放孔中的沉积，该沉积通常形成准金属团簇，一般对应于金属钠附近的平台容量。基于钠离子在不同位点的存储，硬碳材料的储钠机制可分为四种模型，即"插入-吸附""吸附-插层"三阶""吸附-填充"。不同前驱体制备的硬碳具有不同的特性、形态和结构，这使得不同结构的硬碳材料对钠离子的存储能力差异很大，相应储钠机制也不同。例如，Stevens 和 Dahn 以葡萄糖前体，通过热解合成了硬碳材料，具有 $300mA·h·g^{-1}$ 的可逆比容量，并基于仪器表征提出了"插入-吸附"的储钠机制，即在高压范围内钠离子嵌入碳层，在低压范围内钠离子被吸附到孔隙[3]。然而，有一些实验现象与"插入-吸附"机制相矛盾。例如，随着热解温度的升高，硬碳材料的比表面积和总孔隙体积减小，按照"插入-吸附"模型，平台区所代表的吸附区的容量应该减少。然而实际实验结果表明，许多硬碳材料在高温下拥有更多的平台容量[4]。由此，不同的模型被提出来。例如，Cao 等通过研究纤维素制备的硬碳材料，提出了"吸附-插层"模型，其认为位于高电位处在容量-电压图中呈现为倾斜曲线的容量主要来自于 Na^+ 在石墨表面和缺陷部位的吸附，而低电位的高原容量对应于 Na^+ 在石墨层之间形成 NaC_x 的插层行为[5]。

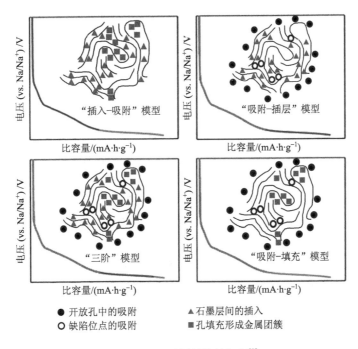

图 12-8　硬碳材料储钠机制[2]

科学家主要从碳源、杂原子修饰、热解温度、形貌等方面对硬碳材料进行调控，以期获得优异的电化学性能。例如，胡勇胜课题组制备了具有均匀微管形状的硬碳并调控热解温度，当热解温度提高到 1300℃时，碳化后的硬碳容量达到 $315mA·h·g^{-1}$，初始库仑效率高达 83%，体现了形貌与温度调控的作用[6]。胡勇胜课题组利用夏威夷果壳生产硬碳。制备的硬碳负极的库仑效率高达 91.4%，初始比容量高达 $314mA·h·g^{-1}$。在 1C 倍率下，电极在 1300 次循环后保持了 70%的理论容量，展现了生物质类前驱体的巨大应用潜力[7]。Wu 等利用聚丙烯腈和 H_3PO_4 分别作为碳源和磷源，利用电纺纺丝和热处理工艺成功合成了具有大孔结构的磷掺杂的硬碳纳米纤维，掺杂的磷原子可以嵌入碳骨架中，并且大部分与碳原子连接形成 P—C 键。制备的 P 掺杂硬碳纳米纤维在电流密度为 $50mA·g^{-1}$ 和 $2A·g^{-1}$ 时可分别提供可逆容量为 288mA·h·g^{-1} 和 103mA·h·g^{-1}。经过 50mA·g^{-1} 的 200 次循环后，P 掺杂硬碳纳米纤维的容量保持率仍达到 87.8%[8]。

硬碳材料突出的问题之一是首效低。硬碳材料一般具有丰富的内部孔隙和表面缺陷。第一次充放电过程会引起严重的不可逆反应，包括电解质沉积在电极表面形成固体电解质界面(SEI)膜，在循环过程中消耗大量的钠离子。表面缺陷和内部孔隙也会引起不可逆反应，这是硬碳材料首次库仑效率低的主要原因。此外，倍率性能差、大部分容量在接近金属钠的析出电位附近实现，可能导致电极表面析出钠枝晶，也是硬碳材料的重要问题。

2) 合金

与用作锂离子电池负极材料的锂合金类似，钠也可以与 Sn、Ge、Pb、P 和 Sb 等Ⅳ和Ⅴ族元素组成合金。使用钠合金作为负极材料具有许多优点：比容量高，不容易生成钠枝晶，与正极电解液相容性好。然而，与锂合金类似，在合金化过程中，钠离子电池用合金材料也会经历较大的体积膨胀。钠离子尺寸比锂离子大，体积膨胀更严重，导致结构崩溃。例如，通过形成 $Na_{15}Sn_4$ 合金，Sn 具有高达 847mA·h·g^{-1} 的理论容量。然而，在 Sn 到 $Na_{15}Sn_4$ 的过程中，材料要经历高达 430% 的体积形变[9]。巨大的体积形变决定了合金类材料几乎没有商业化的可能。

3) 金属氧化物

金属氧化物材料具有理论容量高、安全性好、电压平台稳定、不易产生枝晶等优点，是一种具有发展潜力的钠离子电池负极材料。然而金属氧化物材料的导电性能较差，导致材料的动力学性能差，同时，金属氧化物负极材料容易因钠离子嵌入/脱嵌产生较大的体积形变，容易引起粉化和团聚现象，导致材料首次不可逆容量大、循环稳定性较差。此外，金属氧化物的充放电平台通常较高，从而降低全电池的能量密度。金属氧化物在钠离子电池中的应用被广泛探索。例如，Tijana Rajh 等合成了直接生长在集流器上的无定形二氧化钛纳米管(nanotube, NT)电极。他们发现，非晶态的大直径纳米管(>80 nm 内径)能支持钠离子的电化学循环。该电极在 15 次循环中达到的可逆容量为 150mA·h·g^{-1}。使用非晶态 TiO_2 纳米管负极与 $Na_{1.0}Li_{0.2}Ni_{0.25}Mn_{0.75}O_\delta$ 正极组成全电池，其工作电压仅为 1.8V，放电比容量约为 80mA·h·g^{-1}（电流密度为 11 mA/g, C/8）[10]。

12.2 液流电池技术

12.2.1 液流电池简介

太阳能、风能的不稳定性要求开发大型储能系统来长时间储能。锂离子电池、钠离子电池等电池系统在储能系统上的应用被广泛探索并取得了良好效果。然而，碱金属离子在电极材料中长时间的嵌入/脱嵌会对电极材料造成损害，进而导致电池性能变差。一种新的电池技术——液流电池为长时间大规模储能提供了解决方案。

液流电池是一种建构在液体基础上的可再充电电池(图 12-9)。传统电池中，电解质与发生氧化还原反应的电极材料分离，仅作为电极材料之间传输离子的媒介。然而，在液流电池中，电解质溶液本身会发生氧化还原反应。液流电池分为两个半电池，各自与一个储存罐相连。其中一罐容纳液态的具有氧化还原活性的负极电解液，而另一罐容纳液态的具有氧化还原活性的正极电解液。通过泵将这两种电解液输送到电池内部，再由电解液在提供氧化还原活性位点的电极材料表面发生可逆氧化还原反应，实现电能和化学能的相互转化。两个半电池间被多孔膜隔绝，离子通过此膜进行传输。同时，它们与集流体和外部电路相连，以实现电流的释放。

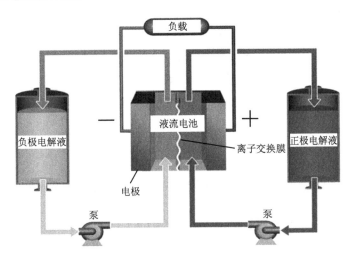

图 12-9　液流电池示意图

　　液流电池有诸多优势：由于液流电池的氧化还原反应发生在电极材料表面，对电极材料的内部结构破坏很小，因而具有长寿命的优势（>10000 次循环，10～20 年）；液流电池的参数高度可调。液流电池的功率由电极表面积决定，电极表面积越大，输出的功率越高；能量由储存罐大小决定，储存罐越大，能量越高。通过设计它能够储存高达几兆瓦（MW）和兆瓦·时（MW·h）的电力和能量；液流电池安全性较好。由于液流的主要成分是液体（如水），而且反应物质是分开储存的，因此液流电池本质上是一种安全的储能系统。流动的电解质带走氧化还原反应过程中产生的热量，避免了散热问题。

　　20 世纪 70 年代，美国国家航空航天局的 Lawrence Thaler 发明了现代液流电池技术。随后不同类型的液流电池相继被开发。根据电解质的不同，液流电池可以分为水系和非水系液流电池。水系电解液通常由金属盐溶解在 HCl、H_2SO_4、NaCl 等支持电解质中构成。非水系电解液的支持电解质通常为有机溶剂。水系液流电池具有安全性高、成本较低、电导率高、可支持更高功率密度的优势，得到广泛发展并已投入商业化运营。非水系电解液可支持更高的输出电压及更宽的温度区间，然而，有机电解液的易燃属性、较低的工作电流密度限制了其发展。现在进行商业化试运行的液流电池主要有水系电解液的铁铬液流电池、全钒液流电池、锌溴液流电池等。

　　铁价格低廉，储量丰富，基于铁化合物的液流电池得到充分发展，最具代表性的是铁铬液流电池。第一个现代氧化还原液流电池就是由美国国家航空航天局开发的 Fe/Cr 液流电池系统。Fe/Cr 液流电池中，通常采用碳纤维、碳毡或石墨作为电极材料，支持的电解液通常为盐酸，正极电解液由 Fe^{3+}/Fe^{2+} 组成，负极电解液为 Cr^{3+}/Cr^{2+}（$E_0 = -0.41V$ vs.SHE）。充放电过程中，循环泵将电解液通入半电池中，电解液中的氧化还原电对在电极材料表面进行反应（式（12-3）～式（12-5））。在充电过程中，Fe^{2+} 失去电子被氧化成 Fe^{3+} 离子，Cr^{3+} 得

到电子被还原成 Cr^{2+}；放电过程相反。Fe^{3+}/Fe^{2+}氧化还原对具有较高的可逆性和快速的动力学。相比之下，Cr^{2+}/Cr^{3+}氧化还原反应的电化学活性较低，通常需要在电极上负载催化剂。Fe/Cr 系统通常在高温(≈65℃)下运行，以促进 Cr^{2+}/Cr^{3+}氧化还原反应，这提高了系统复杂性，并增加了成本。在充电过程中，Cr^{2+}/Cr^{3+}的低氧化还原电位(-0.41 V)使析氢副反应容易发生，降低了库仑效率。此外，两个半电池电解液中活性物质浓度存在梯度，在离子交换膜附近一侧电解液中的活性物质会扩散进入另外一侧电解液中，导致电解液的交叉污染，引起电池的自放电反应，降低电池性能。为解决此问题，混合电解液(含氯化亚铁和氯化铬的盐酸溶液)通常被用来做正负极电解液。

$$正极: \qquad Fe^{2+} \rightleftharpoons Fe^{3+} + e^- \tag{12-3}$$

$$负极: \qquad Cr^{3+} + e^- \rightleftharpoons Cr^{2+} \tag{12-4}$$

$$总反应: \qquad Fe^{2+} + Cr^{3+} \rightleftharpoons Fe^{3+} + Cr^{2+} \tag{12-5}$$

锌的氧化还原电位较低，具有较好的可逆性和较高的体积容量，基于锌化合物发展了锌溴液流电池、锌碘液流电池、锌镍液流电池、锌铁液流电池等体系。这些液流电池皆基于锌离子的氧化还原过程构筑。以锌溴液流电池为例，其正负极电解液均为 $ZnBr_2$ 电解液。由于溴具有强腐蚀性，因此电极材料通常为耐腐蚀的碳基电极，如碳毡、碳纸、碳素材料等。其充放电时正负极反应如式(12-6)～式(12-8)所示。在充电时，正极侧，Br^-失电子被氧化为溴单质；负极侧，Zn^{2+}得到电子被还原为锌单质，沉积在电极的表面。放电时，正负极分别进行溴单质的还原和锌单质的氧化。锌溴液流电池在常温下即可工作，理论能量密度可达 $430W\cdot h\cdot kg^{-1}$，且不存在电解液交叉污染，是较为理想的储能系统。然而，其也存在一系列问题：①溴的腐蚀问题。溴具有较强的腐蚀性，这就要求液流电池系统应用的材料具有较好的抗腐蚀能力。②自放电问题。在充放电过程中形成的溴单质溶于电解液，容易扩散到负极侧，与锌反应，导致电池自放电。③负极的稳定性较差。当过多的锌沉积到负极侧时，容易在负极侧不均匀沉积形成生锌枝晶，穿透离子膜，导致电池短路或自放电问题。

$$正极: \qquad 2Br^- \rightleftharpoons Br_2 + 2e^- \tag{12-6}$$

$$负极: \qquad Zn^{2+} + 2e^- \rightleftharpoons Zn \tag{12-7}$$

$$总反应: \qquad ZnBr_2 \rightleftharpoons Br_2 + Zn \tag{12-8}$$

全钒液流电池是商业化程度最高的液流电池系统。全钒液流电池的电极材料通常为金属类或碳素类材料。钒有 4 种价态，可构成 V^{2+}/V^{3+} 和 VO_2^+/VO^{2+} 两对氧化还原电对。全钒液流电池的支持电解液一般为 H_2SO_4，正极侧使用 VO_2^+/VO^{2+}氧化还原电对，负极侧使用 V^{2+}/V^{3+}氧化还原电对。其充放电时正负极反应如式(12-9)～式(12-11)所示，在充电过程中，正极侧 VO^{2+}失去电子被氧化为 VO_2^+，V^{3+}得到电子被还原为 V^{2+}。放电过程相反。虽然全钒液流电池已经得到规模化的应用，但在实际应用中，仍有诸多问题有待解决。例如，钒的成本高；钒电池通常工作环境的温度需保持一定区间，温度过低会导致电解液凝固，温度过高则容易导致溶液中 V^{5+}形成 V_2O_5析出；钒化合物的氧化还原动力学较慢。

$$正极: \qquad VO^{2+} + H_2O \rightleftharpoons VO_2^+ + 2H^+ + e^- \tag{12-9}$$

负极：
$$V^{3+} + e^- \rightleftharpoons V^{2+} \tag{12-10}$$

总反应：
$$VO^{2+} + H_2O + V^{3+} \rightleftharpoons VO_2^+ + V^{2+} + 2H^+ \tag{12-11}$$

12.2.2　液流电池的关键材料

经过多年发展，部分液流电池已进入小规模应用阶段。然而，如前所述，系列问题仍阻碍着液流电池的进一步发展。因此需要对液流电池的关键材料进行深入研究，以促进液流电池的产业化进程。本节将从电极材料、电解液和离子交换膜这三个部分对液流电池关键材料进行介绍。

1. 电极材料

液流电池中，电极本身不发生氧化还原反应，而是为电解液中活性物质的氧化还原反应提供位点。电极材料的理化性质影响活性物质在其表面的分布、电化学反应动力学性能、电池阻抗、离子扩散速率等参数，进而影响液流电池的电化学性能。液流电池通常采用酸作为支持电解质，电极材料将长期置于酸性环境中，这就要求电极材料要具有良好的耐腐蚀性；在装配成液流电池的过程中，电极会受到一定的挤压力，这就要求电极材料具有一定的机械强度。总之，理想的电极材料应具有较低廉的价格、优异的电导率、良好的化学稳定性和较高的机械强度，能促进活性物质的氧化还原反应。

在早期研究中，金属类电极具有导电性强、机械强度高等优势，且部分贵金属具有优异的催化活性。铋、金、钛、铂、铅等金属类电极受到关注。然而，此类电极价格较为昂贵，且金属电极在工作过程中容易在表面形成钝化膜，不利于电极反应进行。金属类电极没有在商业化产品中得到大规模应用。

碳基材料是液流电池常用的电极材料，包括碳毡、石墨毡、碳纸、碳布、活性炭、石墨、碳塑材料等。这主要是因为碳基材料具有良好的导电性、比表面积较大、优异的化学稳定性、价格较低、一定的电化学活性等优势。例如，Zhang 等的研究表明，基于聚丙烯腈的石墨毡相较于基于人造丝的石墨毡具有更高的导电性和更小的欧姆极化的损失。这些因素使得 PAN-GF 在 Fe/Cr 电解质环境中具有更好的电催化性能和动力学可逆性[11]。此外，为了更进一步提高电极材料的电化学活性，科学家对电极材料进行了大量改性工作。这些工作主要包括电极表面改性、负载催化剂、形貌调控等。例如，Wang 等通过一种蒸发诱导的三组分共组装方法，制备了具有优异电化学活性的介孔碳材料，高度有序的介孔结构能够有效缩短传质距离并增加活性位点。基于该电极材料组装的锌溴液流电池在 $80\text{mA} \cdot \text{cm}^{-2}$ 的电流密度下表现出 82.9% 的电压效率和 80.1% 的能量效率[12]。

2. 电解液

液流电池的电解液在对液流电池的简介中已经进行了介绍。现在对电解液的研究主要集中在对电解液进行有针对性的改性，以提升电化学性能。例如，全钒液流电池通常使用硫酸作为支持电解液。Li 等使用盐酸和硫酸的混合溶液作为支持电解液，能够溶解更多的钒离子，相较以前的硫酸盐体系，新的电解液体系可将全钒液流电池的能量密度增加 70%[13]。Wu 等研究发现，在溴化锌电解液中加入 4mol/L NH_4Cl 辅助电解质，可使电池在 $40\text{mA} \cdot \text{cm}^{-2}$ 的电流密度下以 74.3% 的能量效率运行，而没有辅助电解质的情况下，电池的能量效率仅为 60.4%[14]。

3. 离子交换膜

离子交换膜是液流电池的关键材料之一。一方面，离子交换膜将正负极电解液分开，防止交叉污染；另一方面，离子交换膜要进行正负极电解液之间的离子交换，使电池内部能够形成回路。离子交换膜通常需要满足以下要求。

(1)化学稳定性好。离子交换膜长期处于酸性或碱性环境中，极有可能被电解液中的物质腐蚀。故要求稳定的理化性能，且能够耐腐蚀。

(2)良好的离子选择性。在类似铁铬液流电池的体系中，正负极电解液不一致。这就要求隔膜具有较好的离子选择性，避免交叉污染；在类似锌溴液流电池的体系中，隔膜要能允许阳离子通过，而不允许阴离子通过，以避免自放电。

(3)一定的机械强度，成本较低。

离子交换膜可分为阳离子交换膜、阴离子交换膜和两性离子交换膜。根据液流电池的不同特点选择针对性的隔膜并可对其进行改性。例如，在全钒液流电池中应用较广泛的为全氟磺酸阳离子膜，如由聚四氟乙烯主链和磺酸基团端部的全氟侧链组成的 Nafion 膜。它具有优异的阳离子传导性和耐腐蚀性能，也存在成本较高和钒离子交叉渗透的问题，需要对其进行改性以提高离子选择性。Xi 等制备了溶胶-凝胶法合成的 Nafion/SiO$_2$ 混合膜，并将其作为钒液流电池的隔膜，与 Nafion 膜相比，Nafion/SiO$_2$ 混合膜的钒离子渗透性显著降低。使用 Nafion/SiO$_2$ 混合膜的全钒液流电池表现出更高的库仑效率和能量效率[15]。

12.2.3 液流电池的运用及前景分析

液流电池具有结构设计灵活、循环寿命长、安全性好、可快速充放电等优点，是大规模储能的理想选择之一，在近几十年得到了广泛研究，并在商业场景上进行了示范性应用。当然，由于同等体积下，电解液存储的能量远远小于电极材料，因而液流电池的能量密度较低，需要配备非常大的储罐，才能存储相同的电能。这就使得液流电池体积巨大，限制了其在汽车、手机等储能场景的应用。故液流电池多应用于对场地要求不高、大规模储能的场景。例如，液流电池可应用于发电站，在用电低谷时储存电力，用电高峰时释放电力，补充用电缺口；电网侧也是液流电池的主要应用场景，用于调峰、调频及备用等，保障电网的稳定运行。

就国内的液流电池发展而言，全钒液流电池的发展较为迅速，商业化程度最高，装机规模也最大，相关产业链配套较为成熟，已进入商业化进程的初期。中国科学院大连化学物理研究所、中南大学、中国工程物理研究院等多家机构也开展了钒系液流电池技术的研究与开发。其中，中国科学院大连化学物理研究所和大连融科储能集团股份有限公司共同组建了大连融科储能技术发展有限公司，该公司从事液流电池的商业化应用。他们已经研究出高选择性、高导电性的离子导电膜和高导电性的碳-塑复合双极板，实现了核心材料与技术的国产化。2012 年，大连融科储能技术发展有限公司与龙源电力公司在辽宁某 50MW 风电场运行了世界上最大的 5MW/10MW·h 全钒液流电池储能系统，实现了该风电场连续稳定运行 6 年以上的目标，验证了储能系统的安全性和可靠性。2016 年，大连融科储能技术发展有限公司成功建成年产 300MW 的全钒液流电池储能设备制造厂，产品远销德国、美国、日本、意大利等国家。液流电池在相关企业的带动下已在国内蓬勃发展。国外方面，日本住友电气工业株式会社(简称住友电工)、美国太平洋西北国家实验室、美国联合能源技术公司、加拿大 VRB Power Systems 公司等组织都在研究全钒液流电池储能技术。其中，住友电工从 20 世纪 80 年代开始研究液流电池技术，积累了丰富的工程和工业经验。1989 年，住友电工建成了用于电站调峰的 60kW 全钒液流电池，并稳定运行 5 年之久。1997 年，住友电工又建成 450kW 全钒液流电池用于电站调峰。

锌溴液流电池和铁铬液流电池具有成本上的优势，也得到了充分研究并进行了商业化应用。澳大利亚的 Redflow 公司、美国的 EnSync Energy Systems、韩国的 LOTTE Chemical 公司、中国科学院大连化学物理研究所、中南大学等对锌溴液流电池进行了相关研究和应用，主要包括电极材料、电池堆结构设计、锌沉积形态、锌枝晶的形成及调控机制等。2017 年，中国科学院大连化学物理研究所开发了国际上第一个 5kW 锌溴液流电池系统，其能效达到 78%以上。2018 年，Redflow 推出了 10kW·h 的锌溴液流电池模块和 600kW·h 智能电网电池系统，推动了锌溴液流电池的进一步发展。铁铬液流电池方面，日本住友电工、韩国建国大学、中国香港科技大学、中国科学院大连化学物理研究所、中国大连理工大学等对其进行了相关研究和推广应用。2014 年，美国 Ener Vault 公司开发了 250kW/1000kW·h 铁铬液流电池，并成功进行示范性应用。2020 年，中国国家电力投资集团科学技术研究院有限公司研发了 250kW/1.5MW·h 铁铬液流电池，并成功应用于河北省张家口市光储示范项目中。2023 年 2 月，由中国国家电力投资集团内蒙古能源有限公司建设的我国首个兆瓦级铁铬液流电池储能示范项目在内蒙古成功试运行，该系统由 34 台中国自主研发的"容和一号"电池堆和 4 组储罐组成，刷新了该技术全球最大容量纪录。

2022 年 1 月，国家发展改革委和国家能源局联合发布《"十四五"新型储能发展实施方案》，实施方案提出要加大对液流电池等关键技术的研发力度，加快铁铬液流电池、全钒液流电池、锌溴液流电池等产品的产业化应用。为更好实现能源的有效利用，实现峰谷时电力需求的有效匹配，电力系统跨天、跨月乃至跨年的储能需求会不断增加，对储能时长在 4h 以上的长时储能技术需求会更加迫切。而液流电池以其长寿命、高安全性的特性，在长时储能中有非常大的应用潜力。在政策和市场的双轮驱动下，液流电池项目逐步增多。2021 年底，中国液流电池累计装机规模约 200MW，而据有关机构测算，2025 年仅全钒液流电池装机量可达 10GW·h，市场空间广阔，发展前景良好。当然，液流电池技术仍存在缺陷，需进一步发展以适应新的需求。例如，钒基液流电池的能量密度为 20～30W·h·L^{-1}，远低于锂离子电池等其他电池系统。此外，自 20 世纪 90 年代以来，锂离子电池的能量密度以每年 8%～9%的速度提高，而液流电池能量密度提升并不显著。未来仍需要从电极关键材料、电池结构、成本优化等方面进行创新，以真正将液流电池推向大规模商业化应用。

12.3　金属–空气电池技术

12.3.1　金属–空气电池简介

电化学储能装置是未来能源网络的重要组成部分。电化学储能装置中，锂离子电池扮演着最重要的角色，已经深入到生活的各个角落。尽管它们取得了巨大的成功，但从大型固定设备到便携式电子设备，对更高能量和功率密度的需求不断增加。产业界和科学界从材料和器件的角度对电池进行优化。然而，基于插层化学的传统锂离子技术正在接近其性能极限。一般来说，锂离子电池的能量密度为 200～250W·h·kg^{-1}，远低于汽油。现在人们普遍认为，锂离子电池技术的进一步改进最多能使能量密度增加 50%，难以满足人们的要求。人们对新型储能技术的需求越来越迫切。

在现有的几种电池技术中，金属-空气电池(以氧气或空气为原料的电池)在实现高能量密度上有极大潜力。金属-空气电池结合了传统电池和燃料电池的设计特点，直接从外界获取氧气，无须存储负极活性物质，具有较大的理论能量密度，为锂离子电池的 5～10 倍。金属-空气电池的研究开始得比锂离子电池早得多。1878 年，Maiches 设计出第一个锌-空气电池的原型机，并于 1930 年开始商业化生产。20 世纪 60 年代又相继开发出了水系铁-空气、铝-空气和镁-空气电池。20 世纪 90 年代开始出现非水系金属-空气电池，包括锂-空气，钠-空气和钾-空气电池等多种类型。

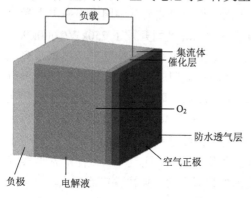

图 12-10　金属-空气电池示意图

金属空气电池主要为金属-氧气电池，也存在金属-其他气体电池(如 Li-CO$_2$ 电池)。由于金属-氧气电池的普遍性，本节主要介绍金属-氧气电池的原理。金属-空气电池的负极为活性金属，电解液是碱性或中性水系电解液及有机电解液，正极是空气扩散电极，通常包括催化剂层、扩散层和集流体等(图 12-10)。催化剂层的主体为可还原氧气的催化剂，扩散层通常为导电的疏水透气薄膜，集流体为电子导体，通常具有高孔隙率，以利于气体扩散。空气中的氧气透过扩散层进入催化剂层并被还原，电子通过集流体导出。

根据电解质类型，金属-空气电池可分为两类，即水系金属-空气电池和非水系金属-空气电池。水系电解液成本较低，主要应用于 Zn、Al、Mg 和 Fe 等金属。这些金属反应活性较低，在水系电解液中具有较好的安全性。虽然一些金属在水介质中是热力学不稳定的，但在某些情况下，它们的表面可以被相应的氧化物或氢氧化物钝化，从而与水电解液相容。正负极充放电时的反应如式(12-12)和式(12-13)所示。放电时，金属在负极被氧化，释放电子。电子经外部电路进入正极，空气中的氧气被正极的催化剂还原。充电时，在正负极上进行方向相反的反应。Li、Na 和 K 在水溶液中反应性太强，只有当它们被离子传输膜严密包裹时，相应的金属-空气电池才能在水系电解质中工作。由于其制造工艺过于复杂，制造成本太高，对活泼金属空气电池的研究以非水系电解液为主。

负极：
$$M \Longleftrightarrow M^+ + e^- \tag{12-12}$$

正极：
$$2H_2O + O_2 + 4e^- \Longleftrightarrow 4OH^- \tag{12-13}$$

非水系电解质中的氧化还原反应的发生机制与水系电解液中不一样。正负极充放电时的反应如式(12-14)和式(12-15)所示。非水系电解液中，金属在负极同样被氧化，释放电子。但在正极处，氧气被还原生成超氧阴离子。超氧阴离子与碱金属阳离子反应生成过氧化物 MO$_2$。Li$^+$ 体积小，无法稳定超氧阴离子。大部分 LiO$_2$ 随后歧化形成过氧化物 Li$_2$O$_2$。

而较大的阳离子(Na^+和K^+)能有效地稳定超氧阴离子。因此，钠-空气电池的放电产物通常是Na_2O_2和NaO_2的混合物，而钾-空气电池的放电产物主要是KO_2。

$$负极： \qquad M \rightleftharpoons M^+ + e^- \qquad (12\text{-}14)$$

$$正极： \qquad xM^+ + O_2 + xe^- \rightleftharpoons M_xO_2 \ (x=1 \text{ 或者 } 2) \qquad (12\text{-}15)$$

与水系金属-空气电池相比，非水系电池仍处于初级阶段，面临诸多挑战，没有实现大规模应用。例如，反应过程中生成的超氧化物或过氧化物难以溶解在电解质中。它们沉积在正极上，逐渐积累，导致可用正极表面积逐渐减小，最终使电池失效；催化剂效率低，导致电池动力学性能不佳；电解液对金属的腐蚀，导致电池循环性能差。这些问题不胜枚举，现在仍是研究的热点。

12.3.2 各类金属-空气电池

金属-空气电池种类众多，但基本原理有很多共通之处。此处选择了四种有代表性的金属-空气电池，可以由此明晰金属-空气电池的运行机制。

1. 锂-氧气电池

在各种电池体系中，锂-氧气电池的理论比能量最高。锂-氧气电池的比能量可达到$11680W \cdot h \cdot kg^{-1}$，几乎与汽油的比能量($13000W \cdot h \cdot kg^{-1}$)相当，一直是研究的热点。

锂-氧气电池都是由氧负极、锂正极、电解质和隔膜组成的。氧负极侧由多孔集流体、高效电催化剂和聚合物黏合剂组成，带有催化剂的多孔集流体为O_2提供了反应位点。集流体通常为多孔材料，如多孔碳材料、镍网等。催化剂可使氧发生氧化还原反应，常用的催化剂为金属及其氧化物、金属合金、碳化物、氮化物和硫化物。聚合物黏合剂通常为聚偏氟乙烯。由于很多碳材料具有催化活性，近年来出现很多将催化剂与集流体置于一体的工作。例如，Nie 等通过电纺纺丝结合CO_2活化方法制备了自支撑的碳纳米纤维，纳米纤维之间存在一些微米级孔隙，使得氧气相对较高的渗透性成为可能。同时，CO_2活化引入的介孔为Li_2O_2形成的额外成核点。这种自支撑电极以$200mA \cdot g^{-1}$的电流密度充电，在比容量为$1000mA \cdot h \cdot g^{-1}$时截止电压仅为$4.3V$[16]。锂正极通常为金属锂。电解质可分为水系电解液、有机电解液、混合电解液和固体电解质。由于锂的高反应活性，水系电解液应用较少。有机电解液通常为锂盐(LiTFSI、$LiClO_4$、$LiPF_6$ 等)溶解在醚系有机溶剂(碳酸酯、醚类、酯类、腈类、酰胺类、二甲基亚砜类、砜类和离子液体)中。混合电解液为水系电解液和有机电解液的混合。固态电解质为可快速传导锂离子的固体，如 $Li_{1+x}Ti_{2-x}Al_x(PO_4)_3$ (LTAP)。固态电解质是一种锂离子导电膜，固态电解质可以保护锂阳极不与空气中的O_2、CO_2和H_2O等反应，且其稳定性优于液体电解质，是当下的研究热点。隔膜通常为聚合物薄膜。当使用固态电解质时，固态电解质本身充当了隔膜的作用。

在氧化还原反应开始，即电池开始放电(式(12-16)~式(12-18))时，在 Li 负极发生氧化反应。电子通过外部电路从负极转移到正极，同时锂离子迁移到正极。在正极的固、液、气三相界面，Li^+与 O_2结合生成 Li_2O_2 或 Li_2O。Li_2O_2 是主体产物。值得注意的是，生成Li_2O 的反应在电化学上是不可逆的。充电过程可视为从 Li_2O_2 或 Li_2O 中释放 O_2，这称为析氧反应。

负极：
$$Li \longrightarrow Li^+ + e^-$$
(12-16)

正极：
$$O_2 + 2e^- + 2Li^+ \longrightarrow Li_2O_2$$
(12-17)

$$O_2 + 4e^- + 4Li^+ \longrightarrow 2Li_2O$$
(12-18)

2. 锂−二氧化碳电池

锂−二氧化碳电池由多孔正极、电解质、隔膜、锂金属负极组成。在放电过程中（式(12-19)和式(12-20)），锂负极失去电子成为 Li^+，而正极周围的 CO_2 分子获得电子形成放电产物。根据电池反应的可逆性，锂−二氧化碳电池的充电过程可分为两种情况。理想情况下，Li_2CO_3 和 C 产物同时分解，电池可视为可逆；否则，它是可充电但不可逆的。值得注意的是，只有 Ru、Ni、MnO_2 等几种催化剂被证明能够实现可逆的 Li-CO_2 电池。在没有催化剂的情况下，Li_2CO_3 的自分解通常发生在较高的电荷电位下，几乎可以认为是不可逆反应。总的来说，锂−二氧化碳电池仍处于发展的初级阶段。

负极：
$$Li \longrightarrow Li^+ + e^-$$
(12-19)

正极：
$$3CO_2 + 4Li^+ + 4e^- \longrightarrow 2Li_2CO_3 + C$$
(12-20)

3. 锌−空气电池

锌−空气电池由锌负极、空气正极、电解液、隔膜三部分组成。碱性介质是最常用的电解液。在放电时（式(12-21)～式(12-23)），Zn 负极失去电子并与 OH^- 反应生成可溶性 $Zn(OH)_4^{2-}$。当电解质中的 $Zn(OH)_2$ 达到饱和时，$Zn(OH)_4^{2-}$ 会进一步分解为 ZnO。在正极一侧，氧得到电子，在催化剂作用下直接还原为 OH^-。

负极：
$$Zn + 4OH^- \longrightarrow Zn(OH)_4^{2-} + 2e^-$$
(12-21)

$$Zn(OH)_4^{2-} \longrightarrow ZnO + H_2O + 2OH^-$$
(12-22)

正极：
$$O_2 + 4e^- + 2H_2O \longrightarrow 4OH^-$$
(12-23)

锌−空气电池通常使用铂系金属做催化剂，由于它们的稀缺性和高成本，它们的经济竞争力相对较低。开发高效、经济的催化剂对可充电锌−空气电池具有重要意义。以锰氧化物、氧化钴等材料作为锌−空气电池的催化剂得到了广泛的研究。碱性电解质中，KOH 溶液具有优异的离子电导率，被广泛用作锌−空气电池的电解质。然而，碱性电解质中的 OH^- 容易和空气中的 CO_2 反应，产生不溶性碳酸盐并使多孔空气正极失活。中性水溶液电解质也被广泛研究。例如，Thomas 等利用添加聚乙二醇或硫脲的 $ZnCl_2/NH_4Cl$ 电解质作为可充电锌−空气电池的电解质。添加剂会吸附在 Zn 金属阳极表面，显著降低锌沉积时的电流密度，从而减缓 Zn 枝晶的生长，使锌−空气电池的运行时间超过 1000h。

4. 铝−空气电池

铝−空气电池是一项很有前途的技术，可以满足预计的未来能源需求。铝−空气电池的实用能量密度为 $4.30kW \cdot h \cdot kg^{-1}$，远高于锌−空气电池的实际能量密度 $1.08kW \cdot h \cdot kg^{-1}$。

铝−空气电池的组成与其他电池相似，由金属负极、空气正极、电解液、隔膜三部分组成。碱性介质也是铝−空气电池最常用的电解液。在放电时（式(12-24)和式(12-25)），铝失去电子并与 OH^- 反应生成 $Al(OH)_3$。在正极一侧，氧得到电子，在催化剂作用下直接还原为 OH^-。铝空气电池通常不可充电。

负极：
$$Al + 3OH^- \longrightarrow Al(OH)_3 + 3e^- \qquad (12\text{-}24)$$

正极：
$$O_2 + 4e^- + 2H_2O \longrightarrow 4OH^- \qquad (12\text{-}25)$$

铝-空气电池的负极通常采用铝金属，然而，其也存在一定问题，表现为：①当铝引入空气或水中时几乎立即形成氧化膜而钝化。②铝与水发生副反应析出氢气。为了克服纯铝的局限性和提高负极的电化学效率，铝合金也被用来做电极材料。例如，锌通常通过增加析氢电位来减少阳极的腐蚀，用铝锌合金做负极可以增加负极的稳定性，降低析氢和腐蚀速度。

空气正极包括催化剂、集流器和复合电极。该电极由气体扩散层和疏水聚合物膜(如聚四氟乙烯(PTFE)或聚偏二氟乙烯(PVDF))组成。复合物膜可以防止电解液进入电极中。催化剂主要为 Pt、Ag 等贵金属催化剂，过渡金属氧化物、氮化物和硫化物等催化剂。性能优异的仍是贵金属催化剂。催化剂通常负载在载体上使用。例如，Pt 通常以碳作为载体(Pt/C 催化剂)来增加表面积以提升性能。

电解液包括水电解质、非水电解质、混合电解质和非质子电解质。最常使用的电解质是 KOH、NaOH 碱性水系电解液。为进一步提升电解液的性能，可在电解液中加入添加剂，降低对铝负极的腐蚀。例如，Kapali 等发现含有柠檬酸盐、锡酸盐的碱性电解质对 Al 的腐蚀速率比碱性电解液低，进而提升了铝-空气电池的性能[17]。

12.3.3　金属-空气电池运用及挑战

金属-空气电池由于能量密度高的优势，得到广泛研究。虽然经过多年发展，但金属电极、空气催化剂和电解质相关的问题一直在制约其发展，其应用场景比较有限。商业化应用主要集中在水系金属-空气电池领域。

锌-空气电池在电动汽车、储能等领域都得到了一定应用。1995 年，以色列的 Electric Fuel 有限公司就首次在电动汽车上验证锌-空气电池，探索锌-空气电池的商业化应用。随后，美国、德国、法国和瑞典等多个国家也都在电动汽车上应用锌-空气电池。美国 Dreisback Electromotive 公司开发的锌-空气电池，可支持 9t 的货车连续行驶 10h。2021 年 1 月，美国企业 Eos Energy Storage 宣布将安装 10 个锌-空气电池储电设备，每个项目 3MW，能为 2000 户家庭供能。然而，锌-空气电池尚未实现大规模应用。其挑战主要为：①枝晶的形成导致锌的短路和脱落；②氧-还原反应和氧析出反应的高过电位导致能量效率低，动力学性能差；③锌-空气电池放电时会产生氢氧化锌固体，容易堵塞正极孔洞，阻碍了氧气的进入和反应，降低了电池性能；④锌-空气电池的开槽结构导致碱性电解液的快速蒸发，特别是电解液的快速干燥，阻碍了锌-空气电池在高温下的应用。

铝-空气电池具有高能量密度、生产成本低、质量轻、技术成熟度较高的优势，在 20 世纪 70 年代初，科学家就已明确其运行机制；70 年代后，铝-空气电池在航海航标灯、矿井照明、电视广播等领域有较广泛的应用；80 年代，挪威、美国、加拿大等国家开始探索将铝-空气电池应用于无人水下航行器、深海救援艇和 AIP 潜艇的可能性；90 年代后，美国能源部投资数百万美元支持金属-空气电池研发，Voltek 公司开发出实用化的铝-空气电池系统 Voltek A-2，该系统可推动电动汽车行驶，这是铝-空气电池在电动汽车上的首次应用。此外，铝-空气电池在便携式电源、备用电源、电动车电源以及水下推进装置等方面都得到了广泛应用。2015 年，美国铝业公司与以色列 Phinergy 公司展示了装配有 100kg 重铝-空气电池的赛车，该车可行驶 1600km。2016 年，我国德阳东深新能源科技有限公司生产了 1000 台铝-空气电池作为不间断电源，供基站备用电源使用。综上，铝-空气电池的商业化进程一直在推进，但尚未实现大规模的商业化应用。其存在的问题主要如下：①在开路和放电条件下，铝在碱性溶液中自腐蚀率高；②副产物，如 Al_2O_3 和 $Al(OH)_3$ 在阳极和阴极积聚，抑制了电化学反应；③Al^{3+} 插入阴极的复杂性；④水合氧化铝形成的不可逆性；⑤储存时电荷损失快，保质期短；⑥不能进行充电，需要经常更换铝电极或电池；⑦功率密度低，放电速度缓慢，存在电压滞后。

对于锂-氧、锂-二氧化碳等活泼金属-空气电池，亦存在上述挑战。例如，过氧化物在电极上的吸附堵塞电极通道、锂的逐渐分解、易受水分和 CO_2 的侵蚀、过电位大、副反应严重和循环能力差等。尽管在过去的三十年里，研究人员付出了巨大的努力，取得了巨大的进步，但它处于实验室阶段，其发展遇到了瓶颈。科学家甚至没有意识到关键问题来自哪里。此外，锂-空气电池的可重复性较差，很难在实验参数与电池性能之间建立直接联系。虽然可以通过优化电极制作、电池结构、电池评估等过程来提高电池的可重复性，但电池的总体性能仍然受到许多因素的影响，包括许多不知道的因素和细节。例如，在评价一种新催化剂时，无法使所有参数(即表面积、亲核性、疏水性、孔隙率、孔径、孔结构等)与对照实验完全相同。因此，研究人员只能根据自己的经验和简单的结果对比，提出一些合理的反应机理，总结出一些催化剂的设计指南。

总体而言，水系的金属-空气电池已经在生产生活中有所应用，而有机电解液系的金属-空气电池仍在探索阶段。

12.4　镍氢电池技术

12.4.1　镍氢电池简介

当今，锂离子电池在消费电子类产品电池中占据主导地位。而在锂离子电池之前，镍氢电池在数码相机电池、手机电池、笔记本电脑电池中占有重要份额，甚至在混合动力汽车和电动汽车上也有所应用。随着能量密度更高的锂离子电池技术的发展，镍氢电池市场份额逐步缩小。镍氢电池的商业化始于 20 世纪 80 年代末。目前，这些电池主要用于数码相机等便携式电子产品，其年产量超过 10 亿片。

镍氢电池全名为镍金属氢化物电池(NiMH 或 Ni-MH)，是一种可充电电池。其正极为氢氧化镍，负极为储氢合金，电解液通常为 KOH 溶液。充放电时的化学反应如式(12-26)～式(12-28)所示。正极侧，充电时，$Ni(OH)_2$ 与溶液中的 H^+ 构成双电层，充电过程中，$Ni(OH)_2$ 转化为 NiOOH，H^+ 转移到溶液中与 OH^- 结合形成 H_2O。放电时，H^+ 向电极材料内部扩散，与 O^{2-} 结合形成 OH^-，从而使 NiOOH 向 $Ni(OH)_2$ 转变。负极侧，充电时，H_2O 在负极表面分解，释放出 H^+，其进入负极材料内部形成氢化物合金；放电时，储氢合金内部的氢扩散到电极材料表面，被氧化为水。值得注意的是，在此过程中，没有产生金属离子，仅是氢离子在正负极之间的移动。因此，有人将镍/金属氢化物电池描述为"氢离子"电池或"质子"电池。

正极：
$$Ni(OH)_2 + OH^- \rightleftharpoons NiOOH + H_2O + e^- \tag{12-26}$$

负极：
$$M + H_2O + e^- \rightleftharpoons MH + OH^- \tag{12-27}$$

总反应：
$$Ni(OH)_2 + M \rightleftharpoons NiOOH + MH \tag{12-28}$$

在正常的充放电过程中，电解液没有参加反应，但是，过充过放时的情况不同（式(12-29)～式(12-33)）。当过充电时，正极侧溶液中的 OH^- 会在正极被氧化，释放氧气。负极则会发生析氢反应和氧的还原反应，能够消除正极产生的氧气。过放电时，在正极侧，水会在正极被还原释放出氢气。在负极侧，正极侧产生的氢气会进入储氢合金与金属复合，达到消除氢气的效果。镍/金属氢化物电池的一个重要特征是电池能够通过气体复合反应承受过充和过放，需要的维护较少。

过充电，正极：
$$4OH^- \longrightarrow 2H_2O + O_2 + 4e^- \tag{12-29}$$

负极：
$$2H_2O + O_2 + 4e^- \longrightarrow 4OH^- \tag{12-30}$$

过放电，正极：
$$2H_2O + 2e^- \longrightarrow H_2 + 2OH^- \tag{12-31}$$

负极：
$$2M + H_2 \longrightarrow 2MH \tag{12-32}$$

或
$$MH + OH^- \longrightarrow M + H_2O + e^- \tag{12-33}$$

在镍氢电池中，理论放电容量上限由合金电极的可逆储氢容量控制。因此，开发具有更大存储容量的新型储氢材料是实现更高能量密度电池的基础。镍氢电池中使用的储氢材料通常是金属化合物。在氢化物形成过程中，氢被吸收到其晶体结构中，首先形成氢的间隙固溶体(图 12-11)。在这一阶段，氢随机分布在整个晶体结构中可用的间隙位置。当溶解度超过极限时，金属氢化物的相开始成核并形成。在新的晶相中，氢周期性地占据晶体结构中可用的间隙位。由于其原子尺寸小，与其他轻元素(N、C、O、B)相比，氢在金属中形成间隙固溶体的溶解度很大，因此金属氢化物得以存储较多的氢，镍氢电池可实现较高的容量。

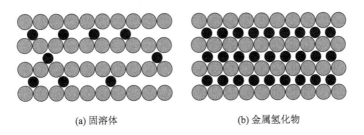

(a) 固溶体   (b) 金属氢化物

图 12-11 原子排列的示意图

12.4.2 镍氢电池的发展

镍氢电池的历史可以追溯到一百多年前。早在 1887 年，Camille Desmazures 就研究了 $Ni(OH)_2$ 在碱性电池中的应用。1899 年，瑞典的 Waldmar Jungner 发明了镍镉(Ni-Cd)电池，以镍(Ni)为阴极，镉为阳极。两年后，由于价格昂贵，Thomas Edison 用铁代替镉，这种电池称为镍铁电池，但即使是这种电池，在低温、低比能、高自放电等方面的性能和效率也不佳，没有取得太大的成功。1932 年，Schlecht 和 Ackermann 发明了烧结极板，实现了更高的负载电流，提高了镍镉电池的耐用性。可充电镍镉电池被使用了很多年。随着社会对环境问题的重视，镍镉电池由于污染问题逐渐被禁止，镍氢电池作为镍镉电池的替代品得以发展。1967 年，日内瓦 Battelle 研究中心采用烧结含 Ti、Ni 的储氢合金做负极，NiOOH 做正极，拉开了镍氢电池研究的序幕。1970 年，荷兰 Philips 实验室发现了 $LaNi_5$ 的高效储氢能力，由此开始了将 $LaNi_5$ 用作负极的研究。经研究发现，$LaNi_5$ 在反复吸放氢循环过程中会粉化，失去析氢能力，这导致较差的循环性能。1984 年，Willems 等用 Co 取代合金中的 Ni，成功研发 $LaNi_2Co_3Al_{0.1}$ 合金，基本解决了电极材料的粉化问题，实现了优异的循环性能(循环 400 圈后，容量保持率高达 94%)，但材料中含有较多钴，价格偏高。20 世纪 80 年代，科学家设计合成了 $Mm\ Ni_{3.55}Co_{0.75}Mn_{0.4}Al_{0.3}$ 合金，在降低材料价格的同时依然保持了良好的循环性能。该材料也成为商业化镍氢电池的主流负极材料。1990 年 10 月，日本三洋电池公司开始量产镍氢电池，拉开了镍氢电池产业化的帷幕。镍氢电池具有容量高、循环寿命长、无记忆效应、工作温度范围宽、耐过充放能力良好、安全性好和环境友好的优点，被广泛应用于消费类电子产品、电动汽车、军事、航空航天等多个领域。日本的东芝、三洋、松下和中国的比亚迪、豪鹏科技等企业都是推动镍氢电池发展的重要力量。在镍氢电池高速发展的阶段，镍氢电池的生产企业主要集中在中国和日本，中国以小型电池为主，日本以大型动力电池为主。然而，随着锂离子电池的逐步推广，镍氢电池的市场份额逐步被锂离子电池抢占。

本 章 小 结

本章首先介绍了钠离子电池技术，包括其基本原理和钠离子电池的电极材料，探讨了正负极材料的选择和它们对电池性能的影响。接着深入讨论了液流电池技术：提供了液流电池的基础知识，包括其独特的工作原理和系统组成；分析了液流电池的关键材料，如电解质溶液和膜材料；对液流电池的应用领域和市场前景进行了分析。随后简要介绍了金属-空气电池的基本概念和分类，探讨了不同类型的金属-空气电池，讨论了金属-空气电池的应用和面临的技术挑战。最后讨论了镍氢电池技术，简介了其工作原理和发展历程，展望了其在各个领域的应用和未来的发展趋势。

通过本章的学习，我们对钠离子电池、液流电池、金属-空气电池和镍氢电池等不同类型的电池储能技术有了全面的了解。每一种技术都有其独特的优势和应用场景，同时也面临着不同的技术挑战和研究热点。本章小结强调了在多样化的能源需求下，不同电池技术的重要性和互补性。随着科技进步和材料创新，这些储能技术有望在未来的能源存储和转换领域发挥更大的作用。对这些技术的深入研究和开发，将有助于推动能源行业的可持续发展。

习 题

1. 请阐述钠离子电池与锂离子电池的异同，并思考二者原理上的差异所导致的电化学性能差异。

2. 请列举出一些提升钠离子电池负极材料性能的手段。

3. 钠离子电池层状氧化物正极材料是非常具有发展潜力的正极材料，其存在空气稳定性差、表面残碱、循环稳定性不佳等问题。请针对这些问题给出一些解决方案。

　　4. 请查阅资料，思考钠离子电池的制造工艺和成本结构，评估其在产业中的竞争力。

　　5. 请解释液流电池的工作原理，详细描述其在储能中的优势和限制。

　　6. 请分析液流电池市场的技术发展趋势，思考其未来的应用领域和市场规模。

　　7. 请描述金属–空气电池的主要构成部分，解释它们的功能。

　　8. 你认为哪种金属–空气电池最具应用前景？请阐明原因并针对该种金属–空气电池的问题给出一些可能的解决方案。

　　9. 解释镍氢电池的基本原理，并描述镍氢电池的主要构成部分。

　　10. 请查阅资料，说明镍氢电池的应用领域及市场前景。

参 考 文 献

[1] QIAN J F, WU C, CAO Y L, et al. Prussian blue cathode materials for sodium-ion batteries and other ion batteries[J]. Advanced energy materials, 2018, 8(17): 1702619.

[2] CHEN X Y, LIU C Y, FANG Y J, et al. Understanding of the sodium storage mechanism in hard carbon anodes[J]. Carbon energy, 2022, 4(6): 1133-1150.

[3] STEVENS D A, DAHN J R. High capacity anode materials for rechargeable sodium-ion batteries[J]. Journal of the electrochemical society, 2000, 147(4): 1271.

[4] ZHONG Y, XIA X H, DENG S J, et al. Popcorn inspired porous macrocellular carbon: rapid puffing fabrication from rice and its applications in lithium-sulfur batteries[J]. Advanced energy materials, 2018, 8(1): 1701110.

[5] CAO Y L, XIAO L F, SUSHKO M L, et al. Sodium ion insertion in hollow carbon nanowires for battery applications[J]. Nano letters, 2012, 12(7): 3783-3787.

[6] LI Y M, HU Y S, TITIRICI M M, et al. Hard carbon microtubes made from renewable cotton as high-performance anode material for sodium-ion batteries[J]. Advanced energy materials, 2016, 6(18): 1600659.

[7] ZHENG Y H, WANG Y S, LU Y X, et al. A high-performance sodium-ion battery enhanced by macadamia shell derived hard carbon anode[J]. Nano energy, 2017, 39: 489-498.

[8] WU F, DONG R Q, BAI Y, et al. Phosphorus-doped hard carbon nanofibers prepared by electrospinning as an anode in sodium-ion batteries[J]. ACS applied materials & interfaces, 2018, 10(25): 21335-21342.

[9] ZHANG B, ROUSSE G, FOIX D, et al. Microsized Sn as advanced anodes in glyme-based electrolyte for Na-ion batteries[J]. Advanced materials, 2016, 28(44): 9824-9830.

[10] XIONG H, SLATER M D, BALASUBRAMANIAN M, et al. Amorphous TiO_2 nanotube anode for rechargeable sodium ion batteries[J]. The journal of physical chemistry letters, 2011, 2(20): 2560-2565.

[11] ZHANG H, TAN Y, LUO X D, et al. Polarization effects of a rayon and polyacrylonitrile based graphite felt for iron-chromium redox flow batteries[J]. Chemelectrochem, 2019, 6(12): 3175-3188.

[12] WANG C H, LI X F, XI X L, et al. Bimodal highly ordered mesostructure carbon with high activity for Br_2/Br-redox couple in bromine based batteries[J]. Nano energy, 2016, 21: 217-227.

[13] LI L Y, KIM S, WANG W, et al. A stable vanadium redox-flow battery with high energy density for large-scale energy storage[J]. Advanced energy materials, 2011, 1(3): 394-400.

[14] WU M C, ZHAO T S, JIANG H R, et al. High-performance zinc bromine flow battery via improved design

of electrolyte and electrode[J]. Journal of power sources, 2017, 355: 62-68.

[15] XI J Y, WU Z H, QIU X P, et al. Nafion/SiO$_2$ hybrid membrane for vanadium redox flow battery[J]. Journal of power sources, 2007, 166(2): 531-536.

[16] ZHANG H M, LU W J, LI X F. Progress and perspectives of flow battery technologies[J]. Electrochemical energy reviews, 2019, 2(3): 492-506.

[17] KAPALI V, IYER S V, BALARAMACHANDRAN V, et al. Studies on the best alkaline electrolyte for aluminium/air batteries[J]. Journal of power sources, 1992, 39(2): 263-269.

第13章

电磁储能

碳中和背景下，储能技术得到了迅速发展，电磁储能技术是众多储能新技术中最具代表性的一种，电磁储能是将能量直接以电磁能的形式储存在电场或磁场中，主要包括超级电容器储能和超导磁储能。电磁储存技术具有响应速度快、高效性能和可靠性高的特点，适用于需要高速能量交换和频繁充放电的应用场景。例如，医疗 X 射线机在曝光拍照时所要求的功率会很高。对于移动 X 射线机，如果使用电池做备用电源，频繁曝光下的大电流冲击会对电池性能产生不利影响，此外，电池无法及时响应所需的电流脉冲以至于拍照不清晰，而超级电容器更适用于这种场景。

我国的电磁储能行业正在经历快速的增长，2022 年，中国电磁储能行业的市场规模已经扩展至 59.8GW，占据了全球总市场规模的 1/4，电磁储能行业作为新能源领域的重要组成部分，具有巨大的发展潜力。随着全球对可再生能源的需求不断增长，以及电动汽车、智能电网等技术的快速发展，电磁储能技术将在电力系统调峰、优化能源结构、提高能源利用效率等方面发挥重要作用。

13.1 电容和超级电容储能技术

13.1.1 超级电容储能的基本原理

超级电容器(supercapacitor)是一种高容量电子储能装置，依靠电极与电解质之间的离子和电荷交换来快速存储和释放大量电荷。超级电容器可以在极短时间内进行快速充放电，相比电池具有更高的功率密度，且在充放电过程中不涉及电极材料的结构变化，具有超长寿命，可以进行高达数百万次的充放电循环而无明显的性能损失。此外，它们能够在广泛的温度范围内工作，并且对温度变化的影响较小。超级电容器的主要缺点是其能量密度低于电池。

根据储存能量的机理，超级电容器可分为两类，即双电层超级电容器和赝电容超级电容器。双电层超级电容器在工作原理上与普通电容器基本相同，它们都由两个由电解质隔开的电极组成(图 13-1)，但超级电容器使用更薄的电解质和更高的表面积电极，从而实现更高的能量密度。典型的双电层超级电容器包括至少两个多孔电极和电解质，电解质将两个多孔电极分离开来。像传统电容器一样，双电层超级电容器以静电方式存储能量，当施加电压时，性质相反的电荷聚集在两个电极表面，电荷在电极表面积聚起来，每个电极上都形成了一层双电层(图 13-2)。双电层表面积增加，而电极之间的间隙减小，使双电层超级电容器能够达到比传统电容器更高的能量密度和比电池更高的功率密度。双电层电容器的充放电过程为非法拉第过程，不涉及电极和电解质界面之间的电荷转移，是电荷的物理存储过程，高度可逆。这意味着双电层电容器可以实现非常高的循环稳定性。通常，双电层电容器在高达 100 万次的循环条件下也不会表现出明显的容量衰减。

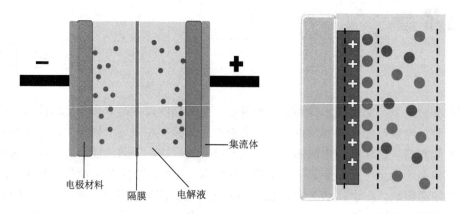

图 13-1　电容器示意图　　　　　图 13-2　双电层超级电容器原理示意图

赝电容超级电容器与双电层超级电容器不同，其充放电过程涉及氧化还原反应，允许电荷在电极和电解质之间转移，即在电极材料中发生具有高可逆性的快速法拉第反应，实现充放电。需要注意的是，此过程与电池的法拉第过程不同。在电池中，离子在材料体相进行嵌入/脱嵌，受扩散过程控制。而在赝电容电容器中，法拉第反应过程可通过表面控制的电化学反应、欠电位沉积和快速离子插层的机制进行，既没有离子扩散限制，也没有电极材料的相变，展现出优异的动力学性能，能够实现快速充放电。赝电容的氧化还原反应通常发生在电极材料的表面或近表面，例如，以 $RuO_2 \cdot xH_2O$ 作为水系电解质电容器的电极材料，在充放电过程中，其表面和近表面发生氧化还原反应，呈现出赝电容的特征（图 13-3(a)）。此外，某些材料虽然进行体相的氧化还原反应，但仍为赝电容材料。例如，锂离子插入正交晶系 Nb_2O_5 体相中时，不受固体中扩散的控制，可在短时间内完成充放电（图 13-3(b)）。这是因为正交晶系 Nb_2O_5 可以为 Li^+ 提供二维传输通道且在插层过程中几乎不发生结构变化。由于依靠法拉第过程储能，赝电容电容器相比双电层电容器具有能量密度的优势。

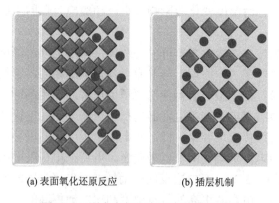

(a) 表面氧化还原反应　　　　(b) 插层机制

图 13-3　赝电容超级电容器原理示意图

根据电极机制的不同，电容器还可以分为对称电容器和非对称电容器。对称电容器指两个电极具有同样的储能机制。非对称电容器指电容器的两个电极中，一个储能机制为双电层储能，另一个为赝电容储能。设计非对称电容器的目的是整合两种电极材料的优势，使器件兼具较高的能量密度与高功率。例如，Su 等设计了一种 $Ni(OH)_2$@Ni 核-壳结构赝电容材料，将其与活性炭电极组装成非对称电容器，可以在 0～1.3V 的高电压区域中可逆循环，并且在 1A/g 电流密度下具有 92.8F/g 的比电容，实现了 $21.8W \cdot h \cdot kg^{-1}$ 的能量密度和 0.66kW/kg 的功率密度，且在 3000 次循环下容量保持率为 96%，展示了混合电容器的优势[1]。

电容是评价电容器存储电荷的能力的参数，可以通过评估特定电压窗内的电荷存储能力来计算，其单位为法拉(F)。其计算公式如下：

$$C = \frac{\Delta Q}{\Delta U} \tag{13-1}$$

式中，C 代表电容；ΔQ 是存储的电荷；ΔU 是施加在电极上的电压。

电容还可以通过如下公式计算：

$$C = \frac{\varepsilon_r \varepsilon_0}{d} A \tag{13-2}$$

式中，ε_r 为与所用液体电解质相关的相对介电常数；ε_0 为真空介电常数；A 为电极材料的有效表面积；d 为极板间距。

电容器比能量计算公式如下：

$$E = \frac{1}{2m} C_s (\Delta V)^2 \tag{13-3}$$

式中，E 为比能量；m 为电极材料质量；C_s 为重量比电容；ΔV 为工作电压窗口。

功率计算公式为

$$P = E / \Delta t \tag{13-4}$$

式中，E 为比能量；Δt 为放电时间。

13.1.2 超级电容器的发展历史

18 世纪中期，德国牧师 Ewald Georg von Kleist 于 1745 年和荷兰科学家 Pieter van Musschenbroek 于 1746 年分别独立发明了第一个电容器——莱顿瓶。它由两片金属箔、水和一个装在玻璃罐里的导电链组成，如图 13-4 所示，内壁和外壁上的锡箔成为电容器的两个极板，金属链条与伸到瓶口外的金属杆和金属球相连，当带电体跟金属球接触时，带电体上的电荷就会沿着金属杆和链条传到极板上存储起来。只要与金属部位接触，储存的电荷便会释放出来。在此设计的基础上，通过固体电极存储电荷的概念逐步建立起来。

1853 年，Helmholz 首先研究了电容器中的电荷存储机制，并通过研究胶体悬浮液建立了第一个双电层模型。双电层是指围绕物体表面的两个平行电荷层。第一层表面电荷由

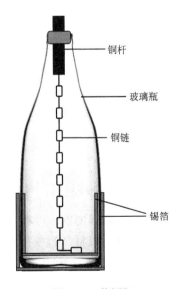

铜杆

玻璃瓶

铜链

锡箔

图 13-4　莱顿瓶

吸附到物体上的离子组成。第二层由受到表面电荷的库仑力吸引的离子组成。在 19 世纪和 20 世纪初，一些界面电化学家的先驱，包括 Gouy 、Chapman 和 Stern 对 Helmholz 模型进行了修正，奠定了双电层电容器的理论基础。

虽然双电层电容器的一般概念自 20 世纪初就已为人所知，但第一个电化学电容器的专利直到 1954 年才由通用电气公司申请。该专利首次描述了一种能量存储装置，该装置包含浸泡在水电解质中的多孔碳电极，可将电能存储在界面双电层上。受限于各种因素，这项专利未被商业化。

20 世纪 60 年代，美国的标准石油公司发明了现代电容器的原型器件，该器件由多孔绝缘体隔绝的两层活性炭组成。1971 年，由于商业化问题，标准石油公司将他们的发明授权给日本电力公司，后者将他们的产品命名为"超级电容器"，并成功地将该产品出售，用作维持计算机内存的备用电源。1980 年，日本松下电子公司，研究了以活性炭为电极材料、以有机溶液为电解质的超级电容器，可实现更高的工作电压与能量密度。

20 世纪 70 年代，科学家在 RuO_2 的基础上发现了一类涉及法拉第过程的新型电化学电容器，即赝电容电容器。在这一发现的基础上，Pinnacle Research Institute (PRI) 在 20 世纪 80 年代启动了一个项目，开发基于钌/氧化钽赝电容的高性能超级电容器，并将其命名为 PRI 超级电容器。然而，由于贵金属钌的高昂价格，PRI 超级电容器仅用于军事应用，如激光武器和导弹发射系统。

2006 年，美国《探索》杂志将超级电容器列为世界七大科技发现之一，并将其视为能量储存领域中一项革命性的突破。此后，随着对大功率、高可靠性和安全储能装置的需求不断增加，与超级电容器相关的研究不断增加并取得了相关成果。例如，2013 年，Bruce Dunn 等发现了正交晶系氧化铌的赝电容行为，掀起了铌基电容器的研究热潮。产业界也在不断开发新的产品。世界各地的超级电容器公司，如 Nesscap (韩国)、ELTON (俄罗斯)、Nippon Chemi-con (日本) 和 CAP-XX (澳大利亚) 一直在开发和提供不同类型的超级电容器，以满足不同使用场景的需要。

我国从 20 世纪 90 年代开始研制超级双电层电容器。国内从事电容器制造的知名企业包括上海奥威科技开发有限公司、北京合众汇能科技有限公司、哈尔滨巨容新能源有限公司等企业，在电容器的制造及应用上取得了长足进步。例如，2010 年 5 月，由上海奥威科技开发有限公司提供电容器动力的超级电容城市公交客车在世博会上应用，经历了 103 万人日入园客流和高温、暴雨、雷电等恶劣天气的考验，安全运行六个月，共运行 120 多万公里，运送客人 4000 多万人次，展现了中国企业在电容器领域的实力。

13.2 超级电容的关键材料与运用

13.2.1 多孔碳材料、赝电容材料和电解液

在电容器的发展过程中，诸多材料被开发和设计出来用作电极材料和电解液。下面将介绍用作电极材料的多孔碳材料、赝电容材料和电解液的相关知识。

1. 多孔碳材料

多孔碳材料常用作双电层电容器电极材料，是碳材料的一种。碳材料具有比表面积高、

孔隙率可控、导电性好、化学稳定性高等优异的物理化学性能和较低的价格。然而，传统的活性炭材料孔结构复杂、大小不易控制，离子难以快速地吸/脱附，碳材料的比表面积难以充分利用，导致电容器频率响应较慢、容量较低。因此，探索具有不同孔隙结构的多孔碳材料，是必要的。

早期研究阶段，主要研究了大孔碳(孔径 $d > 50nm$)，因为它们的孔结构简单而大，即使在高频条件下也能促进离子的快速传输。大孔碳的使用使得电容器的高频响应特征较好。然而，大孔碳基电极材料由于其不必要的大孔导致较小的比表面积，表现出低容量电容。为了克服这种低容量电容的缺陷，中孔碳基的多孔材料(孔径为 $2nm < d < 50nm$)被开发出来，该种材料具有较高的密度，但孔径适中，可以实现快速离子传输，与大孔碳基电容器相比，基于中孔碳的电容器在不牺牲高频响应速度的情况下表现出更高的体积电容。除了大孔/中孔碳外，其他具有不同结构的碳材料也得到研究，如碳纳米管和碳纳米点。此外，除对碳材料本身孔结构的调控外，杂原子掺杂也可提高碳材料的导电性和储能性能。

例如，Woong Kim 等以二氧化硅为模板合成了具有有序介孔结构的石墨碳 CMK-3，CMK-3 由六边形结构的碳有序排列构成，比表面积高达 $1007m^2 \cdot g^{-1}$，介孔的平均孔径为 3.81nm。基于 CMK-3 进行器件组装，获得了一个具有高比电容(约 $560\mu F \cdot cm^{-2}$，120Hz)和快速频率响应(120Hz)的 2.5V 超级电容器。使用该超级电容器成功地将 60Hz 交流信号转换为直流输出[2]。

2. 赝电容材料

1) 金属氧化物

金属氧化物具有较高的比电容，是理想的赝电容材料之一，被广泛研究。例如，MnO_2 的理论比电容为 1370 F/g，$RuO_2 \cdot nH_2O$ 的理论比电容为 1340F/g。诸多金属氧化物得到广泛研究。下面介绍两种具有代表性的金属氧化物材料。

(1) RuO_2。

RuO_2 是最早被研究的赝电容材料之一。其具有良好的导电性，高比容量和优异的循环稳定性。无定形和结晶形式的 RuO_2 都具有电活性，RuO_2 的不同晶面具有不同的电化学活性。例如，在 0.5M H_2SO_4 溶液中，RuO_2 的(101)面的活性位点数量最多，(002)面的次之，(110)面的活性位点浓度最低。然而，在这些取向中，(110)面具有最低的表面能，因此在各种 RuO_2 体系的面中，(110)面观测最多。RuO_2 呈现出赝电容的反应方程式如式(13-5)所示。从此式中可以明显看出，氧化物表面可以通过两种方法充电：一种是通过使用合适的电极电位，另一种是通过调节介质的 pH。RuO_2 的水合物 $RuO_x \cdot nH_2O$ 也具有电化学活性，且羟基化的氧化物表面活性位点活性更高，质子可以透过水传输，可以实现较高的电容性能。

$$RuO_2 + mH^+ + me^- \rightleftharpoons RuO_{2-m}(OH)_m \qquad (13-5)$$

RuO_2 也存在一定缺点，主要体现为：RuO_2 纳米材料在循环充放电过程中容易发生团聚，导致比表面积降低，电化学性能下降；RuO_2 在某些水溶性酸性电解质中化学稳定性较差，电容性能衰减；电导率和储能容量难以同时优化；无水 RuO_2 的电导率高但比容量低，而含水 RuO_2 则比容量高但电导率低；材料价格昂贵。科学家发展了很多策略去改善 RuO_2 的缺点。在此简要介绍几种策略。

① 制备 RuO_2 基复合材料，如与金属氧化物、碳基材料等组成复合材料，可以显著降低 RuO_2 的使用量，降低成本。

② 控制 RuO_2 的纳米材料形态，如纳米管、纳米片等高比表面形貌，可以抑制团聚，提高比表面积，进而提高利用效率。

③ 调控 RuO_2 的含水量，获得适当比例的 $RuO_2 \cdot xH_2O$，在电导率和比容量之间取得平衡。

④ 结合微纳制造技术，制备微超级电容器，降低 RuO_2 使用量。采用多孔结构支撑材料，如氧化铝、氧化钛纳米管等，可以改善 RuO_2 的黏附性。

（2）MnO_2。

MnO_2 具有低成本、资源丰富、高理论电容和环境友好的优势，是最有前景的电极材料之一。作为赝电容材料，法拉第反应是通过质子和阳离子在 MnO_2 中的嵌入/脱嵌来实现的。由于固体 MnO_2 的导电性差，质子和阳离子的扩散速度慢，法拉第反应仅限于 MnO_2 的表面和近表面部位。电荷存储机制可以用式 (13-6) 来描述，C^+ 代表电解液中的阳离子，如 H^+、K^+、Na^+、Li^+。阳离子嵌入过程中，四价锰离子转变为三价锰离子，实现了能量存储。影响 MnO_2 电极电容性能的关键因素包括结晶度、晶体结构和形貌。结晶度和晶体结构会影响 MnO_2 晶体的隧道尺寸，进而影响离子的嵌入/脱嵌，影响电容性能。形貌则会影响离子传输动力学及比表面积，影响材料性能。一般而言，α-MnO_2 和 δ-MnO_2 由于较大的隧道尺寸，表现出较高的比电容。而 β-MnO_2 和 λ-MnO_2 隧道尺寸较小，比电容较差。

$$MnO_2 + C^+ + e^- \rightleftharpoons MnOOC \tag{13-6}$$

虽然二氧化锰被认为是最具吸引力的赝电容材料之一，但其较差的导电性仍然是实现高比电容、高倍率能力和长循环寿命的关键限制。为了进一步提高二氧化锰基电极的导电性，研究了两种主要的方法：一种是将 MnO_2 直接沉积在导电集流器上，另一种是与导电碳或导电聚合物等更多导电材料形成混合材料。例如，Zhang 等通过结合电沉积技术和垂直排列的碳纳米管阵列，合成了具有分级多孔结构、大表面积和优越导电性的锰氧化物纳米花/碳纳米管阵列复合电极，这种无黏结剂的锰氧化物/CNTA 电极表现出优异的倍率性能、高比电容（199 F/g 和 305 F/cm^3）以及长循环寿命（经过 20000 次充放电循环后，仅有 3% 的容量损失）[3]。

2）金属硫化物材料

金属硫化物特别是过渡金属硫化物，由于其结构简单、性价比高、导电性比氧化物好、电负性低、具有半导体性能和氧化还原活性等优点，被广泛应用于赝电容器中。例如，FeS_2、VS_2、MoS_2、WS_2、CoS_2、ZnS、NiS、NiS_2 等各种金属硫化物及其复合物都被用作赝电容电极材料。热力学不稳定以及金属硫化物因酸性而产生的氧化性和挥发性是影响其电化学性能的主要问题。此外，硫化物存在环境污染问题，工业化应用面临环境监管压力。

对硫化物材料的改性手段主要包括形貌调控和与其他材料复合。例如，Yang 等通过精确控制硫化过程，制备了一种独特的花状形貌的 Co_3S_4/$CoMo_2S_4$（Co-Mo-S）复合材料，并将其负载在氧化石墨烯/泡沫镍上。制备的 Co_3S_4/$CoMo_2S_4$@RGO/NF 由法拉第反应储能，其机理见式 (13-7)～式 (13-10)。该复合电极在 1A/g 的电流密度下表现出 2530.4F/g 的高比电容，并且在 10A/g 的电流密度下经过 6000 次循环后，具有 78.8% 的初始电容保持率，展示出优秀的循环稳定性。将其与活性炭组装成的非对称电容器在 640W/kg 的功率密度下，实现了最大 $59.0W\cdot kg^{-1}$ 的能量密度，并且在经过 6000 次循环后仍保持 90.7% 的电容保持率[4]。

$$CoS + OH^{-1} \rightleftharpoons CoSOH + e^{-1} \tag{13-7}$$

$$CoSOH + OH^{-1} \rightleftharpoons CoSO + H_2O + e^{-1} \tag{13-8}$$

$$Co_3S_4 + OH^{-1} \rightleftharpoons Co_3S_4OH + e^{-1} \tag{13-9}$$

$$Co_3S_4OH + OH^{-1} \rightleftharpoons Co_3S_4O + H_2O + e^{-1} \tag{13-10}$$

3) 导电聚合物

导电聚合物具有高导电性、高电容量、化学稳定性好、热稳定性高、易于制造、成本低和柔韧性佳等优点，是制造超级电容器极具吸引力的材料。在超级电容器电极中应用最广泛的导电聚合物有聚苯胺 (polyaniline, PANI)、聚吡咯 (polypyrrole, PPy)、聚噻吩 (polythiophene, PTh) 和聚 (3,4-乙烯二氧噻吩) (poly (3,4-ethylenedioxythiophene), PEDOT)。导电聚合物具有较高的理论比电容。例如，PANI 的理论比电容为 750F/g，PPy 的理论比电容为 620F/g，PTh 的理论比电容为 485F/g，PEDOT 的比电容为 210F/g[5]。虽然这些导电聚合物的比电容理论值相当高，但实际得到的值并不好，这是由于聚合物在实际应用时面临团聚问题，使表面积直线下降，因此无法暴露表面与电解质相互作用。此外，其力学性能和循环稳定性也是导电聚合物面临的问题。近期，导电聚合物的研究热点是将其与其他活性材料进行复合，以增加其动力学性能和电化学活性。例如，Shao 等将聚苯胺与有机金属框架材料 UiO-66 复合，制备出 PANI/UiO-66 复合材料。受益于 UiO-66 的多孔结构对离子传导率、比表面积的提升以及二者之间的协同作用，PANI/UiO-66 展现出优异的电化学性能，在 1A/g 的电流密度下比电容达到 1015F/g。基于该材料组装的对称超级电容器，在 1A/g 的电流密度下具有 647F/g 的高比电容，并且具有很高的循环稳定性 (经过 5000 次循环后仍保持 91% 的电容保持率)[6]。

3. 电解液

电解液对电容器性能起着至关重要的作用。例如，电解液本身固有电阻和电解质离子的传质电阻。而电解质的离子电导率与载流子浓度和离子迁移率成正比，而载流子浓度和离子迁移率分别与本征电阻和传质电阻有关，进而与电容器性能相关。电容器的电解液可以分为水系电解液、有机电解液、离子液体电解液等。

水溶液电解质具有低挥发性、不可燃性、高导电性、环保、低成本等优良特性。由于其低黏度和小尺寸离子的快速离子迁移，水溶液电解质表现出异常高的离子电导率 (约 1S/cm)，比有机和离子液体电解质至少高一个数量级。水系电解液可以分为酸性、碱性和中性。碱性电解液是较常用的电解液，主要是由于其高离子电导率 (例如，在 25℃ 下，6M KOH 时为 0.6S/cm)。此外，碱性电解液与常用的镍金属集流体的兼容性较好。

酸性电解液具备高电导率，例如，在 25℃ 下，1M H_2SO_4 为 0.8S/cm。由于酸性电解质与中性电解质相比具有很强的腐蚀性，集流器被限制在耐腐蚀材料上，如金、铂、不锈钢、石墨箔和氧化铟锡。

与碱性和酸性电解质相比,中性电解质具有相对较低的离子电导率,然而中性电解液(如 KCl、NaCl、NH_4Cl 电解液)腐蚀性更小,工作电压窗口更宽,可以兼容更多种类的集流器和电极材料,特别是对碱性或酸性环境高度不稳定的材料。另外,碱性和酸性电解质的电压窗口约为 1V,而中性电解质的电压窗口更宽,如约 1.8V,这是由于其对水电解的过电位较大。

有机电解质经常用于高频应用,因为它们的工作电压窗(2.5～2.8V)比水电解质(约1V)宽得多,离子电导率比离子液体电解质的电导率高。易燃性和较低的电导率限制了其应用。

离子液体电解质具有较高的热稳定性、化学稳定性和电化学稳定性,具有较宽的工作温度范围和电压窗口。由于离子液体电解质具有较低的离子电导率和较高的黏度,通常具有较高的阻抗和较低的功率性能。

13.2.2 超级电容器的应用

超级电容器具有快速充放电、长寿命、高效率和良好的低温性能等特点。由于这些优势,超级电容器在许多领域都有广泛的应用,以下是一些主要的应用领域。

电动车辆(EV)和混合动力车辆(HEV):超级电容器可用于辅助储能系统,如启动和制动能量回收。它们能够快速充放电,使得电动车辆在加速和制动时能够更高效地管理能量,延长电池寿命并提高整体能源利用率。

公共交通:超级电容器广泛应用于电车和公交车等交通工具,用于能量回收、辅助动力以及平衡电网负载等。

可再生能源储能:超级电容器可用于储存和平衡风能和太阳能等不稳定的可再生能源,使能源的供应更加稳定,减少浪费。

工业机械:在需要短时间高功率输出的工业设备中,超级电容器可以提供快速的电源支持,增加设备的效率和稳定性。

军事和航天应用:超级电容器可以在高性能雷达、激光武器、通信系统和导航设备等领域中提供快速而稳定的能量支持。

电子设备:超级电容器可用于备份电源,如计算机和通信设备的无停电供电系统,确保数据和通信的稳定性。

电力系统调节:超级电容器可以用于频率调节、峰谷平衡以及电力质量的改善,提高电力系统的稳定性和可靠性。

医疗器械:超级电容器在一些医疗设备中用于提供紧急备用电源,保障患者的生命安全。

总的来说,超级电容器的应用领域十分广泛,它们在许多行业中发挥着关键的作用,提高了能源的利用效率,改善了设备的性能和稳定性,并对环境产生积极的影响。随着技术的进步,预计超级电容器的应用范围将继续扩展,并在更多领域发挥重要作用。

13.3　超导储能技术

13.3.1　超导储能基本原理

　　超导储能技术是新兴的储能技术之一，基于具有超导特性的材料进行工作。超导是
一种物理现象，当某些材料冷却到特定的临界温度以
下时，其电阻为零。这一现象是由荷兰科学家 Heike
Kamerlingh Onnes 在 1911 年发现的。如图 13-5 所示，
在临界温度下，超导体电阻值快速下降为零，而普通
金属在任何温度都存在一定电阻值。超导储能的概念
是 Ferrier 在 1969 年提出的。基于此，1971 年，美国
威斯康星大学研究创造了第一个超导储能系统装置。
高温超导储能技术于 20 世纪 90 年代末首次出现在市
场上。美国超导体公司于 1997 年生产了第一批大规模
的高温超导储能系统，并应用于德国电网中。1999 年，
中国科学院电工研究所研制了一台 25kJ 的超导储能样

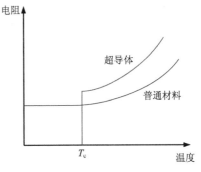

图 13-5　超导体和普通材料的
电阻随温度变化情况[7]

机。2011 年，我国在甘肃省建成了世界上首座超导变电站。如今关于超导储能的研究仍是
热点。美国的威斯康星大学、超导公司，日本的九州大学、九州电力公司，韩国首尔国际
大学，中国科学院电工研究所等机构都在从事相关研究。

　　超导储能技术分为两种：超导磁储能技术、超导磁悬浮飞轮储能。前者用磁场存储电
能，后者用机械能存储电能。超导磁储能技术的原理是：在超导线圈两端施加直流电压，
超导线圈就会储存能量。即使移除了电压源，线圈中的电流仍将继续流动。这是因为当超
导体冷却到低于其临界温度时，线圈的电阻非常小，可以忽略不计，由其固有电流产生的
磁场将存储能量。储存的能量可通过放电线圈释放。

　　超导磁悬浮飞轮储能是指使用磁悬浮轴承支撑的飞轮进行储能。高温超导块材作定子，
常规的永磁体作转子。工作时，超导块体被冷却至超导状态，由于钉扎效应，永磁体进入
悬浮状态。在储能时，外界电源驱动电机运行，在电机带动下，飞轮在设定转速旋转，此
过程中，飞轮以动能的形式把能量储存起来。需要释放能量时，电机作为发电机使用，高
速旋转的飞轮带动电机发电，将飞轮存储的动能转换为电能。

　　根据所用超导材料不同,超导储能系统可分为低温超导储能系统和高温超导储能系统。
低温超导储能系统使用的低温超导材料需要在液氦温区(4K)工作，系统复杂，降温成本较
高，虽然成功研制了样机，但未能推广使用。高温超导储能系统的工作温度较高，例如，
MgB_2 的临界温度可以达到 39K。超导线圈采用的材料主要有 NbTi、Nb_3Sn、铋系和钇钡铜
氧（YBCO）高温超导材料等。虽然高温超导材料的性能仍有待提升，但使用高温超导材料
的超导磁储能是未来的主要发展方向。

13.3.2 超导储能系统的构成

1. 超导磁储能系统

一个典型的超导磁储能系统包括如下部分：超导线圈、电源调节系统、低温系统和控制系统(图 13-6)。下面对其做简要介绍。

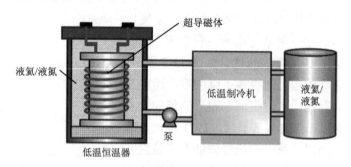

图 13-6 超导磁储能系统示意图

超导线圈是超导磁储能系统中最重要的组成部分。线圈的材质、大小和形状影响存储的能量。大多数超导线圈都是由插入铜衬底的铌钛(NbTi)合金组成的导体。

电源调节系统是超导磁体与交流电源系统的接口，可以实现交流电、直流电之间的变换与控制，以及超导磁体与电网之间的有功功率和无功功率的转换。电源调节系统通常有三种：基于晶闸管的电源调节系统、基于电压变换的电源调节系统和基于电流变换的电源调节系统。

低温系统用来创造低温环境，超导线圈必须始终处于足够低的温度以保持超导状态。为了达到并维持这一温度，需要使用专用的低温制冷机，制冷机由压缩机和冷冻室组成，通常使用氦气或液氮作为冷却剂。

控制系统用来控制需求端(如电网)和超导磁储能系统之间的连接。它从需求端获取调度信号，监视电流、磁场强度、温度等参数，确保系统的安全性，并将系统的状态传递给操作员。现代系统与互联网相连，以便进行远程监控。

2. 超导磁悬浮飞轮储能系统

超导磁悬浮飞轮储能系统主要由飞轮、电机、电源调节系统、低温系统和控制系统构成(图 13-7)。其中，后三个组成部分与超导磁储能系统的基本相同。下面简要介绍其他部分。

飞轮是存储能量的部件，由于磁悬浮技术的成本高，必然要求在有限的体积和质量下提高转动惯量和角速度，以获得高储能密度。高抗张力的飞轮材料和高速是提高飞轮储能密度的关键。

超导磁悬浮轴承保证飞轮稳定悬浮运行并抑制其振动。轴承由定子和转子构成，定子通常为超导体，转子为永磁体。为提高超导磁悬浮轴承的性能、降低损耗、增大承载力，超导体必须要具有高临界磁场、强钉扎效应和高均匀度，而永磁体要具有均匀度高、磁场强度大的特性。

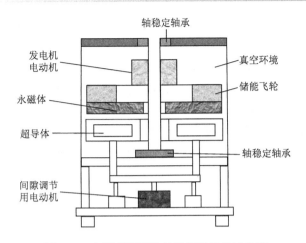

图 13-7 超导磁悬浮飞轮储能系统的示意图

电机是转化能量的部件。电机要能高速运转以带动转子高速工作，此外，要有相应的控制装置对电机输出的电能进行变换和控制。

13.3.3 超导储能系统的发展方向和挑战

超导储能系统利用超导材料进行能量存储，具有诸多优势：其几乎可长期无损耗地储存能量，由于超导体的零阻抗而具有极高的能量效率，可达 95%；可以通过电子控制技术实现毫秒级的响应；在建造时不受地点限制；使用寿命长。

超导储能系统面临的挑战主要体现在高昂的成本。一方面，超导储能系统需要大的功率来维持线圈的低温状态，同时低温装置的总成本很高。另一方面，系统实现所需的耗材成本较高。此外，超导储能系统具有高功率密度和低能量密度的特点。由于放电时间短，其应用在很大程度上限制在高功率、低能量的应用中。

高温超导体的发现和第二代超导导线为降低成本带来了可能。科学家开发的高温超导体可以在更高温度下工作，且具有高达 20T 的磁通密度，能够进一步提升能量效率。科学家还在不断努力寻找价格低廉的高温超导体，实现更高磁通密度的系统，改进高温超导线圈的制造，以及简化、经济高效的冷却系统，以进一步降低系统成本，推进超导储能系统商业化进展。这也是超导储能系统的发展方向。此外，将超导磁储能系统与其他储能系统集成是现今研究的重要方向。例如，将超导储能系统与锂离子电池储能系统结合起来构筑混合储能系统用于储能，超导储能系统可以缓冲充放电，避免大电流对电池的冲击，同时锂离子电池可以改善超导储能系统能量密度低的缺点。进而，混合系统可具有响应快、效率高、无噪声污染、可靠性高、抑制电压闪变、易于实现大容量储能的优点，可以稳定电网供电，控制电网电压的瞬时波动，减少电池充放电次数和放电深度，提高电池的使用寿命。

本 章 小 结

本章首先介绍了电容储能技术，特别是超级电容器的储能原理和发展历程；接着探讨了超级电容的关键材料及其应用，分析了多孔碳材料、赝电容材料和电解液等对超级电容器性能的影响，以及这些材料的优化和选择，讨论了超级电容器在不同领域的应用情况；最后聚焦于超导储能技术，介绍了超导储能的基本原理和当前概况，包括超导材料的特性和储能系统的工作原理，描述了超导储能系统的构成，包括关键组件和系统设计，探讨了超导储能技术的发展方向和面临的挑战。

通过本章的学习，我们对电磁储能技术有了全面的了解，特别是超级电容器和超导储能系统。这些技术以其独特的优势，如快速充放电能力、长循环寿命和高能量密度，在能源存储和转换领域具有重要的应用潜力。

习　题

1. 请详细描述双电层超级电容器和赝电容超级电容器在原理上的区别，并阐述这种区别所导致的电化学性能差异。

2. 列举出至少三种双电层超级电容器电极材料，并思考双电层超级电容器材料的共有特性。

3. 列举出至少三种赝电容超级电容器电极材料，并比较其性能的差异。

4. 针对金属氧化物赝电容电容器电极材料，思考提升其性能的手段。

5. 请阐述导电聚合物用作电容器电极材料的优势与劣势。

6. 锂离子电容器是一种极具发展潜力的赝电容器件。请查阅资料，阐述氧化铌用作锂离子电容器电极材料的工作机制。

7. 请查阅资料，思考何种电容器电极材料将占据最大的市场份额，并给出理由。

8. 请解释超导储能技术的基本原理。

9. 请针对一种超导储能系统，详细阐述该超导储能系统的组成部分及每部分的作用。

10. 请查阅资料，思考超导储能系统的发展方向，并评估其在大规模储能应用中的可行性。

参 考 文 献

[1] SU Y Z, XIAO K, LI N, et al. Amorphous Ni(OH)$_2$@ three-dimensional Ni core–shell nanostructures for high capacitance pseudocapacitors and asymmetric supercapacitors[J]. Journal of materials chemistry A, 2014, 2(34): 13845-13853.

[2] YOO Y, KIM M S, KIM J K, et al. Fast-response supercapacitors with graphitic ordered mesoporous carbons and carbon nanotubes for AC line filtering[J]. Journal of materials chemistry A, 2016, 4(14): 5062-5068.

[3] ZHANG H, CAO G P, WANG Z Y, et al. Growth of manganese oxide nanoflowers on vertically-aligned carbon nanotube arrays for high-rate electrochemical capacitive energy storage[J]. Nano letters, 2008, 8(9): 2664-2668.

[4] YANG J, XUAN H C, YANG G H, et al. Formation of a flower-like Co-Mo-S on reduced graphene oxide composite on nickel foam with enhanced electrochemical capacitive properties[J]. Chemelectrochem, 2018, 5(23): 3748-3756.

[5] CHOUDHARY R B, ANSARI S, MAJUMDER M. Recent advances on redox active composites of metal-organic framework and conducting polymers as pseudocapacitor electrode material[J]. Renewable and sustainable energy reviews, 2021, 145: 110854.

[6] SHAO L, WANG Q, MA Z L, et al. A high-capacitance flexible solid-state supercapacitor based on polyaniline and metal-organic framework (UiO-66) composites[J]. Journal of power sources, 2018, 379: 350-361.

[7] ADETOKUN B B, OGHORADA O, ABUBAKAR S J. Superconducting magnetic energy storage systems: prospects and challenges for renewable energy applications[J]. Journal of energy storage, 2022, 55: 105663.